高等学校计算机科学与技术教材

Linux 系统及应用

王瑞琴　编著

清华大学出版社

北京交通大学出版社

·北京·

内 容 简 介

本书以当前最流行的 Red Hat Enterprise Linux 的最新版本为基础，全面介绍了 Linux 的基础操作、系统管理和网络管理等方面的基础知识和实际应用。

本书分为 14 章，内容包括操作系统简介、Linux 操作系统、Linux 的初步使用、Linux 基本命令、磁盘和文件系统、多用户和多任务的管理、软件安装和系统备份管理、shell 操作与简易编程、嵌入式 Linux 及编程、网络基础、DNS 服务器、WWW 服务器、FTP 服务器、DHCP 服务器。本书内容由浅入深，结构层次分明，实例全部测试通过。

嵌入式系统是当前最热门最有发展前途的 IT 应用领域之一。本书初步介绍了嵌入式操作系统及编程，让读者学会在 Linux 操作系统上搭建自己的嵌入式开发环境，从而为更深入的学习打下基础。

本书从实用和够用的角度来编写，适合作为高等院校相关专业的教材，也可作为高职高专院校的教材，以及业务培训及自学教材。

图书在版编目（CIP）数据

Linux 系统及应用 / 王瑞琴编著 . —北京：北京交通大学出版社：清华大学出版社，2017.7
（高等学校计算机科学与技术教材）

ISBN 978-7-5121-3198-9

Ⅰ . ①L… Ⅱ . ①王… Ⅲ . ①Linux 操作系统-高等学校-教材 Ⅳ . ①TP316.85

中国版本图书馆 CIP 数据核字（2017）第 096811 号

Linux 系统及应用
Linux XITONG JI YINGYONG

责任编辑：谭文芳

出版发行：清 华 大 学 出 版 社　　邮编：100084　　电话：010-62776969　　http://www.tup.com.cn
　　　　　北京交通大学出版社　　邮编：100044　　电话：010-51686414　　http://www.bjtup.com.cn
印 刷 者：北京时代华都印刷有限公司
经　　销：全国新华书店
开　　本：185mm×260mm　　印张：14.5　　字数：366 千字
版　　次：2017 年 7 月第 1 版　　2017 年 7 月第 1 次印刷
书　　号：ISBN 978-7-5121-3198-9 / TP · 844
印　　数：1～3 000 册　　定价：31.00 元

本书如有质量问题，请向北京交通大学出版社质监组反映。对您的意见和批评，我们表示欢迎和感谢。

投诉电话：010-51686043，51686008；传真：010-62225406；E-mail：press@bjtu.edu.cn。

前　言

操作系统一直都是计算机系统中最重要的系统软件,当今的操作系统主要有 Windows 和 UNIX 两大阵营。从使用角度来看,学生都应该会使用这两种操作系统。UNIX(如 Solaris、AIX 等)是成熟的网络操作系统,然而它们更是商业化的操作系统,价格不菲。而 Linux 可以说是免费的、源代码共享的 PC 版的 UNIX 系统,它为学习和研究 UNIX 操作系统提供了可能,更为难得的是,Linux 在实际中也经常作为生产平台使用。

目前 Linux 主要用于服务器和嵌入式系统两个方面,本书是以红帽(Red Hat)Linux 为基础,从实用的角度来编写的,具有如下特色:

1. 在内容选取上,坚持集先进性、科学性和实用性于一体,尽可能将最新、最实用的技术写到教材里,其中许多内容来自企业应用的一手材料;

2. 在内容深浅程度上,把握理论够用、侧重实践、由浅入深的原则,通过大量的实例让学生分层次、分步骤地理解和掌握所学的知识;

3. 在编写方式上,每章基本包括本章导读、正文内容、本章小结、习题与实验等环节;

4. 在组织结构上,采用模块化,分别是 Linux 基础、Linux 系统管理和 Linux 网络管理。

由于本书面向的读者对象是 Linux 的入门者,所以书中尽可能通过实例来说明命令的使用和各种配置的使用方法。

本书第 1 章介绍操作系统;第 2 章介绍 Linux 操作系统;第 3 章介绍 Linux 的初步使用;第 4 章介绍 Linux 基本命令,如文件和目录的操作等;第 5 章介绍磁盘和文件系统;第 6 章介绍多用户与多任务的管理;第 7 章介绍软件安装和备份命令;第 8 章介绍 shell 操作与简易编程;第 9 章介绍嵌入式 Linux 及编程;第 10 章介绍网络基础和防火墙等;第 11 章介绍 DNS 服务器;第 12 章介绍 WWW 服务器;第 13 章介绍 FTP 服务器;第 14 章介绍 DHCP 服务器。

本书由王瑞琴主编并负责统稿,魏建英参与编写了第 7 章,其余各章由王瑞琴编写。

总之,本书适合作为高等院校相关专业的教材,也可作为高职高专、业务培训及自学教材,还可作为计算机网络管理和开发应用的专业技术人员的参考书。

由于作者水平有限,疏漏之处在所难免,恳请广大读者批评指正。

编　者
2017 年 3 月

目　　录

第1章 操作系统简介

本章导读

一个完整的计算机系统包括硬件系统和软件系统，硬件系统和软件系统互相依赖、不可分割。操作系统是计算机的重要组成部分，操作系统管理和控制计算机系统的所有软件、硬件资源，是计算机系统的灵魂和核心，并且给用户使用计算机提供一个方便、安全可靠的工作平台。通过本章学习，应该：
- ◇ 掌握操作系统的概念
- ◇ 了解操作系统产生发展分类
- ◇ 掌握操作系统的功能
- ◇ 了解操作系统的特征与性能

1.1 操作系统概述

1946 年世界上诞生了第一台计算机 ENIAC，这台计算机和今天所看到的计算机不可同日而语，它没有操作系统也没有任何软件。但随着计算机日新月异地发展，操作系统已经成为计算机最重要的部分，没有操作系统的计算机被称为"裸机"，一台计算机如果没有安装操作系统，用户就无法使用。

1.1.1 计算机系统的组成

一个完整的计算机系统包括硬件系统和软件系统，硬件系统和软件系统互相依赖、不可分割。

1．计算机硬件系统

计算机硬件是指计算机系统中由电子、机械和光电元件等组成的各种物理装置的总称。

根据冯·诺依曼体系结构，计算机硬件由输入设备、运算器、控制器、存储器和输出设备五个部分组成。

运算器是计算机中进行数据加工的部件，主要完成算术运算和逻辑运算。

控制器是计算机中控制执行指令的部件。其主要功能如下。

- ↬ 正确执行每条指令。首先是获得一条指令，按硬件逻辑分析这条指令，再按指令格式和功能执行这条指令。
- ↬ 保证指令按规定序列自动连续地执行。
- ↬ 对各种异常情况和请求及时响应和处理。

中央处理器（CPU）主要包括运算器和控制器，是一块超大规模的集成电路，它是一台计算机的运算核心和控制核心，其功能主要是解释计算机指令及处理计算机软件中的数据。

存储器是存放程序和工作数据的地方，分为内部存储器（或称主存储器）和外部存储器（或称辅助存储器），又分别简称为内存（或主存）和外存（或辅存）。内存速度快容量小，外存速度慢容量大。寄存器是 CPU 中的记忆设备，用来临时存放指令和数据，其速度比内存更快。

一般把 CPU 和主存储器的组合称为主机。输入输出（I/O）设备位于主机之外，是计算机与外界交换信息的装置。

2．计算机软件系统

计算机软件是指为管理、运行、维护及应用计算机所开发的程序和相关文档的集合。其中，程序是让计算机硬件完成特定功能的指令序列，数据是程序处理的对象。计算机软件通常分为系统软件和应用软件。

1）系统软件

系统软件是指那些为计算机所配置的、用于完成计算机硬件资源的控制与管理，为用户提供操作界面，以及为专业人员提供开发工具和环境的软件，如操作系统、程序设计语言及处理程序、数据库管理系统、实用程序与软件工具。

操作系统（operating system，OS），是电子计算机系统中负责支撑应用程序运行环境及用户操作环境的系统软件，同时也是计算机系统的核心与基石。它的职责常包括对硬件的直接监管、对各种计算资源（如内存、处理器时间等）的管理，以及提供诸如作业管理之类的面向应用程序的服务等。

2）应用软件

应用软件是指用于解决各种不同的具体应用问题的专门软件。应用软件可以分为通用软件和定制软件，如文字处理软件、电子表格软件、图形图像软件、网络通信软件、简报软件、统计软件等。

1.1.2　操作系统与计算机系统的关系

操作系统是为裸机配置的一种系统软件，即使硬件的功能强大，如果没有操作系统，计算机的硬件功能也得不到任何发挥，操作系统是裸机上的第一层软件，是对硬件系统功能的首次扩充，是最基本的系统软件。操作系统密切依赖于计算机硬件，直接管理系统中各种软硬件资源，并且为用户使用计算机提供良好的界面。

操作系统在计算机系统中占有特殊重要的位置，所有其他软件都建立在操作系统基础上，并得到其支持和服务；操作系统是支撑各种应用软件的平台。用户利用操作系统提供的命令和服务来操作和使用计算机。可见，操作系统实际上是一个计算机系统之中硬件、软件资源的总指挥。操作系统的性能决定了计算机系统的安全性和可靠性。一台计算机没有操作系统，就如同一个人没有大脑思维一样。

1.2　操作系统的产生与发展

从 1946 年诞生第一台计算机以来，它的每一代进化都以减少成本、缩小体积、降低功耗、增大容量和提高性能为目标，计算机硬件的发展，也加速了操作系统的发展。

1.2.1　操作系统的产生

　　最初的计算机并没有操作系统，人们通过各种操作按钮来控制计算机，后来出现了汇编语言，操作人员通过有孔的纸带将程序输入计算机进行编译。这些将语言内置的计算机只能由操作人员自己编写程序来运行，不利于设备、程序的共用。为了解决这种问题，就出现了操作系统，这样就很好地实现了程序的共用，以及对计算机硬件资源的管理。

　　随着计算技术和大规模集成电路的发展，微型计算机迅速发展起来。从 20 世纪 70 年代中期开始出现了计算机操作系统。1976 年，美国 Digital Research 软件公司研制出 8 位的 CP/M 操作系统。这个系统允许用户通过控制台的键盘对系统进行控制和管理，其主要功能是对文件信息进行管理，以实现硬盘文件或其他设备文件的自动存取。此后出现的一些 8 位操作系统多采用 CP/M 结构。

1.2.2　操作系统的发展

1．DOS 操作系统

　　计算机操作系统的发展经历了两个阶段。第一个阶段为单用户、单任务的操作系统，继 CP/M 操作系统之后，还出现了 C-DOS、M-DOS、TRS-DOS、S-DOS 和 MS-DOS 等磁盘操作系统。

　　其中值得一提的是 MS-DOS，它是在 IBM-PC 及其兼容机上运行的操作系统，它起源于 SCP86-DOS，是 1980 年基于 8086 微处理器而设计的单用户操作系统。后来，微软公司获得了该操作系统的专利权，配备在 IBM-PC 机上，并命名为 PC-DOS。1981 年，微软的 MS-DOS 1.0 版与 IBM 的 PC 面世，这是第一个实际应用的 16 位操作系统。微型计算机进入一个新的纪元。1987 年，微软发布 MS-DOS 3.3 版本，是非常成熟可靠的 DOS 版本，微软取得个人操作系统的霸主地位。

　　从 1981 年问世至 2000 年，DOS 经历了 8 次大的版本升级，从 1.0 版到 8.0 版，不断地改进和完善，但是，DOS 系统的单用户、单任务和字符界面的大格局没有变化。1995 年，MS-DOS 7.0 诞生，这个版本并不是独立发售的，而是在 Windows 95 中内嵌的。此后的版本皆为 Windows 内建命令列，于 V86 模式下工作。2000 年，MS-DOS 8.0 诞生，它是 MS-DOS 的最后一个版本。由于微软看到了 Windows 的曙光，于是放弃了 DOS。

2．操作系统新时代

　　计算机操作系统发展的第二个阶段是多用户多道作业和分时系统。其典型代表有 UNIX、XENIX、OS/2 以及 Windows 操作系统。分时的多用户、多任务、树形结构的文件系统，以及重定向和管道是 UNIX 的三大特点。

　　OS/2 采用图形界面，它本身是一个 32 位系统，不仅可以处理 32 位 OS/2 系统的应用软件，也可以运行 16 位 DOS 和 Windows 软件。它将多任务管理、图形窗口管理、通信管理和数据库管理融为一体。

　　Windows 是微软公司在 1985 年 11 月发布的第一代窗口式多任务系统，它使 PC 机开始进入了所谓的图形用户界面时代。起初仅仅是 Microsoft-DOS 模拟环境，后续的系统版本由于微软不断地更新升级，而且简单易用，也慢慢成为用户喜爱的操作系统。Windows 1.x 版是一个具有多窗口及多任务功能的版本，但由于当时的硬件平台为 PC/XT，速度很慢，所以 Windows 1.x 版本并未十分流行。1987 年年底，微软公司又推出了 MS-Windows 2.x 版，它具有窗口重叠功能，窗口大小也可以调整，并可把扩展内存和扩充内存作为磁盘高速缓存，从而提高了整台计算机的性能，此外它还提供了众多的应用程序。

1990 年，微软公司推出了 Windows 3.0，它的功能进一步加强，具有强大的内存管理，且提供了数量相当多的 Windows 应用软件，因此成为 386、486 微机新的操作系统标准。随后，Windows 发表 3.1 版，而且推出了相应的中文版。3.1 版较之 3.0 版增加了一些新的功能，受到了用户欢迎，是当时最流行的 Windows 版本。1995 年，微软公司推出了 Windows 95。在此之前的 Windows 都是由 DOS 引导的，也就是说它们还不是一个完全独立的系统，而 Windows 95 是一个完全独立的系统，并在很多方面做了进一步的改进，还集成了网络功能和即插即用功能，是一个全新的 32 位操作系统。1998 年，微软公司推出了 Windows 95 的改进版 Windows 98，Windows 98 的一个最大特点就是把微软的 Internet 浏览器技术整合到了 Windows 95 里面，使得访问 Internet 资源就像访问本地硬盘一样方便，从而更好地满足了人们越来越多的访问 Internet 资源的需要。

从微软自 1985 年推出 Windows 1.0 以来，Windows 系统经历了二十多年风风雨雨。从最初运行在 DOS 下的 Windows 3.0，到后来风靡全球的 Windows XP、Windows 7、Windows 8、Windows 10 和最近发布的 Windows 10 Creators Dptate。Windows 代替了 DOS 曾经担当的位子。

Linux 操作系统是目前全球最大的一个自由软件，它是一个可与 UNIX 和 Windows 相媲美的操作系统，具有完备的网络功能。Linux 最初由芬兰人 Linus Torvalds 开发，其源程序在 Internet 上公布以后，引起了全球计算机爱好者的开发热情，许多人下载该源程序并按自己的意愿完善某一方面的功能，再发回到网上，Linux 也因此被雕琢成为一个全球最稳定的、最有发展前景的操作系统。

从发展前景上看，Linux 取代 UNIX 和 Windows 还为时过早，但一个稳定性、灵活性和易用性都非常好的软件，肯定会得到越来越广泛的应用。

1.3 操作系统的分类

目前操作系统种类繁多，很难用单一标准统一分类。根据操作系统的使用环境和对作业处理方式来考虑，可分为批处理系统（MVX、DOS/VSE）、分时系统（Windows、UNIX、XENIX、Mac OS）、实时系统（iEMX、VRTX、RTOS、RT Linux）；根据所支持的用户数目，可分为单用户（MS-DOS、OS/2）、多用户系统（UNIX、MVS、Windows）；根据硬件结构，可分为网络操作系统（NetWare、Windows NT、OS/2 warp）、分布式系统（Amoeba）、多媒体系统（Amiga）等。

一般可以把操作系统分为三种基本类型，即批处理系统、分时系统和实时系统。随着计算机体系结构的发展，又出现了许多类型的操作系统，它们是个人操作系统、网络操作系统、分布式操作系统和嵌入式操作系统。

1.3.1 批处理操作系统

1. 基本工作方式

批处理操作系统的基本工作方式是：用户将作业交给系统操作员，系统操作员在收到作业后，并不立即将作业输入计算机，而是在收到一定数量的用户作业之后，组成一批作业，再把这批作业输入计算机。

2．特点与分类

批处理操作系统的特点是成批处理。批处理操作系统追求的目标是系统资源利用率高，作业吞吐率高。依据系统的复杂程度和出现时间的先后，可以把批处理操作系统分类为简单批处理系统和多道批处理系统。

3．设计思想

简单批处理系统是在操作系统发展的早期出现的，因此它有时被称为早期批处理系统，也称为监控程序。其设计思想是：在监控程序启动之前，操作员有选择地把若干作业合并成一批作业，将这批作业安装在输入设备上，然后启动监控程序，监控程序将自动控制这批作业的执行。

4．作业控制说明书

作业控制说明书是由作业控制语言编写的一段程序，它通常存放在被处理作业的前面。在运行过程中，监控程序读入并解释作业前面的这段作业控制说明书中的语句，以控制各个作业步的执行。作业运行后，监控程序逐条解释每一行语句。

5．一般指令和特权指令

特权指令包括输入/输出指令、停机指令等，只有监控程序才能执行特权指令。用户程序只能执行一般指令。一旦用户程序需要执行特权指令，处理器会通过特殊的机制将控制权移交给监控程序。

6．系统调用的过程

首先，当系统调用发生时，处理器通过一种特殊的机制，通常是中断或者异常处理，把控制流程转移到监控程序内的一些特定的位置；同时，处理器模式转变为特权模式。其次，由监控程序执行被请求的功能代码。这个功能代码代表着对一段标准程序段的执行，用以完成所请求的功能。最后，处理结束后，监控程序恢复系统调用之前的现场；把运行模式从特权模式恢复成为用户方式；将控制权转移回原来的用户程序。

7．SPOOLing 技术

真正引发并发机制的是多道批处理系统。在多道批处理系统中，关键技术就是多道程序运行、假脱机技术。假脱机（simultaneous peripheral operating on-line，SPOOLing）技术的全称是"外围设备联机并行操作"。这种技术的基本思想是用磁盘设备作为主机的直接输入输出设备，主机直接从磁盘上选取作业运行，作业的执行结果也存在磁盘上；相应地，通道则负责将用户作业从卡片机上动态写入磁盘，而这一操作与主机并行。

1.3.2　分时系统

从操作系统的发展历史上看，分时操作系统出现在批处理操作系统之后。它是为了弥补批处理方式不能向用户提供交互式快速服务的缺点而发展起来的。

1．基本工作方式

在分时系统中，一台计算机主机连接了若干个终端，每个终端可由一个用户使用。用户通过终端交互式地向系统提出命令请求，系统接受用户的命令之后，采用时间片轮转方式处理服务请求，并通过交互方式在终端上向用户显示结果。用户根据系统送回的处理结果发出下一道交互命令。

2．设计思想

分时操作系统将 CPU 的时间划分成若干个小片段，称为时间片。操作系统以时间片为单位，轮流为每个终端用户服务。

3．特点

总体上看，分时操作系统具有多路性、交互性、独占性和及时性的特点。"多路性"是指有多个用户在同时使用一台计算机。"交互性"是指用户根据系统响应的结果提出下一个请求。"独占性"是指用户感觉不到计算机为其他人服务，就好像整个系统为自己所独占一样。"及时性"是指系统能够对用户提出的请求及时给予响应。 分时操作系统追求的目标是及时响应用户输入的交互命令。一般通用操作系统结合了分时系统与批处理系统两种系统的特点。典型的通用操作系统是 UNIX 操作系统。在通用操作系统中，对于分时与批处理的处理原则是：分时优先，批处理在后。

1.3.3　实时操作系统

实时操作系统（real time operating system，RTOS）是指，使计算机能在规定的时间内，及时响应外部事件的请求，同时完成对该事件的处理，并能够控制所有实时设备和实时任务协调一致地工作的操作系统。实时操作系统主要目标是：在严格的时间范围内，对外部请求做出反应，系统具有高度可靠性。

实时操作系统主要有两类。第一类是硬实时系统。硬实时系统对关键外部事件的响应和处理时间有着极严格的要求，系统必须满足这种严格的时间要求，否则会产生严重的不良后果。第二类是软实时系统。软实时系统对事件的响应和处理时间有一定的时间范围要求。不能满足相关的要求会影响系统的服务质量，但是通常不会引发灾难性的后果。

实时系统为了能够实现硬实时或软实时的要求，除了具有多道程序系统的基本能力外，还需要有以下几方面的能力。

① 实时时钟管理。实时系统的主要设计目标是对实时任务能够进行实时处理。实时任务根据时间要求可以分为两类：第一类是定时任务，它依据用户的定时启动并按照严格的时间间隔重复运行；第二类是延时任务，它非周期地运行，允许被延后执行，但是往往有一个严格的时间界限。

② 过载防护。实时系统在出现过载现象时，要有能力在大量突发的实时任务中，迅速分析判断并找出最重要的实时任务，然后通过抛弃或者延后次要任务以保证最重要任务成功的执行。

③ 高可靠性。高可靠性是实时系统的设计目标之一。实时操作系统的任何故障，都有可能对整个应用系统带来极大的危害。所以实时操作系统需要有很强的健壮性和坚固性。

1.3.4　个人计算机操作系统

个人计算机操作系统（personal computer operating system）是一种单用户的操作系统。个人计算机操作系统主要供个人使用，功能强，价格便宜，在几乎任何地方都可安装使用。它能满足一般人操作、学习、游戏等方面的需求。个人计算机操作系统的主要特点是：计算机在某一时间内为单个用户服务；采用图形界面人机交互的工作方式，界面友好；使用方便，用户无须具备专门知识，也能熟练地操纵系统。

1.3.5　网络操作系统

为计算机网络配置的操作系统称为网络操作系统（network operating system）。网络操作系统是基于计算机网络的、在各种计算机操作系统之上按网络体系结构协议标准设计开发的软件，它包括网络管理、通信、安全、资源共享和各种网络应用。网络操作系统把计算机网络中的各个计算机有机地连接起来，其目标是相互通信及资源共享。

1.3.6　分布式操作系统

将大量的计算机通过网络连接在一起，可以获得极高的运算能力及广泛的数据共享，这种系统被称为分布式系统（distributed system）。为分布式系统配置的操作系统称为分布式操作系统（distributed operating system）。分布式操作系统具备如下特点。

① 分布式操作系统是一个统一的操作系统，在系统中的所有主机使用的是同一个操作系统。

② 实现资源的深度共享。

③ 透明性。在网络操作系统中，用户能够清晰地感觉到本地主机和非本地主机之间的区别。

④ 自治性。即处于分布式系统中的各个主机都处于平等的地位，各个主机之间没有主从关系。一个主机的失效一般不会影响整个分布式系统。

分布式系统的优点在于它的分布式，可以以较低的成本获得较高的运算性能。分布式系统的另一个优势是它的可靠性。机群是分布式系统的一种，一个机群通常由一群处理器密集构成，机群操作系统专门服务于这样的机群。

网络操作系统与分布式操作系统在概念上的主要不同之处，在于网络操作系统可以构架于不同的操作系统之上，也就是说它可以在不同的本机操作系统上通过网络协议实现网络资源的统一配置。分布式操作系统强调单一操作系统对整个分布式系统的管理、调度。

1.3.7　嵌入式操作系统

嵌入式操作系统（embedded operating system，EOS）是指用于嵌入式系统的操作系统。嵌入式操作系统是一种用途广泛的系统软件，通常包括与硬件相关的底层驱动软件、系统内核、设备驱动接口、通信协议、图形界面、标准化浏览器等。嵌入式操作系统负责嵌入式系统的全部软、硬件资源的分配、任务调度，控制、协调并发活动。它必须体现其所在系统的特征，能够通过装卸某些模块来达到系统所要求的功能。目前在嵌入式领域广泛使用的操作系统有：嵌入式实时操作系统 μC/OS-II、嵌入式 Linux、Windows Embedded、VxWorks等，以及应用在智能手机和平板电脑的 Android、iOS 等。

嵌入式操作系统具有以下特点。

（1）系统内核小

由于嵌入式系统一般是应用于小型电子装置的，系统资源相对有限，所以内核较之传统的操作系统要小得多。比如 ENEA 公司的 OSE 分布式系统，内核只有 5 KB。

（2）专用性强

嵌入式系统的个性化很强，其中的软件系统和硬件的结合非常紧密，一般要针对硬件进行系统的移植，即使在同一品牌、同一系列的产品中也需要根据系统硬件的变化和增减不断进行修改。同时，针对不同的任务，往往需要对系统进行较大更改，程序的编译下载要和系统相结合，这种修改和通用软件的"升级"是完全不同的两个概念。

（3）系统精简

嵌入式系统一般没有系统软件和应用软件的明显区分，不要求其功能设计及实现上过于复杂，这样既利于控制系统成本，同时也利于实现系统安全。

（4）高实时性

高实时性的系统软件是嵌入式软件的基本要求，并且软件要求固态存储，以提高速度，软件代码要求高质量和高可靠性。

（5）多任务的操作系统

嵌入式软件开发要想走向标准化，就必须使用多任务的操作系统。嵌入式系统的应用程序可以没有操作系统直接在芯片上运行；但是为了合理地调度多任务、利用系统资源、系统函数以及与专用库函数接口，用户必须自行选配实时操作系统（RTOS）开发平台，这样才能保证程序执行的实时性、可靠性，并减少开发时间，保障软件质量。

（6）需要开发工具和环境

由于嵌入式系统本身不具备自主开发能力，即使设计完成以后用户通常也是不能对其中的程序功能进行修改的，必须有一套开发工具和环境才能进行开发，这些工具和环境一般是基于通用计算机上的软硬件设备以及各种逻辑分析仪、混合信号示波器等。开发时往往有主机和目标机的概念，主机用于程序的开发，目标机作为最后的执行机，开发时需要交替结合进行。

1.4　操作系统的功能与服务

1.4.1　操作系统的主要功能

为了使计算机系统能协调、高效和可靠地进行工作，同时也为了给用户一种方便友好地使用计算机的环境，在计算机操作系统中，通常都设有处理器管理、存储器管理、设备管理、文件管理、作业管理等功能模块，它们相互配合，共同完成操作系统既定的全部职能。

1. 处理器管理

处理器管理最基本的功能是处理中断事件。处理器只能发现中断事件并产生中断而不能进行处理，配置了操作系统后，就可对各种事件进行处理。处理器管理的另一功能是处理器调度。处理器可能是一个，也可能是多个，不同类型的操作系统将针对不同情况采取不同的调度策略。

2．存储器管理

存储器管理主要是指针对内存储器的管理。主要任务是：分配内存空间，保证各作业占用的存储空间不发生矛盾，并使各作业在自己所属存储区中不互相干扰。

3．设备管理

设备管理是指负责管理各类外围设备，包括分配、启动和故障处理等。主要任务是：当用户使用外围设备时，必须提出要求，待操作系统进行统一分配后方可使用。当用户的程序运行到要使用某外围设备时，由操作系统负责驱动。操作系统还具有处理外围设备中断请求的能力。

4．文件管理

文件管理是指操作系统对信息资源的管理。在操作系统中，将负责存取的管理信息的部分称为文件系统。文件是在逻辑上具有完整意义的一组相关信息的有序集合，每个文件都有一个文件名。文件管理支持文件的存储、检索和修改等操作，以及文件的保护功能。操作系统一般都提供功能较强的文件系统，有的还提供数据库系统来实现信息的管理工作。

5．作业管理

每个用户请求计算机系统完成的一个独立的操作称为作业。作业管理包括作业的输入和输出，作业的调度与控制（根据用户的需要控制作业运行的步骤）。

1.4.2　操作系统提供的服务

1．操作系统提供的基本服务

① 创建程序：提供各种工具和服务，如编辑程序和调试程序，帮助用户编程并生成高质量的源程序。

② 执行程序：将用户程序和数据装入主存，为其运行做好一切准备工作并启动它执行。当程序编译或运行出现异常时，应能报告发生的情况，终止程序执行或进行适当处理。

③ 数据 I/O：程序运行过程中需要 I/O 设备上的数据时，可以通过 I/O 命令或 I/O 指令，请求操作系统的服务。操作系统不允许用户直接控制 I/O 设备，而能让用户以简单方式实现 I/O 控制和读写数据。

④ 信息存取：文件系统让用户按文件名来建立、读写、修改、删除文件，使用方便，安全可靠。当涉及多用户访问或共享文件时，操作系统将提供信息保护机制。

⑤ 通信服务：在许多情况下，一个进程要与另外的进程交换信息，这种通信发生在两种场合，一是在同一台计算机上执行的进程之间通信；二是在被网络连接在一起的不同计算机上执行的进程之间通信。进程通信可以借助共享内存（shared memory）方法实现，也可以使用消息传送（message passing）技术实现。采用前一种方法，操作系统要让两个进程连接到共享存储区；采用后一种方法，操作系统实现消息在进程之间的移动。

⑥ 错误检测和处理：操作系统能捕捉和处理各种硬件或软件造成的差错或异常，并让这些差错或异常造成的影响缩小在最小范围内，必要时及时报告给操作员或用户。

⑦ 资源分配：多道作业同时运行时，每一个必须获得系统资源。系统中的各类资源均由操作系统管理，如 CPU 时间、内存资源、文件存储空间等，都配有专门的分配程序，而其他资源（如 I/O 设备）配有通用的申请与释放程序。例如，为了能更好地利用 CPU，操作

系统配有 CPU 调度例行程序，专门关注 CPU 的使用，掌握欲使用 CPU 的进程的状态。再如，可以设置一个例行程序探查未被使用的磁带驱动器，并且标记在内部表格，以便把它分给新用户，还可配置例行程序用来分配绘图仪、调制/解调器和其他外围设备。

⑧ 统计：当希望知道用户使用计算机资源的情况，如用了多少？什么类型？以便用户付款或简单地进行使用情况统计，统计结果可以作为进一步改进系统服务，对系统进行重组的有价值的工具。

⑨ 保护：在多用户多任务计算机系统中，保护意味着对系统资源的所有存取都要确保受到控制。用户程序对各种资源的需求经常发生冲突，为此，操作系统必须做出合理的调度。

2．操作系统的服务方式

操作系统提供的服务可以通过不同的方式实现，其中两种最基本的服务方式是系统调用和系统程序，这也是操作系统提供给用户的两种接口。

（1）系统调用

系统调用是操作系统提供的与用户程序之间的接口，也是操作系统提供给程序设计人员的接口。在应用程序中，可以通过系统调用（在高级语言中常以函数形式提供）来调用操作系统的特定过程，以实现特定服务。

根据操作系统提供服务的功能，可以把系统调用大致分为进程调用、文件管理、设备管理、通信及信息维护五大类。

（2）系统程序

现代操作系统中，一般都有系统程序包，其中包含有大量系统提供的程序，可以解决共性的问题，并为程序的开发和执行提供更方便的环境。这些系统程序本身不是操作系统的一部分，其中一些系统程序只是简化了用户与系统调用的接口，另一些要复杂得多。系统程序要获得系统的服务，也要通过系统调用这个接口。

系统程序可以分为六大类：文件管理、状态信息、文件修改、程序设计语言的支持、程序的装入与执行、通信。

许多操作系统提供解决共性问题或执行公共操作的程序，通常称为系统实用程序或应用程序，如浏览器、字处理程序、电子表格、数据库管理系统、绘图和统计分析软件包、各种游戏软件等。

在操作系统中，最重要的系统程序是命令解释程序，主要功能是接受用户输入的命令，然后解释并执行。在 UNIX 和 Linux 操作系统中，通常将命令解释程序称为 shell。虽然命令解释程序不是操作系统的组成部分，但它体现了许多操作系统的特性，并且很好地说明了如何使用系统调用。此外 shell 也是终端用户与操作系统之间的一种界面（另一种界面是图形用户界面）。

1.5　操作系统的特征与性能

1.5.1　操作系统的特征

1．并发性（concurrence）

并行性和并发性是既相似又有区别的两个概念，并行性是指两个或多个事件在同一时刻发生；而并发性是指两个或多个事件在同一时间间隔内发生。在多道程序环境下，并发性是指在一段时间内，宏观上有多个程序在同时运行，但在单处理机系统中，每一时刻却仅能有一道程序执行，故微观上这些程序只能是分时地交替执行。倘若在计算机系统中有多个处理机，则这些可以并发执行的程序便可被分配到多个处理机上，实现并行执行，即利用每个处理机来处理一个可并发执行的程序，这样，多个程序便可同时执行。

2．共享性（sharing）

在操作系统环境下，所谓共享是指系统中的资源可供内存中多个并发执行的进程（线程）共同使用。由于资源属性的不同，进程对资源共享的方式也不同。

3．虚拟性（virtual）

操作系统中的所谓"虚拟"，是指通过某种技术把一个物理实体变为若干个逻辑上的对应物。物理实体（前者）是实的，即实际存在的，而后者是虚的，是用户感觉上的东西。相应地，用于实现虚拟的技术，称为虚拟技术。在 OS 中利用了多种虚拟技术，分别用来实现虚拟处理机、虚拟内存、虚拟外围设备和虚拟信道等。

4．异步性（asynchronism）

在多道程序环境下，允许多个进程并发执行，但只有进程在获得所需的资源后方能执行。在单处理机环境下，由于系统中只有一个处理机，因而每次只允许一个进程执行，其余进程只能等待。当正在执行的进程提出某种资源要求时，如打印请求，而此时打印机正在为其他进程打印，由于打印机属于临界资源，因此正在执行的进程必须等待，且放弃处理机，直到打印机空闲，并再次把处理机分配给该进程时，该进程方能继续执行。可见，由于资源等因素的限制，使进程的执行通常都不是"一气呵成"，而是以"停停走走"的方式运行。

1.5.2　操作系统的性能指标

1．系统的可靠性、可用性和服务性

可靠性用平均无故障时间来衡量，指系统能正常工作时间的平均值。该时间越长，可靠性越高。可用性指平均故障修复时间，即从故障发生至故障修复所需的平均时间。该时间越短，可用性越高。可服务性是计算机系统的正常使用率，指系统在执行任务的任意时刻能正常工作的概率。

2．系统的吞吐量

系统的吞吐量是指在单位时间内所处理的信息量，它以每小时或每天所处理的进程数来度量。在实测吞吐量时，应把各种类型的进程按一定方式进行组合。

3．系统响应时间

系统响应时间是指从给定系统输入到开始输出这一段时间间隔。对批处理系统，输入应从用户提交进程算起；对于分时系统，输入应从用户发出终端命令算起。

4．系统的资源利用率

系统的资源利用率是指在给定时间内，系统中的某一资源（如 CPU、外围设备等）的实际使用时间所占的比例。要提高资源的利用率，就应该使资源尽可能地忙碌。

5．可维护性

可维护性一是指系统运行过程中，不断排除系统设计中遗留下来的错误；二是指对系统的功能做某些改进或扩充。可维护性的好坏在于系统的设计结构是否清晰、用户使用是否方便、系统是否提供了足够的软件工具及系统的使用手册是否齐全和方便阅读等。

6. 可移植性

可移植性是指把一个操作系统从一种硬件环境移植到另一种硬件环境所需要的工作量，通常用人月或人年表示。

本章小结

一个完整的计算机系统由硬件和软件系统两部分组成。其中，硬件是软件建立与活动的基础，软件是对硬件功能的扩充。操作系统是裸机之上的第一层系统，它向下管理系统中的各种资源，向上为用户和程序提供服务。操作系统的产生与发展和计算机硬件发展密切相关，随着电子器件的更新换代，操作系统的理论和技术也逐渐成熟和完善。随着 CPU 的速度越来越快，它与机械设备在速度上越来越不匹配，由此推动了批处理系统的产生，随后出现的通道和中断技术，又推动了多道程序系统的产生。以后相继出现了多道批处理系统、分时系统、实时系统、微型计算机系统、网络操作系统和分时操作系统。

操作系统由一系列程序模块和数据组成，其基本功能是管理系统内各种资源，方便用户使用计算机。操作系统的基本特征是并发性、共享性、虚拟性和异步性。

习题与实验

一、简答题

1. 什么是操作系统？操作系统在计算机中处于什么地位？
2. 简述操作系统的基本功能。
3. 操作系统发展经历了哪些阶段？
4. 简述操作系统的主要特征。

二、实验题

1. 试分析在使用计算机过程中，操作系统怎样为用户提供服务？
2. 试分析系统调用与系统程序在功能及实现上的异同点。

第 2 章 Linux 操作系统

本章导读

Linux 是一个日益成熟的操作系统，它以自由、安全、开放与高效的特性，加上强大的网络功能，越来越受到人们的青睐，有着无限广阔的发展前景。通过本章学习，应该：

◇ 认识 Linux 操作系统

◇ 掌握安装一种版本的 Linux 操作系统

2.1 Linux 操作系统概述

2.1.1 什么是 Linux

简单地说，Linux 是一套免费使用和自由传播的类 UNIX 操作系统，它主要用于基于 Intel x86 系列 CPU 的计算机上。这个系统是由全世界各地的成千上万的程序员设计和实现的。其目的是建立不受任何商品化软件的版权制约的、全世界都能自由使用的 UNIX 兼容产品。

Linux 的出现，最早开始于一位名叫 Linus Torvalds 的计算机业余爱好者，当时他是芬兰赫尔辛基大学的学生。他的目的是想设计一个代替 Minix（是由一位名叫 Andrews. Tanenbaum 的计算机教授编写的一个操作系统示教程序）的操作系统，这个操作系统可用于 386、486 或奔腾处理器的个人计算机上，并且具有 UNIX 操作系统的全部功能，因而开始了 Linux 雏形的设计。

Linux 以其高效性和灵活性著称。它能够在个人计算机上实现全部的 UNIX 特性，具有多任务、多用户的能力。Linux 是在 GNU 公共许可权限下免费获得的，是一个符合 POSIX 标准的操作系统。Linux 操作系统软件包不仅包括完整的 Linux 操作系统，而且还包括了文本编辑器、高级语言编译器等应用软件。它还包括带有多个窗口管理器的 X Window 图形用户界面，如同我们使用 Windows 一样，允许使用窗口、图标和菜单对系统进行操作。

Linux 之所以受到广大计算机爱好者的喜爱，主要原因有两个，一是它属于自由软件，用户不用支付任何费用就可以获得它和它的源代码，并且可以根据自己的需要对它进行必要的修改，无偿使用，无约束地继续传播；二是它具有 UNIX 的全部功能，任何使用 UNIX 操作系统或想要学习 UNIX 操作系统的人都可以从 Linux 中获益。

2.1.2 为什么使用 Linux

由于 Linux 是一套具有 UNIX 全部功能的免费操作系统，它在众多的软件中占有很大的优势，为广大的计算机爱好者提供了学习、探索及修改计算机操作系统内核的机会。

操作系统是一台计算机必不可少的系统软件，是整个计算机系统的灵魂。一个操作系统是一个复杂的计算机程序集，它提供操作过程的协议或行为准则。没有操作系统，计算机就无法工作，就不能解释和执行用户输入的命令或运行简单的程序。大多数操作系统都是由一些主要的软件公司支持的商品化程序，用户只能有偿使用。如果用户购买了一个操作系统，他就必须满足供应商所要求的一切条件。因为操作系统是系统程序，用户不能擅自修改或试验操作系统的内核。这对于广大计算机爱好者来说无疑是一种束缚。使用 Linux，可以将操作系统变成一种操作环境。

由于 Linux 是一套自由软件，用户可以无偿地得到它及其源代码，可以无偿地获得大量的应用程序，而且可以任意地修改和补充它们。这对用户学习、了解 UNIX 操作系统的内核非常有益。学习和使用 Linux，能为用户节省一笔可观的资金。Linux 是目前唯一可免费获得的、为 PC 机平台上的多个用户提供多任务、多进程功能的操作系统，这是人们要使用它的主要原因。就 PC 机平台而言，Linux 提供了比其他任何操作系统都要强大的功能，Linux 还可以使用户远离各种商品化软件提供者促销广告的诱惑，再也不用承受每过一段时间就升级之苦，因此，可以节省大量用于购买或升级应用程序的资金。

Linux 不仅为用户提供了强大的操作系统功能，而且还提供了丰富的应用软件。用户不但可以从 Internet 下载 Linux 及其源代码，而且还可以从 Internet 下载许多 Linux 的应用程序。可以说，Linux 本身包含的应用程序及移植到 Linux 上的应用程序包罗万象，任何一位用户都能从有关 Linux 的网站上找到适合自己特殊需要的应用程序及其源代码，这样，用户就可以根据自己的需要下载源代码，以便修改和扩充操作系统或应用程序的功能。这对 Windows NT、Windows 98、MS-DOS 或 OS/2 等商品化操作系统来说是无法做到的。

尽管 Linux 是由计算机爱好者们开发的，但是它在很多方面是相当稳定的，从而为用户学习和使用目前世界上最流行的 UNIX 操作系统提供了廉价的机会。现在有许多 CD-ROM 供应商和软件公司（如 Red Hat 和 Turbolinux）支持 Linux 操作系统。Linux 成为 UNIX 系统在个人计算机上的一个代用品，并能用于替代那些较为昂贵的系统。因此，如果一个用户在公司上班的时候在 UNIX 系统上编程，或者在工作中是一位 UNIX 的系统管理员，他就可以在家里安装一套 UNIX 的兼容系统，即 Linux 系统，在家中使用 Linux 就能够完成一些工作任务。Linux 操作系统正成为第二大流行的操作系统。

2.1.3 Linux 的特点

（1）开放性

是指系统遵循世界标准规范，特别是遵循开放系统互连（OSI）国际标准。

（2）多用户

是指系统资源可以被不同用户使用，每个用户对自己的资源（如文件、设备）有特定的权限，互不影响。

（3）多任务

是指计算机同时执行多个程序，而且各个程序的运行互相独立。

（4）良好的用户界面

Linux 向用户提供了两种界面：字符界面和图形界面。字符界面是传统的 UNIX 界面，输入命令完成相关的操作。在图形界面下，它利用鼠标、菜单、窗口、滚动条等设施，给用户呈现一个直观、易操作、交互性强的友好的图形化界面。

（5）设备独立性

是指操作系统把所有外围设备统一当作文件来看待，只要安装它们的驱动程序，任何用户都可以像使用文件一样，操纵、使用这些设备，而不必知道它们的具体存在形式。Linux 是具有设备独立性的操作系统，它的内核具有高度适应能力。

（6）丰富的网络功能

完善的内置网络是 Linux 一大特点。

（7）可靠的安全系统

Linux 采取了许多安全技术措施，包括对读、写控制、带保护的子系统、审计跟踪、核心授权等，这为网络多用户环境中的用户提供了必要的安全保障。

（8）良好的可移植性

是指将操作系统从一个平台转移到另一个平台使它仍然能按其自身的方式运行的能力。Linux 是一种可移植的操作系统，能够在从微型计算机到大型计算机的任何环境中和任何平台上运行。

2.1.4　Linux 系统的组成

Linux 一般有四个主要部分：内核、shell、文件系统和应用程序。内核、shell、文件系统一起形成了基本的操作系统结构。它们使得用户可以运行程序、管理文件并使用系统。

内核是系统的核心，是运行程序和管理像磁盘和打印机等硬件设备的核心程序。

shell 是系统的用户界面，提供了用户与内核进行交互操作的一种接口。

Linux 文件系统是文件存放在磁盘等存储设备上的组织方法。目前 Linux 能支持多种文件系统，如 EXT2、EXT3、EXT4、VFAT、ISO9660、NFS、SMB 等。

标准的 Linux 系统都有一整套称为应用程序的程序集，包括文本编辑器、编程语言、X Window、办公套件、Internet 工具、数据库等。

2.2　主要的 Linux 的版本

Linux 的版本分内核版本和发行版本。Linux 的内核由 Linus Torvalds 领导下的开发小组负责开发，它可以自由获取。发行版本由不同厂商将 Linux 内核与不同的应用程序相互组合就形成了不同的 Linux 发行套件。通常所说的就是发行版本。

1. Red Hat Enterprise Linux

Red Hat（红帽）是全球最大的开源技术厂家。红帽提供了名为 RHEL（red hat enterprise linux）的企业级 Linux 发行版。目前已发布了 RHEL 7.3。它为现代化数据中心提供了下一代平台。它确实适用于部署企业级 Web 服务。它还支持存储、中间件、虚拟化和云计算。它适合大企业和大型办公室，在这种环境下，许多服务器部署在数据中心，服务器扮演许多不同的角色。

2．Fedora Linux

它基于 Fedora Project（Red Hat 支持），由世界性社区范围的志愿者和开发人员的构建和维护，Fedora 之所以能够持续几年成为使用最广泛的发行版之一，是因为它有三个主要的可用版本（Workstation（用于台式机），Server edition 和 Cloud image），以及 ARM 版本用于基于 ARM（通常为 headless）的服务器。不过，也许 Fedora 最显著的特点是，它总是在领衔整合新的软件包版本和技术到发行版中。此外，Red Hat Enterprise Linux 和 CentOS 的新版本基于 Fedora。

3．Debian Linux

作为一个坚如磐石的 Linux 发行版，Debian 每两年发布新的稳定版本，发布的每个版本都经过彻底的测试。虽然 Debian 主要用于服务器上，但现在它的桌面版本已经在功能和外观上得到了明显的改善。

4．OpenSUSE Linux

OpenSUSE 项目是由 Novell 发起的开源社区计划，旨在推进 Linux 的广泛使用。这款操作系统根据其开发人员的不同，是系统管理员、开发人员和桌面用户 Linux 发行版的选择，无论经验水平处于哪种级别，SUSE Linux 成为所有人都能够得到的最易于使用的 Linux 发行版。

5．Ubuntu

Ubuntu 是 2004 年 9 月首次公布的。虽然相对来说，Ubuntu 是发行较晚的 Linux 发行版，该项目没有其他 Linux 发行版本早，但是其邮件列表，很快被用户的渴望和热情的开发者讨论所填满。在随后几年中，Ubuntu 成长为最流行的桌面 Linux 发行版，它朝着一种"易用和免费"的桌面操作系统发展，并且做出了极大的努力和贡献，能够与市场上任何一款个人操作系统相竞争。

6．红旗 Linux

红旗 Linux 是由北京中科红旗软件技术有限公司开发的一系列 Linux 发行版，包括桌面版、工作站版、数据中心服务器版、HA 集群版和红旗嵌入式 Linux 等产品。目前在中国各软件专卖店可以购买到光盘版，同时官方网站也提供光盘镜像免费下载。红旗 Linux 是中国较大、较成熟的 Linux 发行版之一。

Red Hat Enterprise Linux（RHEL）是 Red Hat 公司的 Linux 发行版，面向商业市场，包括大型机。红帽公司从 RHEL 5 开始对企业版 Linux 的每个版本提供 10 年的支持。本书主要介绍 RHEL 6 的版本，RHEL 6 可支持 32 位 Intel 80x86 兼容中央处理器、64 位兼容中央处理器、Intel、IBM POWER、IBM z-Series 中央处理器。从内核到网络堆栈，RHEL 6.6 都大大优化了系统的性能。此外，还支持更多的处理器数量，还有内存限制和内核优化，在大型 NUMA 系统允许更高效的 CPU 利用率。RHEL 6.6 能更好地适应密集的单服务器工作负载。其他系统性能提升包括支持额外的 40 GbE 网络适配器；减少网络延迟和抖动；支持高性能，低延迟应用等。该产品还能够提供世界一流的性能、安全性、稳定性以及无与伦比的价值。

2.3　Red Hat Enterprise Linux 的安装

2.3.1　Red Hat Enterprise Linux 安装前的准备工作

1．获得 RHEL

获得 RHEL 的方式有以下几种：

从网站上下载，如 www.redhat.com 等；

购买 Linux 发行版的光盘；

复制 Linux 发行版的光盘，这种方法在 GPL（通用公开许可证）中是合法的！！

2．RHEL 安装最低硬件需求

安装 RHEL 6 操作系统，至少满足以下基本硬件要求。

（1）中央处理器

32 位 Intel 80x86 兼容中央处理器；

64 位 Intel 80x86 兼容中央处理器；

IBM POWER 中央处理器；

IBM z-Series 中央处理器。

（2）随机读取内存

至少 265 MB 内存，如果想要安装图形界面建议至少 1024 MB，如果内存小于 512 MB，在安装系统时不能以图形方式安装。安装程序会自动进入文本方式安装界面。当然内存越大越好。

（3）磁盘控制卡

目前 RHEL 可以安装在下列的存储设备中：IDE 磁盘设备、SCSI 磁盘设备、硬件磁盘阵列、软件磁盘阵列、iSCSI 存储设备。

（4）磁盘空间

磁盘空间和安装软件的数量有关，与内存一样，磁盘空间越大越好，要能顺利安装 RHEL，至少得 10 GB 的磁盘空间。

除了上述要考虑的重点内容外，如果要通过网络安装，还要考虑网卡是否支持，否则无法网络安装。其他可用的硬件设备可以从 Red Hat 提供的一组名为硬件清单（Hardware Compatibility List）数据中查找。

2.3.2　本地光盘安装 Red Hat Enterprise Linux

（1）安装引导

将安装光盘放入光驱，并重新启动计算机。计算机启动后会出现图 2-1 所示界面。直接按 Enter 键开始图形界面的安装。第一个是安装或更新一个系统，如果之前存在老的版本，要更新或者安装一个新的系统，请选择此项；第二个是如果机器的显卡不能正常使用，可以选用这个，以最基本的模式安装系统；第三个是救援模式，类似于 Windows 的 winpe 系统，可以修复系统；第四个是从本地硬盘启动；第五个是内存测试。

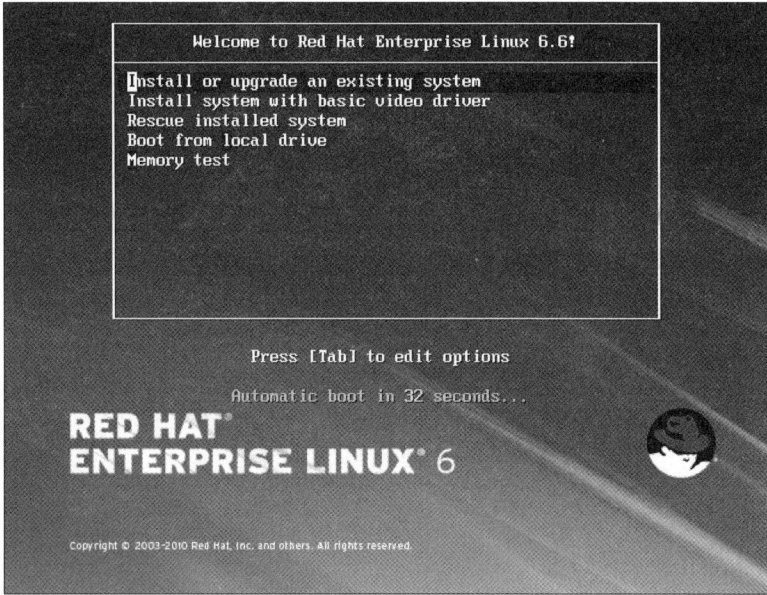

图 2-1　安装引导信息

（2）检查本地光盘介质

在图 2-1 所示的界面中，直接按 Enter 键可进入如图 2-2 所示的光盘介质界面，选择是否检查光盘。

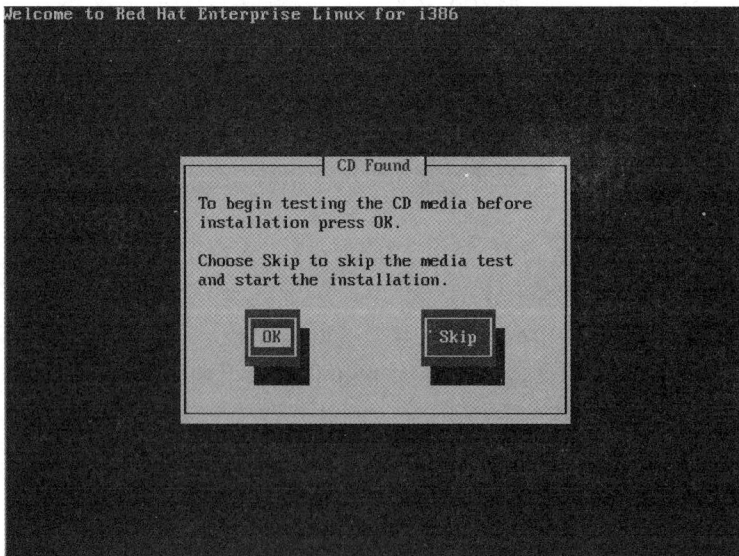

图 2-2　选择是否检查光盘

如果希望检查，单击"OK"按钮并按 Enter 键，否则利用 Tab 键移动到"Skip"按钮上并单击，跳过测试。

（3）开始安装

当执行或忽略介质检查之后，进入如图 2-3 所示的开始安装界面。

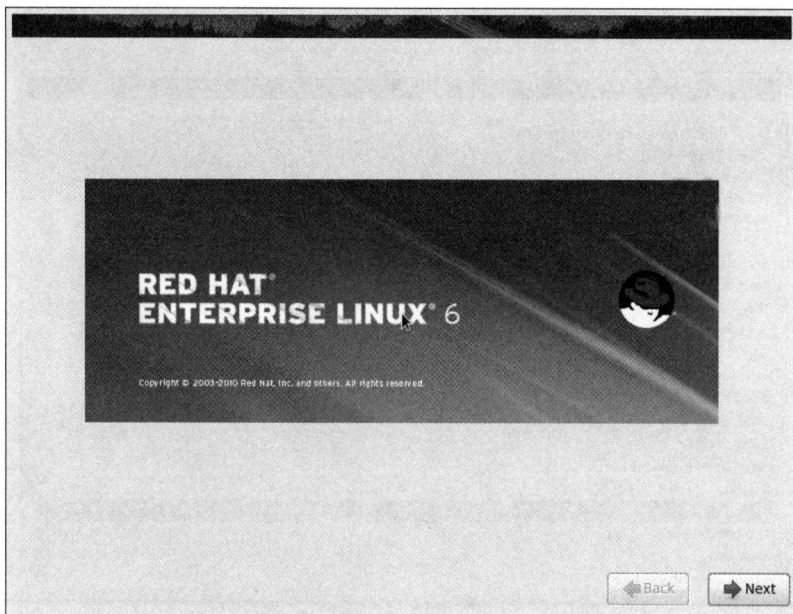

图 2-3　开始安装界面

（4）语言选择

在图 2-3 所示的界面中单击"Next"按钮后，进入如图 2-4 所示的语言选择界面。

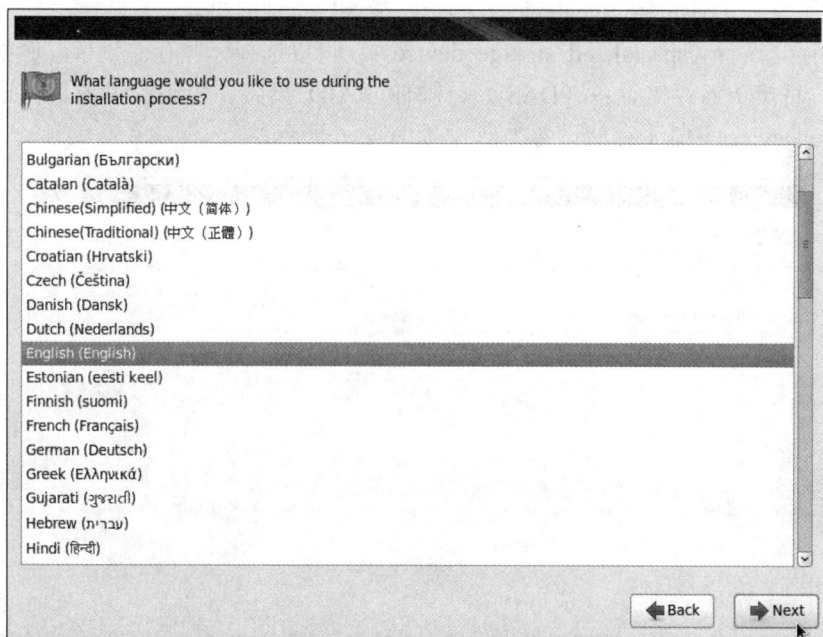

图 2-4　语言选择界面

选择简体中文"Chinese（Simplified）"，单击"Next"按钮继续。

（5）键盘配置

选择键盘类型，如图 2-5 所示，接受默认选项，即选择美国键盘布局模式，单击

"Next" 按钮继续。

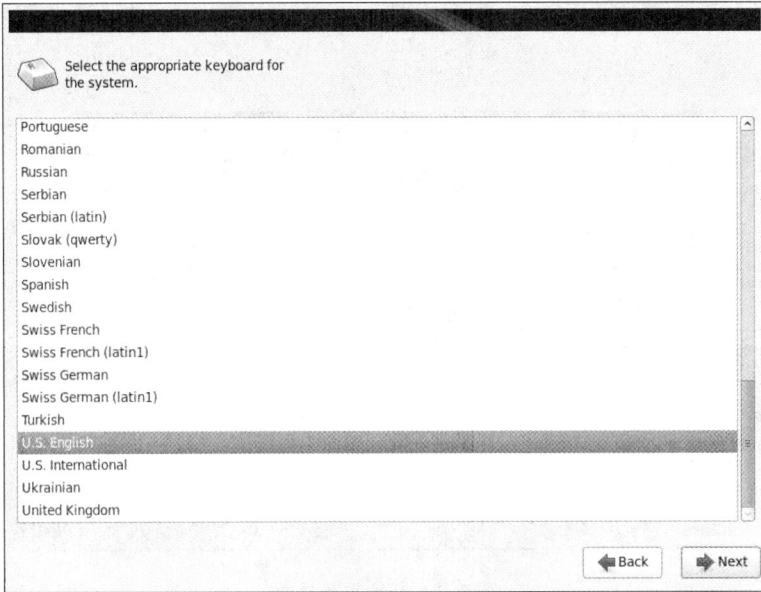

图 2-5　选择键盘类型

（6）存储设备

基本存储设备（basic storage devices）：一般指连接本地磁盘。

指定的存储设备（specialized storage devices）：可以选择一些存储设备，例如存储区网络（SAN）、直接访问存储设备（DASD）、固件 RAID 设备、多路径设备。在这里，选择 Basic Storage Devices（基本存储设备类型），如图 2-6 所示。

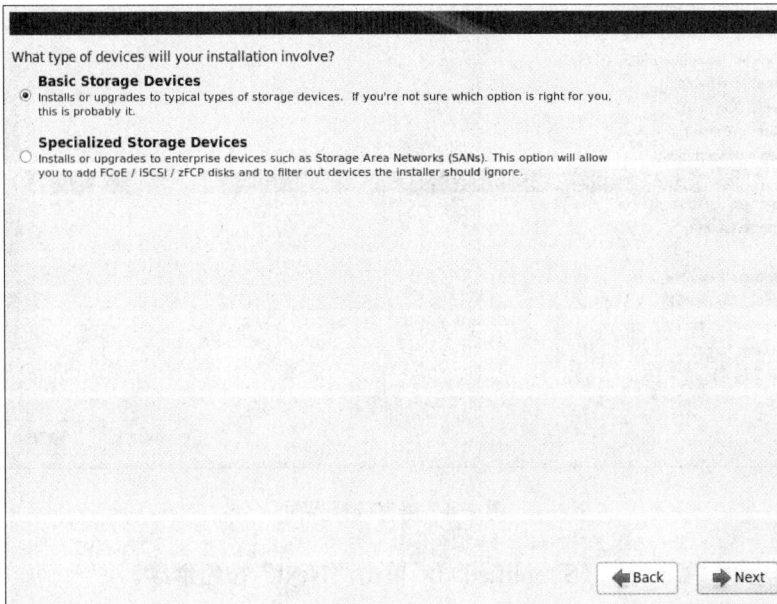

图 2-6　选择存储设备类型

选择了基本存储设备后，弹出一个告警提示，如图 2-7 所示，因为这里是一个新的硬盘，选择"Yes，discard any data"丢弃硬盘上的任何数据。

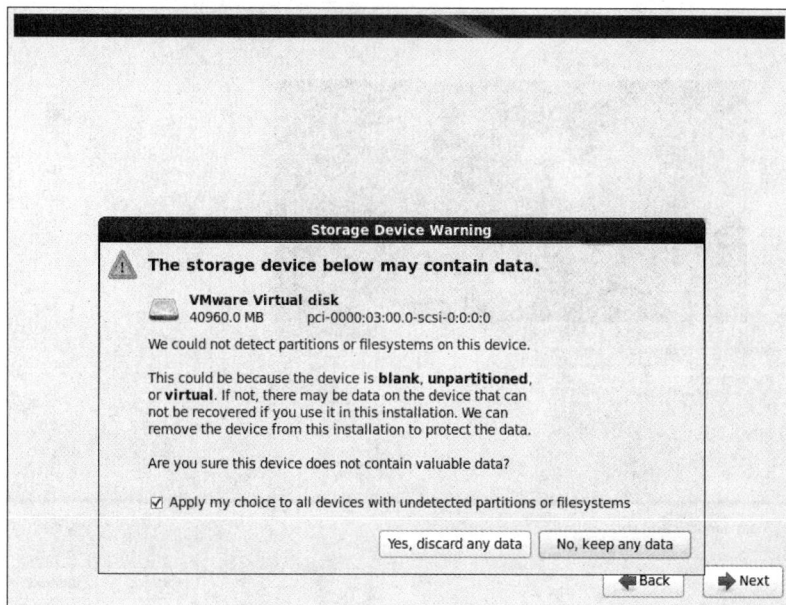

图 2-7　告警提示

（7）设定主机名

如图 2-8 所示，可以给 Linux 主机设定一个有意义的名字。下面仅仅是测试用途，所以使用默认的 localhost.localdomain。

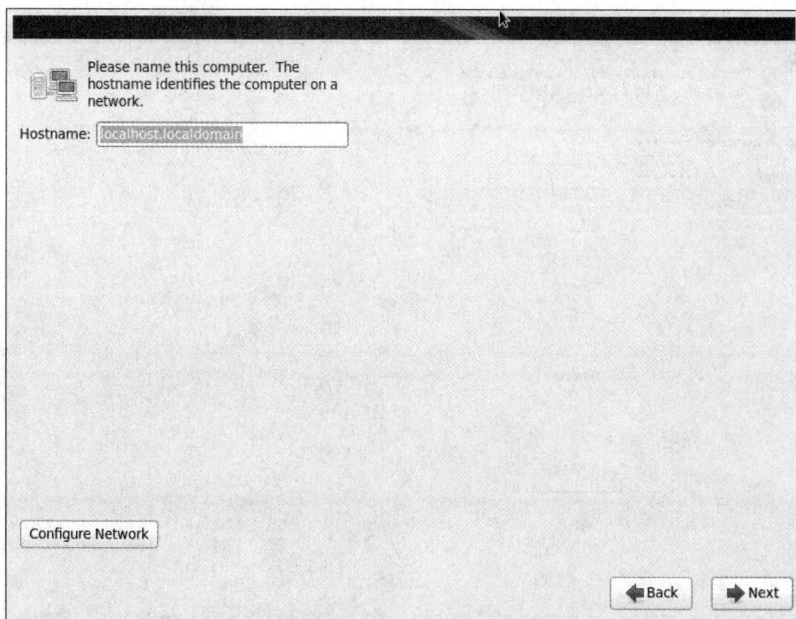

图 2-8　设置主机名

（8）设定时区

根据服务器所在的地区设置正确的时区，如图 2-9 所示，可以使系统具有正确的计时。

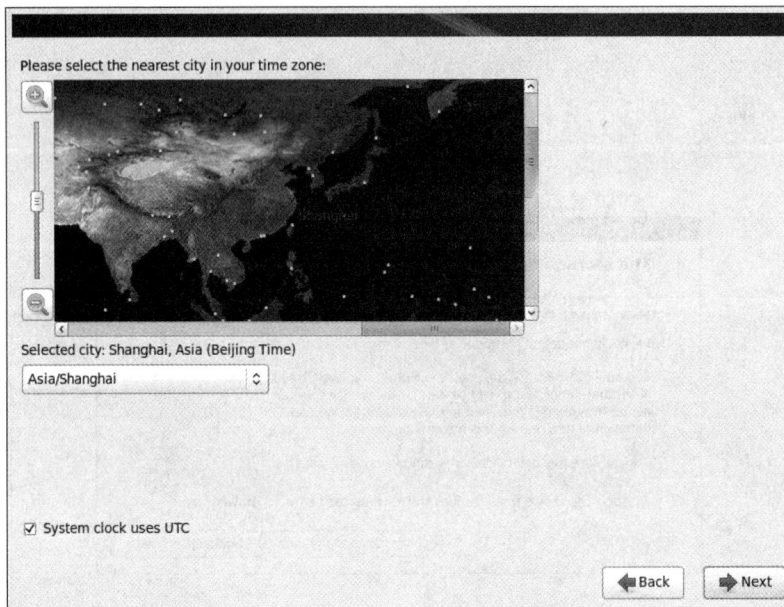

图 2-9　时区选择

（9）设置 root 账号密码

系统管理员账户名是 root，管理员具有最高权限，所以要对 root 用户设置口令，界面如图 2-10 所示。

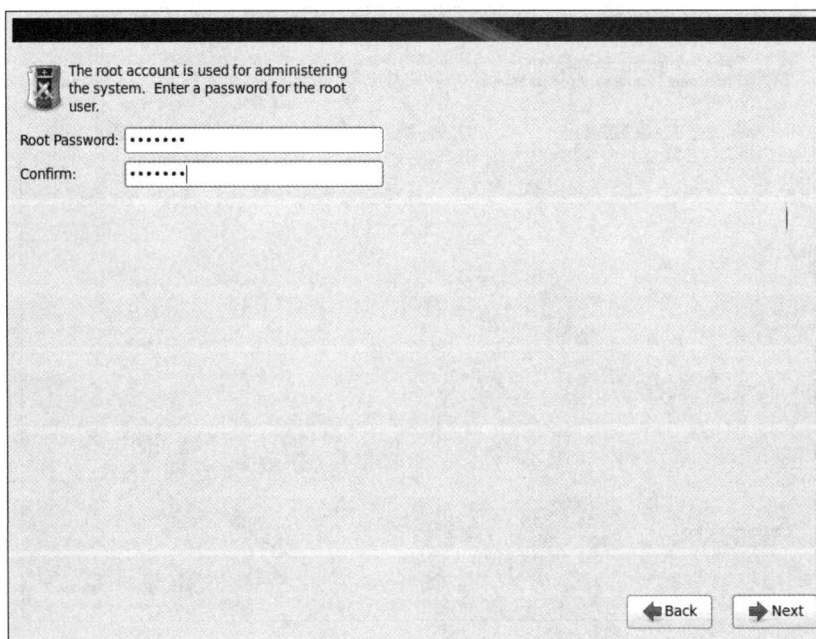

图 2-10　设置根口令

（10）磁盘分区

如图 2-11 所示，磁盘分区有 5 种选项：第一个选项 Use All Space 将删除所有分区，并且系统自动帮你创建新的分区；第二个选项 Replace Existing Linux System(s)替换掉存在的 Linux 系统，如果安装了 Windows 系统，又安装了 Linux 系统，它将把你的 Windows 分区保留，把 Linux 全部删掉；第三个选项 Shrink Current System 跟逻辑卷有关，减小一个存在的分区；第四个选项 Use Free Space 使用剩余的空间；第五个选项 Creat Custom Layout 自定义分区。在此选择自定义分区 Creat Custom Layout 并单击"Next"按钮，根据提示会出现如图 2-12 所示。

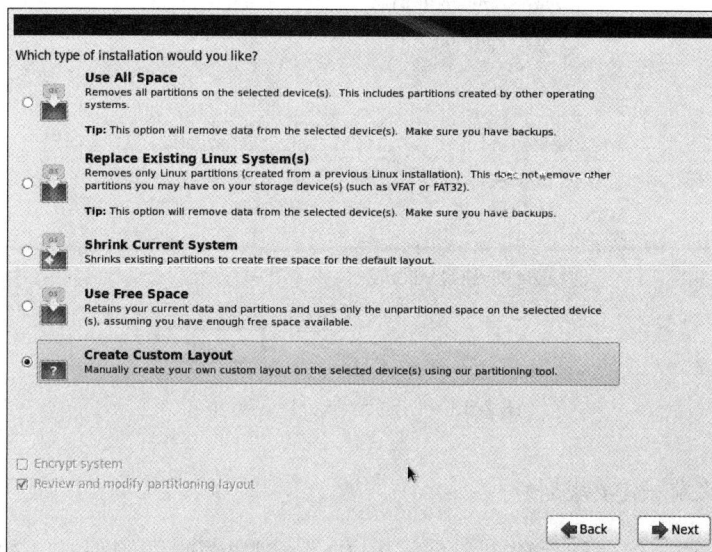

图 2-11　设置磁盘分区

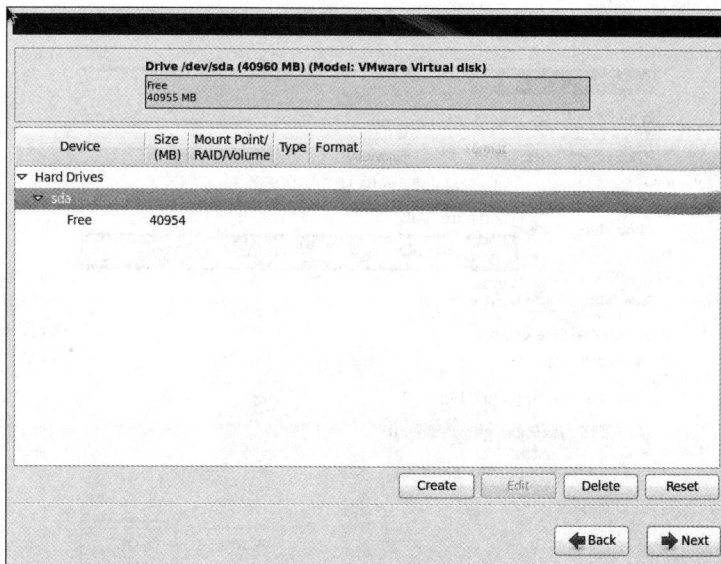

图 2-12　分配存储设备

　　磁盘分区是整个 Linux 安装过程中最为关键的一步，一定要小心谨慎。如果操作不慎，可能会影响到原来的系统。创建分区相当于执行 DOS/Windows 下的 fdisk 命令，创建文件系统相当于执行 DOS/Windows 下的 format 命令。Windows 环境下的文件系统类型是 FAT32（Linux 下成为 vfat）或 NTFS，而 Linux 环境下的文件系统类型默认是 ext，要创建分区和文件系统，需要在图 2-12 所示的界面中单击"Create"按钮，出现如图 2-13 所示的界面。

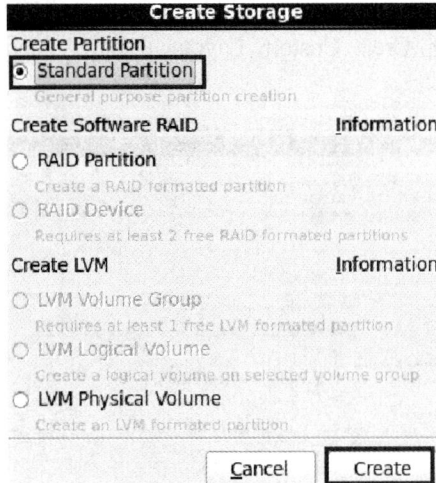

图 2-13　创建 swap 分区之一步

　　说明：分区之前一定要规划好。

　　可以创建分区、创建软件磁盘阵列（RAID）、创建逻辑卷管理（LVM）三大选项，选择创建分区中的"Standard Partition"创建标准分区如图 2-13 所示。到这时，安装程序会出现如图 2-14 所示的对话框。这里可以分别创建"swap""/home""/user""/"四个分区。

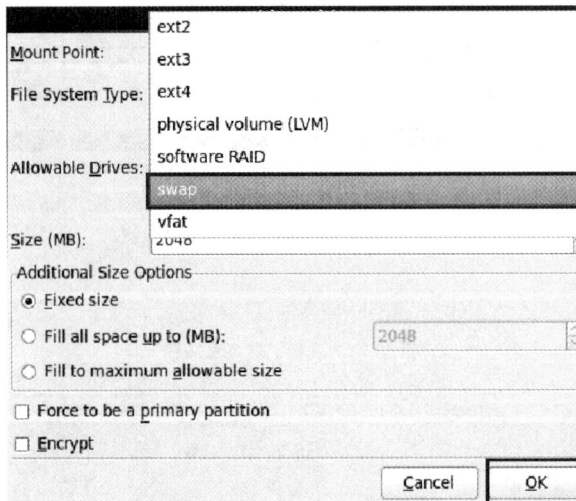

图 2-14　创建 swap 分区之二步

创建 swap 分区，设置大小为 2048（通常为机器内存的 2 倍），单击 OK 按钮。

LVM 是 Logical Volume Manager（逻辑卷管理）的英文简写，它是 Linux 环境下对磁盘分区进行管理的一种机制。LVM 是建立在硬盘和分区之上的一个逻辑层，来提高磁盘分区管理的灵活性。通过 LVM系统管理员可以轻松管理磁盘分区，例如，将若干个磁盘分区连接为一个整块的卷组（volume group），形成一个存储池。管理员可以在卷组上随意创建逻辑卷组（logical volumes），并进一步在逻辑卷组上创建文件系统。管理员通过 LVM 可以方便地调整存储卷组的大小，并且可以对磁盘存储按照组的方式进行命名、管理和分配。例如，按照使用用途进行定义"development"和"sales"，而不是使用物理磁盘名"sda"和"sdb"。当系统添加了新的磁盘后，管理员不必将已有的磁盘的文件移动到新的磁盘上，以充分利用新的存储空间，通过 LVM 直接扩展文件系统跨越磁盘即可。在图 2-13 中，如果选择 LVM Physical Volume，将出现如图 2-15 所示的界面。

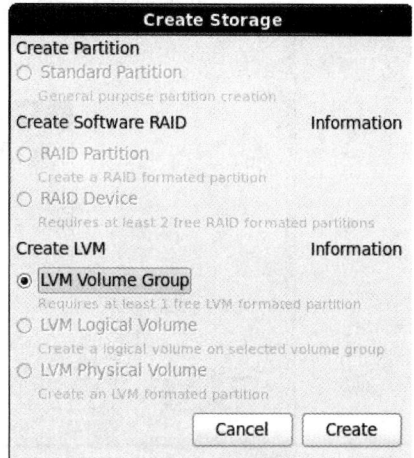

图 2-15　创建 LVM Volume Group

创建 LVM Volume Group 分区和存储设备的最终分区效果如图 2-16 所示。

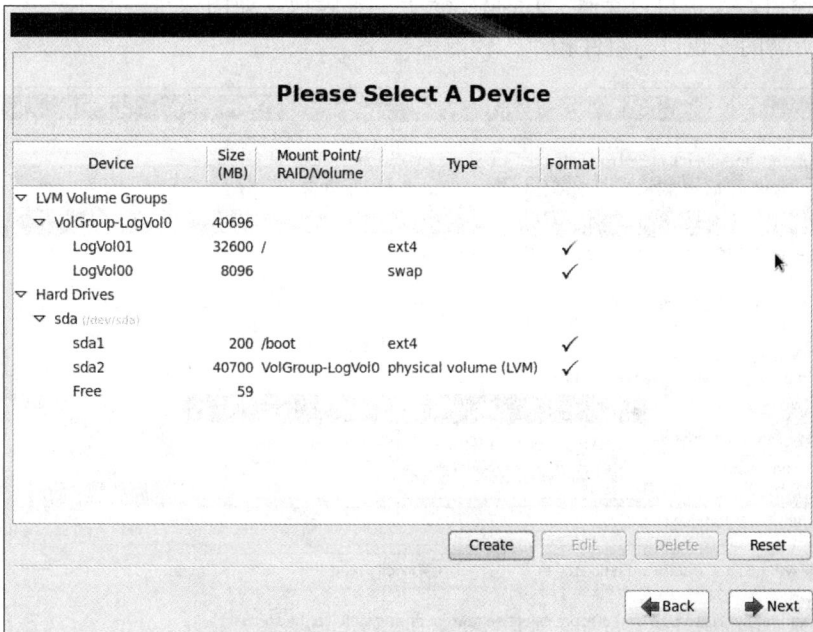

图 2-16　存储设备的最终分区效果

（11）向磁盘写配置

至此，磁盘分区创建完成。接下来单击"Creat"按钮把磁盘分区信息写入，同时弹出警告信息，如图 2-17 所示。系统会自动进行磁盘的分区和格式化操作。

图 2-17 　向磁盘写配置

（12）选择安装类型并定制软件

可以选择自定义也可以选择"Basic Server"等选项，如图 2-18 所示。选择自定义的话，要求对所需的安装包与组件相对比较熟悉。

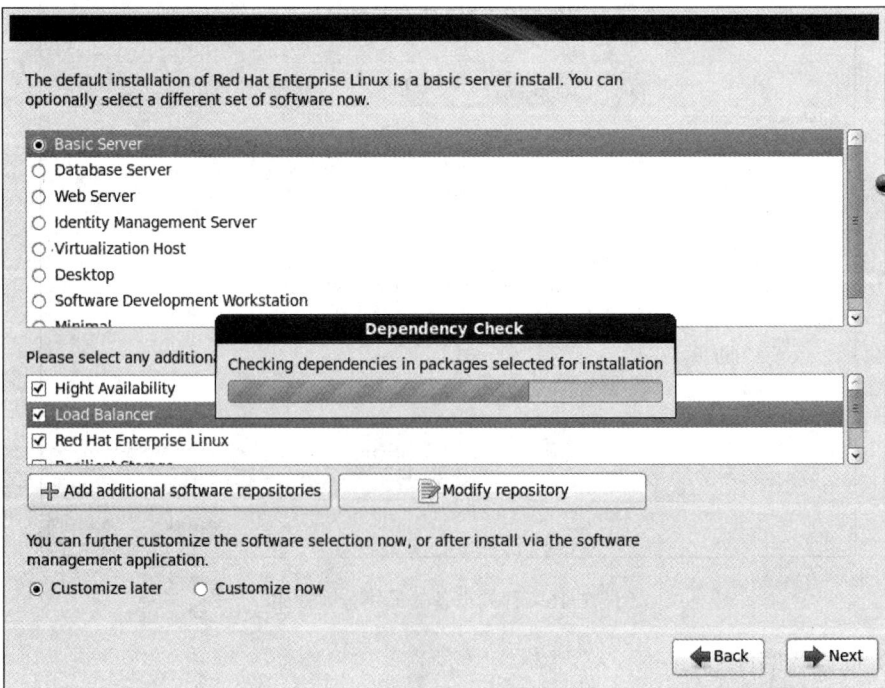

图 2-18 　选择安装类型

（13）开始安装

如图 2-19 所示，系统自动检测软件的依赖关系，然后开始自动安装软件。

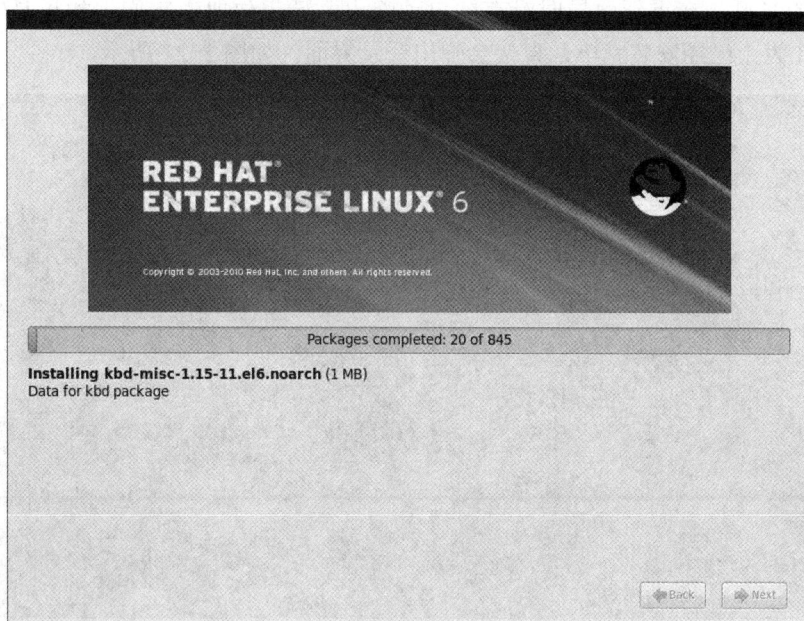

图 2-19　开始安装

（14）安装结束

系统安装完成，单击"Reboot"按钮重新引导，系统自动重启。

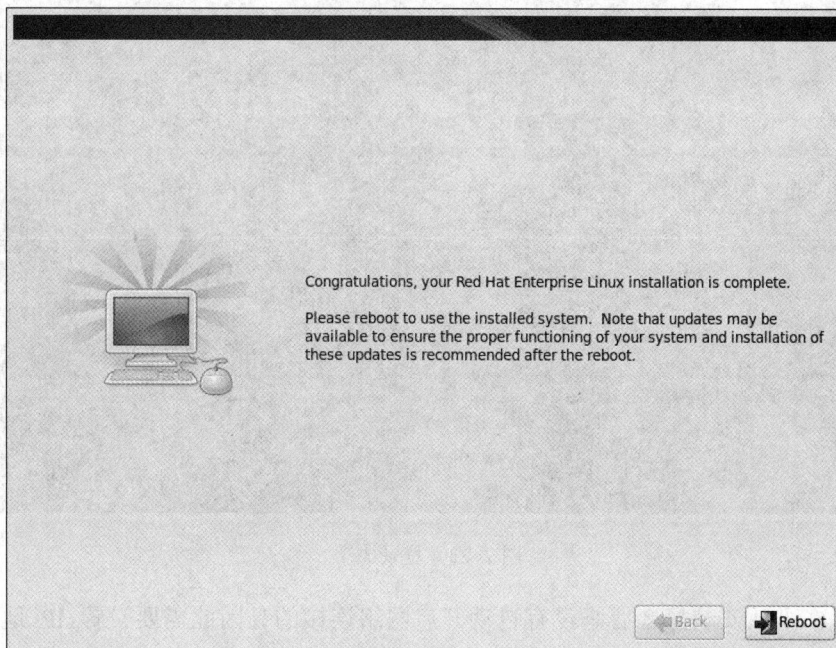

图 2-20　安装结束

至此，RHEL 安装完成！

安装程序会提示做好重新引导系统的准备。 如果安装介质（磁盘驱动器内的磁盘或光盘驱动器内的光盘）在重新引导时没有被自动弹出，请记住取出它们。如果是安装文本模式，那么到此为止已经安装完毕，直接会弹出登录界面，如图 2-21 所示。

图 2-21 登录界面

输入用户名 root 和安装过程中设置的密码。登录成功后出现的界面如图 2-22 所示。

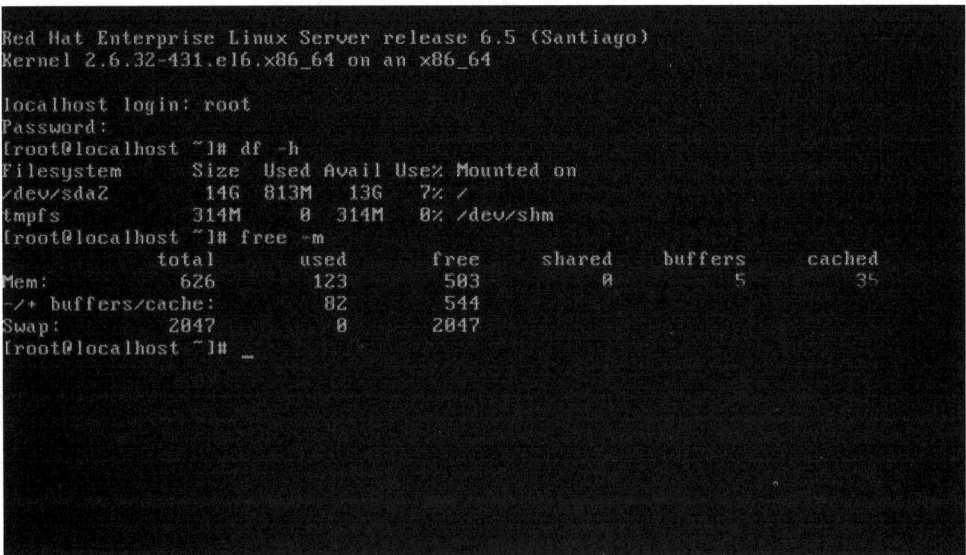

图 2-22 登录成功

RHEL 6 默认安装好之后是没有自动开启网络连接的！因此需要设置 IP 地址、网关 DNS。

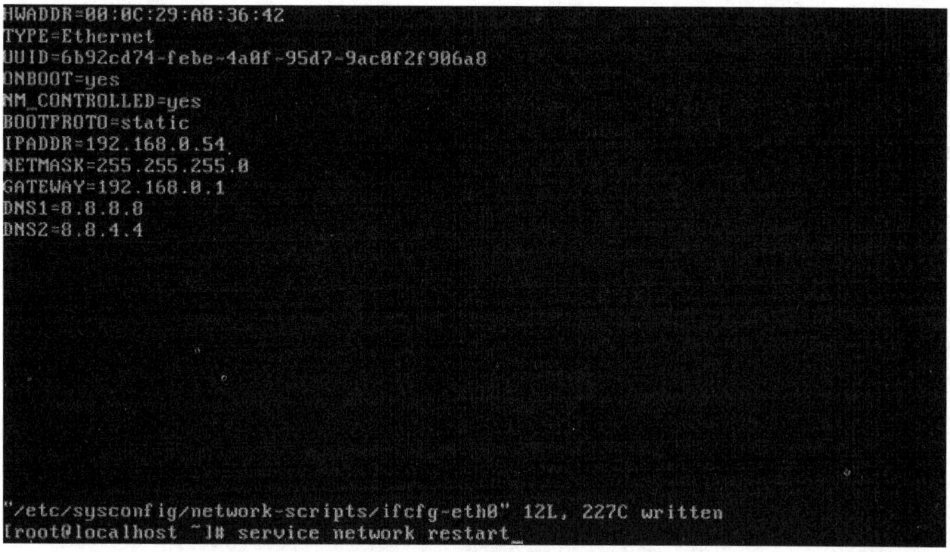

图 2-23　修改配置文件

按需求输入网络配置信息，然后按 Esc 键到命令行输入"wq!"命令来保存配置。

vi /etc/sysconfig/network-scripts/ifcf g-eth0	#编辑配置文件，添加修改以下内容
BOOTPROTO=static	#启用静态 IP 地址
ONBOOT=yes	#开启自动启用网络连接
IPADDR=192.168.0.54	#设置 IP 地址
NETMASK=255.255.255.0	#设置子网掩码
GATEWAY=192.168.0.1	#设置网关
DNS1=8.8.8.8	#设置主 DNS
DNS2=8.8.4.4	#设置备 DNS
:wq!	#保存退出
#service network restart	#重启网络服务

重启网络服务，系统配置成功，如图 2-24 所示。

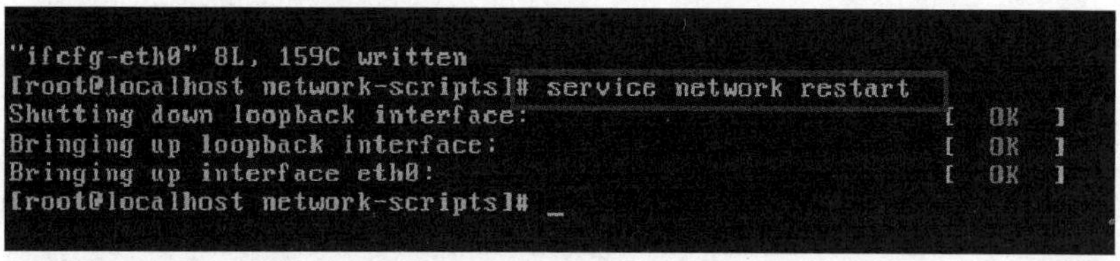

图 2-24　重启网络服务

也可以用 ping www.baidu.com 命令测试网络是否正常。

如果安装的是图形模式，那么会有欢迎界面提示设置软件更新、创建普通用户等。

本章小结

Linux 是 20 世纪 90 年代迅速发展起来的，与其他操作系统相比有其独特的优点。Red

Hat 公司推出的各个 Linux 发行版本目前使用最为广泛。本章介绍了 Linux 的基本概念、特点及组成，接着介绍了本地安装 RHEL。

习题与实验

一、简答题

1. 试列举 Linux 的主要特点。

2. 简述 Linux 的版本。

3. Linux 的主要组成有哪些部分？

4. 试列举获得 Red Hat Enterprise Linux 的方法。

二、实验题

1. 从网上下载虚拟机软件。

2. 在物理机或虚拟机中安装 Red Hat Enterprise Linux。

第 3 章 Linux 的初步使用

本章导读

Linux 包含丰富的命令。命令操作是 Linux 非常重要的内容，熟练掌握各种命令是学习 Linux 的关键，从本章开始陆续学习各种命令。本章是初步使用 Linux 最基础的知识，通过本章学习，应该：

◇ 熟悉 Linux 的字符和图形工作界面
◇ 熟悉 Linux 下命令的一般格式并学会使用帮助
◇ 学会 Linux 的基本操作
◇ 了解 Linux 的各种管理工具

3.1 字符工作界面和图形工作界面

3.1.1 Linux 的运行级别及切换

1. 选择启动参数

RHEL 6 一般是通过 GRUB 来引导系统的，如果计算机装有多个操作系统，一般来说，只要在 RHEL 6 安装过程中进行了正确的配置，GRUB 都会在引导界面上显示系统列表，供用户选择进入哪一种系统。如果不选择，系统会在规定的时间自动进入默认的系统。假如引导系统列表中有多个操作系统，可以通过按↑或↓键进行选取，选定后按 Enter 键即可。如果是第一次运行该系统，系统将自动进入"欢迎"界面,一般来说，在系统执行自检完成之后，系统将进入 RHEL 6 的登录界面。如果 Linux 系统已经配置了 X Window，那么系统将会进入图形化登录界面并打开"登录"对话框。该对话框提示输入用户账号和密码，如果拥有本系统的用户账号和密码，如输入根用户 root 和根用户的密码（选择"其他"项目时才能按照提示输入 root 根用户名和密码），输入之后按 Enter 键，系统将开始进行一些基本硬件的初始化，当基本硬件初始化执行完毕，系统会自动进入桌面环境。

如果在系统安装时没有配置 X Window，那么将出现"文本提示符登录"界面，要求输入账号和密码。同样，如果拥有本系统的用户账号和密码，输入之后按 Enter 键就可以登录该系统。

至于让系统引导用户进入图形化界面还是文本界面，完全根据用户的喜好和需要，用户可以在系统安装后编辑/etc/inittab 文件，把 id:3:initdefault:中的 3 改为 5，系统将直接被引导进入图形化登录对话框。当然，在文本提示符下输入 startx 命令也可以进入图形化界面。

当安装完毕重新启动以后，首先运行引导装载程序 GRUB，如图 3-1 所示。

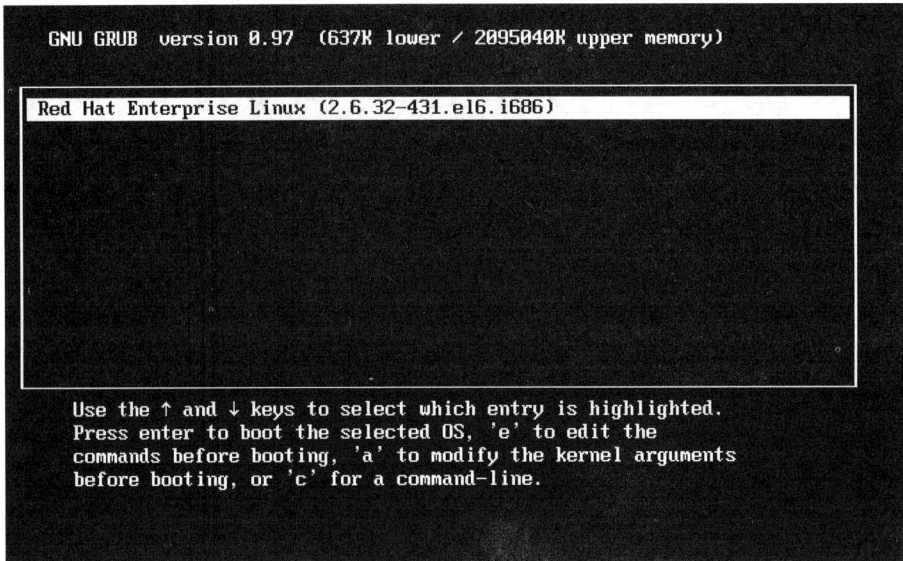

图 3-1　引导装载程序 GRUB 启动画面

GRUB 默认倒数 5 秒后，自动启动默认的操作系统；如果要启动非默认的操作系统，一定要在这个界面中按下任意键，才能中止 GRUB 的倒计时。

中止了 GRUB 启动默认操作系统后，GRUB 光标首先停留在安装时默认启动的操作系统标签上，用户可以使用键盘上的上下箭头键进行选择，然后按 Enter 键确认启动指定的操作系统，一旦选择进入了 Linux 操作系统，那么系统就会处在某个系统运行级别之下。

2．系统运行级别

Linux 系统任何时候都要运行在一个指定的运行级上，并且不同运行级别的程序和服务都不同，所要完成的工作和所要达到的目的都不同，Linux 系统设置了如表 3-1 所示的运行级别，并且系统可以在这些运行级别之间进行切换，以完成不同的工作。

表 3-1　Linux 的运行级别

运 行 级 别	说　　　明
0	停止系统，系统关机时处于该级别
1	单用户模式，用于系统维护，所有服务也不启动
2	多用户模式，但不支持 NFS（网络文件系统）
3	多用户模式，即系统默认的启动模式，处于文本界面
4	留给用户自定义的级别
5	多用户模式，进入窗口（X Window）模式
6	重启系统

说明：如果系统启动后进入字符登录界面，则说明系统默认的运行级别为 3；如果系统启动后进入图形登录界面，则说明系统默认的运行级别是 5。

3．运行级别的切换

（1）查看当前的运行级别

用户可使用如下的命令查看当前系统的运行级。

　　# runlevel

（2）运行级别的切换

用户可以使用如下的命令切换运行级。

init n：改变系统的运行级别。

n：指定的系统运行级别，取值为 0～6。

即在 init 命令后跟一个参数，此参数是要切换到的运行级别的代号，如：可以用 init 6 命令重新启动机器。

下面看一个使用 runlevel 和 init 命令的例子。

显示系统当前运行级别，使用如下命令：

　　# runlevel

执行结果为：

　　N 3

表示系统当前的运行级别为"3"，没有上一次运行级别（用"N"表示）。

　　# init 2

执行命令后会在系统控制台中显示相应的停止启动服务信息。

　　# runlevel

执行结果为：

　　3 2

系统当前运行级别已经为"2"，上一次的运行级别为"3"，转换运行级别成功。

3.1.2　在字符界面下工作

1．Linux 的工作界面

Linux 有两种工作界面，分别是字符界面和图形界面。字符界面的工作效率高，但要学会使用各种常用命令；而图形界面操作简单，适合初学者，但使用图形界面势必会耗费更多的系统资源。因此，当 Linux 作为服务器运行时，通常使用字符界面工作。

图形界面可以使用两种桌面集成环境，分别是 GNOME 和 KDE，本书将介绍 Red Hat 推荐使用的 GNOME 桌面集成环境。

2．为什么使用字符工作界面

Linux 是一种类 UNIX 操作系统。在 UNIX 发展的早期，类 UNIX 操作系统根本没有图形操作界面，只是字符工作模式。后来随着 GUI 的发展，在类 UNIX 操作系统上开发了

X Window 系统,使类 UNIX 系统有了图形用户界面。虽然图形用户界面操作简单,但是字符操作方式仍然沿用至今,这主要是因为:

- ↺ 在字符操作方式下可以高效地完成所有的任务,尤其是系统管理任务;
- ↺ 系统管理任务通常在远程进行,而远程登录后进入的是字符工作界面;
- ↺ 由于使用字符界面不用启动图形工作环境,大大地节省了系统资源开销。

3．进入字符工作界面的方法

可以使用如下的三种方式进入字符工作界面:

① 在图形环境下开启终端窗口进入字符工作界面;

② 在系统启动后直接进入工作界面;

③ 使用远程登录方式(Telnet 或 SSH)进入字符工作界面。

4．虚拟控制台

RHEL 的字符界面也被称作虚拟终端或者虚拟控制台。当在系统启动时直接进入字符工作界面后,系统提供了多个虚拟控制台,在每一个虚拟控制台中都可以执行各自的程序。每个虚拟控制台可以独立的使用,互不影响。

RHEL 6 的虚拟终端默认有 6 个,其中从第 2 个到第 6 个虚拟终端总是字符界面,而第 1 个终端默认是图形用户界面,每个终端可使用相同或不同的账户登录。虚拟终端可以使用以下方法相互转换。按 Ctrl+Alt+F1 键可以从字符界面的虚拟终端切换到图形化用户界面;按 Ctrl+Alt+(F2~F6 中任何一个)键可以从图形化用户界面切换到字符界面的虚拟终端。

默认情况下,RHEL 6 在安装时设置为启动图形界面的用户登录界面,可以通过上述切换方式切换到字符界面。

5．登录和注销

若用户在系统启动后直接进入字符工作界面或者使用远程登录方式进入字符界面,就会看到如图 3-2 所示的登录界面。用户正确输入自己的用户名和密码后,即可进入系统。为了保证账号的安全,在输入密码过程中,密码不再显示(也不显示替代性的"*"字符)。超级用户登录后的操作提示符是"#";普通用户登录后的操作提示符是"$"。

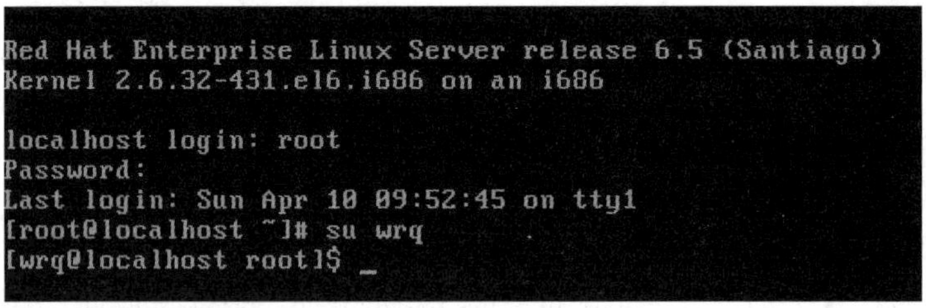

```
Red Hat Enterprise Linux Server release 6.5 (Santiago)
Kernel 2.6.32-431.el6.i686 on an i686

localhost login: root
Password:
Last login: Sun Apr 10 09:52:45 on tty1
[root@localhost ~]# su wrq
[wrq@localhost root]$ _
```

图 3-2　字符界面

说明:Linux 系统是严格区分大小写的,无论用户名,还是文件名、设备名都是如此,即:ABC、Abc、abc 是三个不同的用户名或文件名。

其中[wrq@localhost　root] $表示成功登录后出现 shell 命令提示符。中括号以内的各项含义为:[]以内@之前为已登录的用户名(如 root、wrq、stu1),[]以内@之后为计算机的主机名称,如果没有设置过主机名,则默认为 localhost,其次为当前目录名。

一般应该使用普通用户登录系统，不要使用 root 用户登录，只有需要进行超级用户的工作时，可以使用 su 命令切换为超级用户身份。（su 命令可以改变用户的 ID 或成为超级用户）。

su 命令格式为：

> su [用户名]

su 命令可以让用户在一个登录的 shell 中不退出就改变成为另一用户。如果 su 命令不跟用户名，则 su 命令默认地成为超级用户。执行 su 命令后系统会要求输入密码。之后，当前所有的用户变量都会传递过去。su 命令在远程管理时相当有用，一般情况下超级用户（即 root 用户）不被允许远程登录，这时可以用普通用户 Telnet 到主机，再用 su 命令成为超级用户后进行远程管理。例如，图 3-3 是超级用户 root 和普通用户 stu1 之间的切换过程。

```
[root@localhost root]# su stu1
[stu1@localhost root]$
[stu1@localhost root]$ su
Password:
[root@localhost root]#
[root@localhost root]#
```

图 3-3　用户 root 和用户 stu1 之间的切换

若要注销登录，用户可以在当前的登录终端输入 logout 命令或使用 Ctrl+D 键进行。

6. 关机与重新启动

系统的关机和重新启动，实际上是进行运行级别的切换。

关机可以使用如下命令：

> # init 0

又如，重新启动系统可以使用如下命令：

> # init 6

此外，还可以使用 halt 命令、reboot 命令和 poweroff 命令进行关机和重新启动。

halt：立即停止系统。该命令不自动关闭电源，需要人工关闭电源。

reboot：立即重启系统。相当于命令：

> shutdown -r now

poweroff：立即停止系统，并且关闭电源。该命令要求计算机支持关机功能。相当于命令：

> shutdown -h now

但是在多用户系统中，若想给用户发送关机警告信息以便各个用户完成自己的工作并注销系统，则必须使用 shutdown 命令。shutdown 命令能够以一种比较安全的方式来关闭系统，所有登录到系统上的用户将被通知系统将要关闭，而新的登录操作将被组织，同时所有的进程也将被通知系统将要关闭，这样，有些程序（如 VI）能够及时保存用户编辑的文件并退出。shutdown 命令的格式为：

　　　shutdown [参数] 时间 [警告消息]：在指定时间关闭系统

参数选项如下。

-r：系统关闭后重启。

-h：关闭后停机。

时间可以有以下几种形式。

now：表示立即。

hh:mm：指定绝对时间，hh 表示小时，mm 表示分钟。

+m：表示 m 分钟以后。

例如：

　　　# shutdown -r +5 "System will reboot in 5 minutes，Please save your work"

该命令警告所有用户 5 分钟后系统重启，请保存工作任务。

3.1.3　在图形界面下工作

1．首次启动 RHEL 6

以图形方式首次启动 RHEL 6，系统会运行 firstboot 守护进程，系统要求用户配置普通用户账号，配置日期和时间，配置 Red Hat 网络支持，安装额外软件等。

2．在图形界面下登录

如图 3-4 所示为 RHEL 6 的图形登录界面。

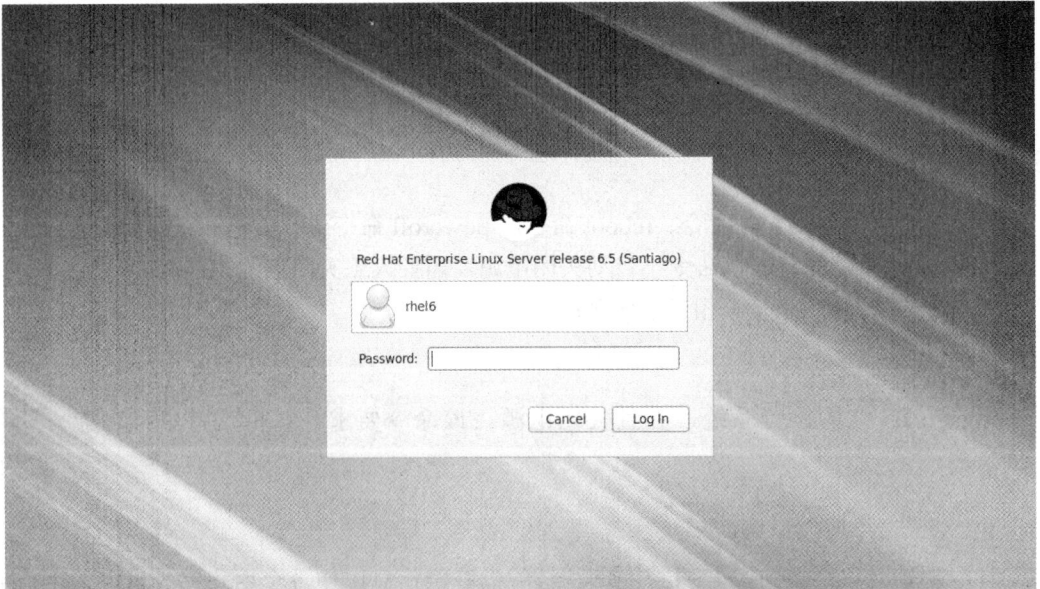

图 3-4　RHEL 6 的图形登录界面

首先要求输入用户名，当输入用户名以后，出现与输入用户名相似的界面，要求输入口令，当输入用户的口令后，会进入默认的 GNOME 桌面环境，如图 3-5 所示。

图 3-5　GNOME 桌面环境

3．在图形界面下注销

在如图 3-5 所示的界面里单击菜单"System"，选择"Log Out"，然后出现如图 3-6 所示的注销界面。

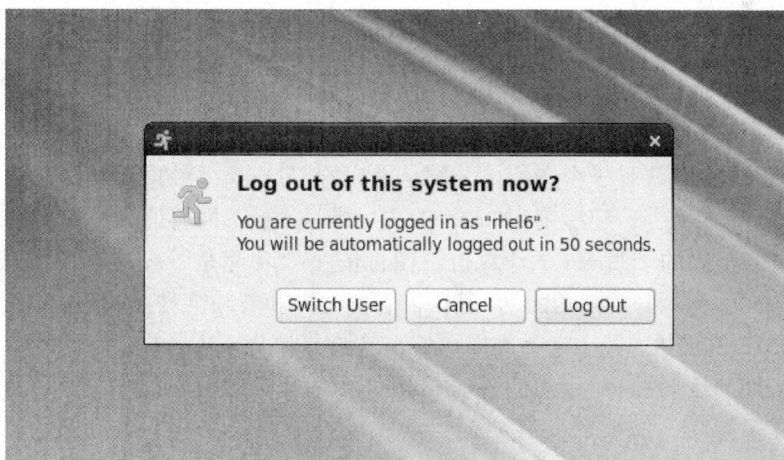

图 3-6　注销界面

在如图 3-6 所示的界面中选择"Log Out"即可返回如图 3-4 所示的登录界面。如果选择"Switch User"可切换用户，选择"Cancel"可取消当前操作。

说明：如果系统的默认运行级别为 3，当在字符界面下登录之后可以使用 startx &命令进入图形工作界面：当在图形界面下进行注销后，将返回原来的字符工作界面。

4．在图形界面下关机和重启

在如图 3-5 所示的界面里单击菜单"System"，选择"Shut Down..."，出现如图 3-7 所示关机界面。

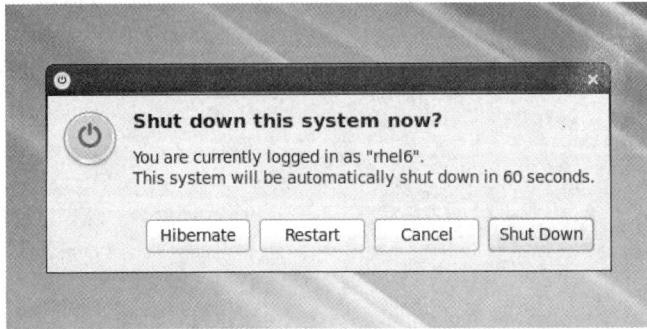

图 3-7　关机界面

选择"Shut Down"可关闭系统，选择"Restart"可重启系统。

5．GNOME 及其组成

GNOME 是 GNU network object model environment 的英文简称，它是基于 GPL 的完全开放式的软件。

它可以使用户容易地使用和配置计算机。GNOME 包括一个面板（用来开始应用程序和显示状态）、桌面（可以用来放置应用程序和数据）、一系列的桌面工具和应用程序，以及一系列的协议（它使得应用程序之间的合作变得容易）。由此可见，GNOME 提供的图形驱动环境是很强大的。

GNOME 是一个友好的桌面环境，如图 3-5 所示，它的配置相当方便，用户可以随心所欲设置自己的桌面。GNOME 对用户来说有很多优势，它几乎可以不用任何字符界面进行使用和配置 Linux 机器。

GNOME 的桌面默认有 3 个图标，分别是用户的主目录、计算机和回收站。用户的主目录主要用于储存个人文档。超级用户 root 的主目录是/root，而普通用户的主目录是在/home目录下与用户名相同的子目录；"计算机"图标的主要功能是管理文件系统和挂载光盘信息；回收站是作为一个目录来使用，对其中内容的处理和普通文件是相同的。

6．GNOME 的面板

面板是 GNOME 界面和行为的核心。相对于系统中的应用程序、小程序和主菜单来说，面板有许多特权。面板的配置相当灵活，可以根据用户的要求包含所需要的应用程序和菜单，如图 3-8 所示。面板通常位于系统上部，包括主菜单、程序启动区、工作区切换器、任务栏、通知区域和时钟等部分，可以通过修改属性，将其放到桌面的底部或者其他地方。

（1）应用程序

主要用于启动系统的各个应用程序。

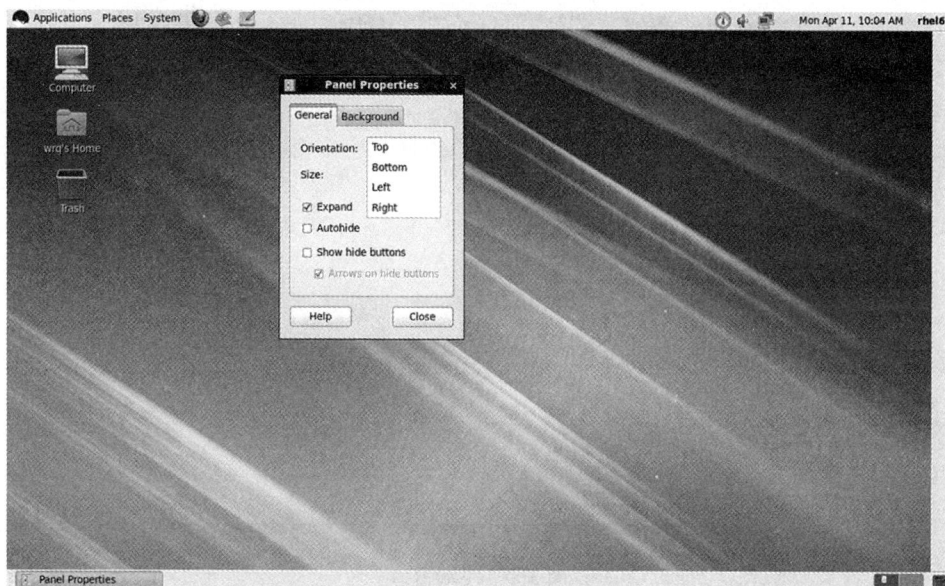

图 3-8　GNOME 的面板

（2）快捷工具按钮

紧跟在系统菜单按钮后面的是一系列的快捷工具按钮，通过单击这些快捷工具按钮即可启动相应的应用软件。

（3）任务栏

在任务栏上可以看到当前桌面正在运行的所有应用程序。任务栏是显示在任意虚拟桌面运行的应用程序名称的小程序。当最小化应用程序时，该程序似乎会从桌面消失，可以通过单击该程序在任务栏上的名称令其重现在桌面上。

（4）通知区域

Red Hat 会在必要的时候显示 Red Hat 网络更新通知工具、验证图标、打印机通知警告图标等。

（5）时钟

显示当前的系统时间。

7．GNOME 下的字符模式

Linux 环境下，几乎所有的任务均可用字符模式下的操作命令来完成。在 GNOME 环境下要进入字符模式，有两种方法：

① 选择"主菜单"→"System Tools"（系统工具）→"Terminal"（终端）打开终端窗口。

② 右击桌面，在弹出的快捷菜单中选择"Open in Terminal"（新建终端）打开终端窗口，如图 3-9 所示。

图中依次执行了如下命令。

ll：显示当前目录下的内容。

cal：显示当月的日历。

pwd：显示当前工作路径。

date：显示当前日期和时间。

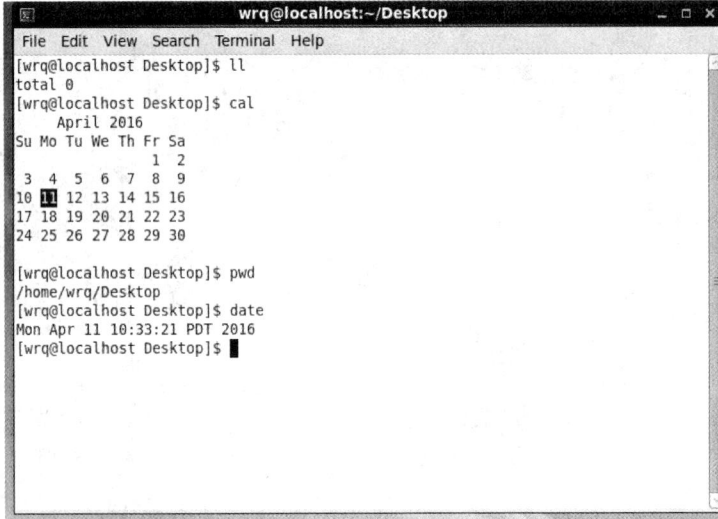

图 3-9　终端窗口

8．Nautilus 简介

GNOME 桌面环境包括了一个叫作 Nautilus 的文件管理器，它是一个强大而有效的图形化工具，而且 Nautilus 也是图形工作环境下最常用的一个应用程序。Nautilus 除了具有传统的文件管理器的功能外，还允许用户从一个综合界面来配置桌面、配置 RHEL 系统、浏览图片、访问网络资源等。Nautilus 已经成为整个桌面的"外壳"（shell）。

Nautilus 具有如下的功能：

    ↻ 浏览整个 Linux 系统的目录树结构；

    ↻ 管理文件和目录（包括查找、打开、移动、复制和删除等）；

    ↻ 运行脚本文件（命令批处理文件）；

    ↻ 为管理桌面和系统提供了一个综合界面。

Nautilus 的使用比较简单，它类似于 Windows 下的资源管理器。双击桌面"计算机"图标或者单击"places"（位置）项的任意选项都可启动 Nautilus。

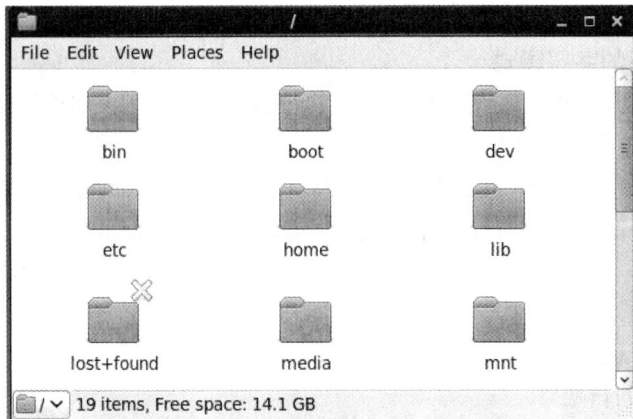

图 3-10　Nautilus 的界面

3.2　Linux 的基本使用

3.2.1　目录、文件和设备

1．目录和文件名

（1）命名规则

在 Linux 下可以使用长文件或目录名，也可以给目录和文件取任何名字，但必须遵循下列的规则。

- 除了"/"之外，所有的字符都合法。
- 有些字符最好不要用，如空格符、制表符、退格符和字符：？ ， · # $ & | ; ' ' " " < >等。
- 避免使用"+""-"或"."作为普通文件名的第一个字符。
- 大小写敏感。

（2）文件后缀及文件类型

在 DOS 或 Windows 环境中，所有的文件名的后缀就能表示该文件的类型，如：*.exe 表示可执行文件，*.bat 表示批处理文件。

在 Linux 环境下，只要是可执行的文件并具有可执行属性它就能执行，不管其文件后缀是什么，但是对一些资料文件一般也遵循一些文件名后缀的规则，例如：

*.conf 代表配置文件；

*.rpm 代表 RPM 软件包；

.* 代表隐含文件（以.开头的文件）；

*.c 代表 c 语言源程序文件；

*.txt 代表无格式的 ascii 码文件；

*.jpg 代表图形、图像文件；

*.tar 代表 tar 存档文件；

.Z/.gz/*.bz2 代表压缩文件。

2．Linux 环境下设备的使用方法

设备是指计算机中的外围硬件装置，即除了 CPU 和内存以外的所有设备。在 Linux 环境下，文件和设备都遵从按名访问的原则，因此用户可以用使用文件的方法来使用设备。Linux 下设备名以文件系统中的设备文件的形式存在。所有的设备文件名存放在/dev 目录下。每个设备都有一个主设备号和子设备号。下面对常用设备举例说明。

/dev/hda 代表第 1 块 ide 硬盘。

/dev/hda1 代表第 1 块 ide 硬盘的第 1 个分区。

/dev/sdb2 代表第 2 块 scsi 硬盘的第 2 个分区。

/dev/tty*代表终端设备，*表示数字 1～6。

/dev/lp*代表并口设备。

/dev/isdn 代表 isdn 设备。

/dev/cdrom 代表光驱设备。

/dev/fd0 代表第一个软驱。

在/dev 目录下有许多链接文件，使用这些链接能够方便地使用系统中的设备。例如，可以通过/dev/cdrom 而不是/dev/hdc 来访问光驱。

3.2.2 命令格式和通配符

1．Linux 下的可执行程序的种类

Linux 系统上的所有可执行程序都可以命令方式来执行。可执行程序的分类如表 3-2 所示。

表 3-2　可执行程序的分类

类　别	说　明
Linux 命令	存放在/bin、/sbin 目录下的命令
内置命令	存放在 shell 内部
实用程序	存放在 usr/bin、usr/sbin、/usr/share、/usr/local/bin 目录下的实用程序或工具
用户程序	用户源程序经过编译生成的可执行文件，也可作为 shell 命令运行
shell 脚本	由 shell 语言编写的批处理文件

2．命令格式

Linux 下命令的一般格式为：

cmd [-options][arguments]

其中，cmd 是命令名，options 是选项，arguments 是参数。最简单的 Linux 命令只有命令名，复杂的 Linux 命令可以有多个选项和参数。选项和参数都作为 Linux 命令执行时的输入，它们之间用空格隔开。例如：

$ ls
$ mkdir -p dir2/bak

3．通配符

通配符主要用于用户方便描述目录或文件。常用的通配符及其说明如下。

* 代表任意数量的字符与任何字符。

? 代表任意单个字符。

[. . .]代表任意包含在括号中的字符。

通配符在指定一系列文件名时非常有用，下面列举一些例子。

ls n*.conf：列出当前目录下的所有以字母 n 开始的 conf 文件。

ls test?.dat：列出当前目录下的以 test 开始的，最后一个字符是任意的.dat 文件。

ls [abc]*：列出当前目录下的首字母是 a 或 b 或 c 的所有文件。

ls [!abc]*：列出当前目录下的首字母不是 a 或 b 或 c 的所有文件。

ls [a-zA-Z]：列出当前目录下的首字母是字母的所有文件。

3.2.3 获得帮助和文档

在字符界面下使用 help 命令可以获得内置命令的帮助；使用 man 命令获得命令帮助手册进

行帮助和支持，系统发行版本中为几乎每个程序、工具、命令或系统调用编制了使用手册。要想查看某个内置命令，只要输入 help 后跟该命令的名称即可，如果不跟任何参数，就可输出全部的内置命令。通过这个命令就可以区分哪些命令是内置命令，哪些是外部命令。

例如：

　　# help

执行该命令，结果如图 3-11 所示（其中一部分）。

```
alias [-p] [name[=value] ... ]      bg [job_spec]
bind [-lpvsPVS] [-m keymap] [-f fi  break [n]
builtin [shell-builtin [arg ...]]   case WORD in [PATTERN [¦ PATTERN].
cd [-L¦-P] [dir]                    command [-pVv] command [arg ...]
compgen [-abcdefgjksuv] [-o option  complete [-abcdefgjksuv] [-pr] [-o
continue [n]                        declare [-afFirtx] [-p] name[=valu
dirs [-clpv] [+N] [-N]              disown [-h] [-ar] [jobspec]
echo [-neE] [arg ...]               enable [-pnds] [-a] [-f filename]
eval [arg ...]                      exec [-cl] [-a name] file [redirec
exit [n]                            export [-nf] [name[=value] ...] or
```

、图 3-11　使用 help 命令列出内置命令

　　# help echo

执行该命令，将显示命令 echo 的用法。

要想查看某个命令的使用手册页，只要输入 man 后跟该命令的名称即可。例如，输入如下的命令将显示如图 3-11 所示的界面。

　　# man init

```
INIT(8)              Linux System Administrator's Manual

NAME
       init, telinit - process control initialization

SYNOPSIS
       /sbin/init [ -a ] [ -s ] [ -b ] [ -z xxx ] [ 0123456Ss ]
       /sbin/telinit [ -t sec ] [ 0123456sSQqabcUu ]

DESCRIPTION
    Init
       Init  is  the  parent  of  all processes.  Its primary role is to
       processes from a script stored in  the  file  /etc/inittab  (see
       tab(5)).    This file usually has entries which cause init to spa
       tys on each line that users can log in.  It  also  controls  aut
       processes required by any particular system.

RUNLEVELS
       A  runlevel  is a software configuration of the system which allo
       a selected group of processes to exist.  The processes spawned b
       for each of these runlevels are defined in the  /etc/inittab  file
       can be in one of eight runlevels: 0-6 and S  or  s.   The  runle
       changed  by having a privileged user run telinit, which sends ap
       ate signals to init, telling it which runlevel to change to.
:_
```

图 3-12　使用 man 命令获得帮助和支持

在此界面中可以查看有关 init 命令的详细使用说明。用户可以使用↓、↑箭头键和

PgDn、PgUp 键进行翻阅，按 Q 键退出。

3.2.4　修改默认运行级别

系统的运行级别是在文件/etc/inittab 中定义的，在此文件中描述了在每个运行级别下，系统将执行哪些启动脚本、启动哪些进程。在文件/etc/inittab 中有如下一行内容：

　　Id:3:initdefault:

可见，当前的默认运行级别为 3（即计算机启动后进入字符登录界面），如果希望计算机启动后进入图形登录界面，则将 3 改为 5；反之亦然。

3.2.5　最基本的安全问题

1．丢失 root 口令的解决方法

有时用户不慎可能会忘记 root 用户的口令，这时可以执行如下的步骤重新设置 root 拥护口令。

如图 3-1 所示的启动界面中，将光标移动到 Red Hat Enterprise Linux 上，按"A"键进入 append 模式，如图 3-13 所示。`

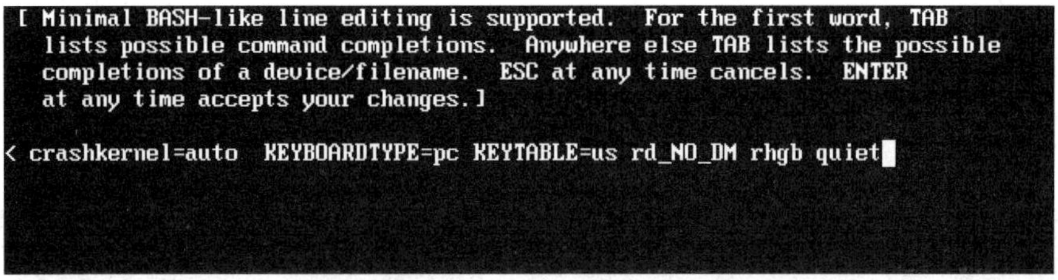

图 3-13　进入 GRUB 的 append 模式

光标处添加一个空格然后键入 1（表示启动 Linux 后进入单用户模式）并回车。启动后进入如图 3-14 所示的单用户模式界面。

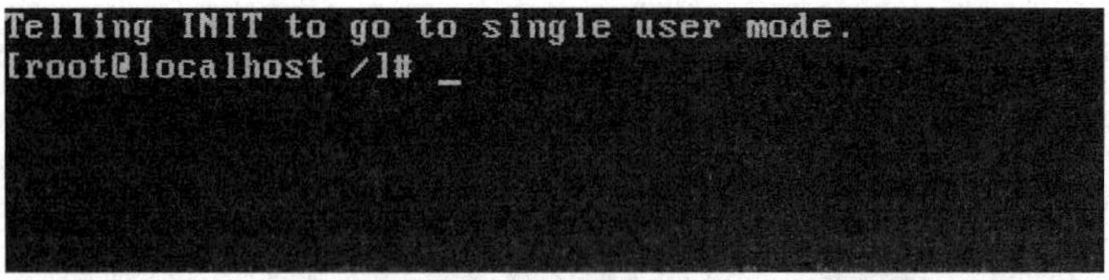

图 3-14　Linux 的单用户模式

"#"提示符下输入 passwd 命令为 root 重新设置口令，设置完毕输入 init 3 命令切换多用户模式即可。

2．公共场合应该注意的问题

如果将安装有 Linux 系统的机器作为服务器，且服务器放置在公共地点，则必须注意如下的问题：

① 如果机箱有锁，应该上锁，并保证钥匙与机箱分离放置；

② 若机箱有锁，如果必要，当正常运行后断开电源按钮和复位按钮的连接；

③ 禁止三键热启动功能，修改/etc/inittab，将此行注释掉；

④ 禁止 BIOS 中的软驱启动功能，并设置 BIOS 开机密码；

⑤ 禁止公开 root 密码，若有多个系统管理员则应该避免 root 密码的扩散；

⑥ 必须准备引导盘以防硬盘无法启动时使用。

3.3　Linux 环境下的管理工具

在 Linux 环境下，除了可以使用各种基本命令之外，还可以使用各种管理工具进行系统配置和维护。这些工具包括：字符界面下的管理工具，图形界面下的管理工具和基于 Web 界面下的管理工具。

提示：在 Linux 环境下几乎所有的配置文件都是纯文本文件，所以原则上讲，在 Linux 操作系统中的各种管理和设置都可以在命令行采用直接编辑配置文件的方式进行。

3.3.1　字符界面下的管理工具

字符界面下有一个管理工具的前端命令（setup），它是一个菜单程序，整合了字符界面下的所有管理工具。在字符界面下键入 setup 命令，显示如图 3-15 所示的 setup 工具界面。

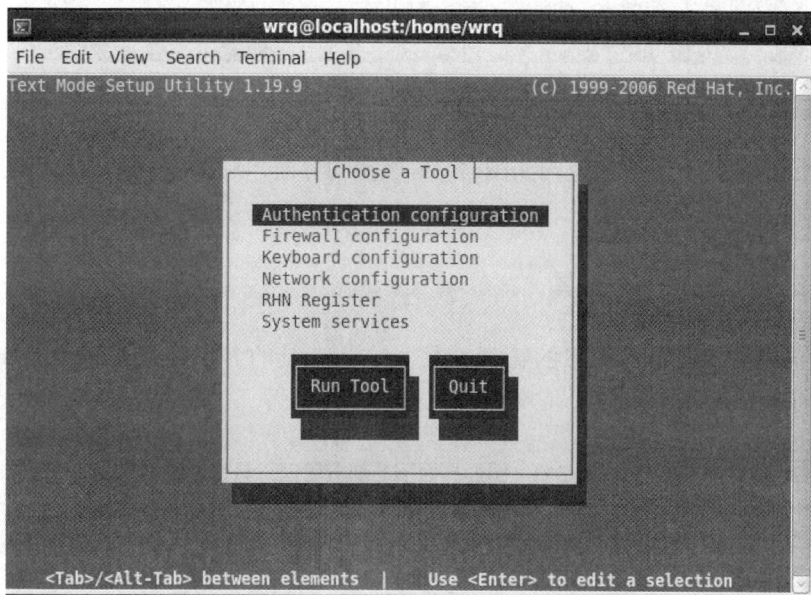

图 3-15　setup 工具界面

在此界面下，可以选择进入以下不同的配置界面。

① Authentication configuration：配置系统认证方式。

② Firewall configuration：配置防火墙。

③ Keyboard configuration：配置键盘。

④ Network configuration：配置以太网络接口。

⑤ RHN Register：系统注册。

⑥ System services：配置服务。

下面以 Network configuration 为例，说明以太网络接口的配置过程。当选择了
"Network configuration"之后将出现一个配置确认窗口，选择"YES"之后即可进入如图 3-16
所示的配置界面。

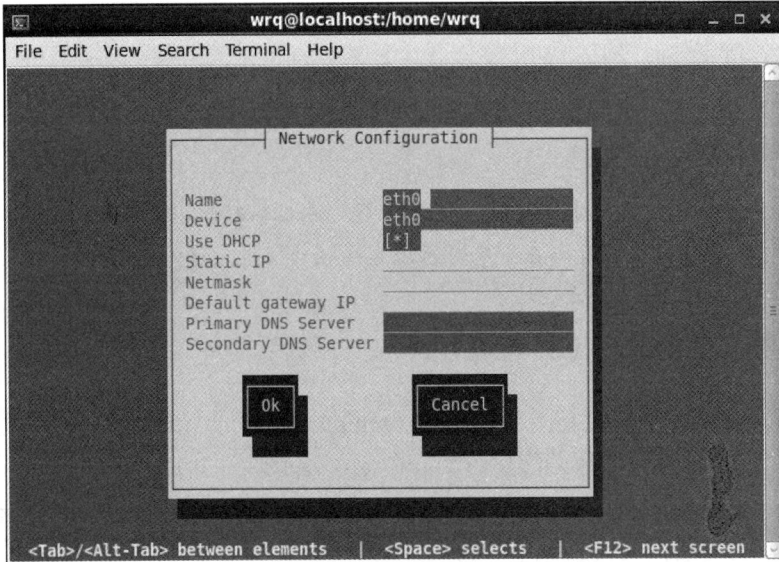

图 3-16　文本方式下网络配置界面

配置结束选择"OK"按钮返回如图 3-15 所示的界面，选择"Quit"按钮退出 setup 工
具界面。

3.3.2　图形界面下的管理工具

RHEL 还提供了图形界面下的管理工具。这些工具的名字都是以 system-config-开头
的。表 3-3 列出了其中的一些。

表 3-3　图形界面下的部分管理工具

名　　称	说　　明
system-config-appche	Web 服务器配置工具
system-config-bind	DNS 服务器配置工具
system-config-network	网络配置工具
system-config-printer	打印机配置工具
system-config-packages	软件包管理工具
system-config-firewall	防火墙配置工具
system-config-users	用户管理工具
system-config-date	系统时区和日期配置工具

在 System 主菜单中选择 Preference→Network Connection，进入如图 3-16 所示的网络配置界面（也可以在 GNOME 下打开一个终端窗口之后输入命令 system-config-network 启动网络管理器）。

3.3.3　基于 Web 界面下的管理工具

在各种类 UNIX 系统中，一直以来命令行占据着主导地位，系统的所有功能都可以用命令行来实现，快捷高效是命令行与生俱来的优点。然而命令行也有使用难度大的缺点。命令格式复杂参数繁多，使得许多初学者对类 UNIX 望而却步。

随着互联网的发展和 Web 技术的日趋成熟，一种新型管理方式——Web 界面管理渐渐走近了我们，此种方式融合了命令行的高效快捷和图形界面的直观方便，受到了普遍的关注和认可，也是公认的发展方向。

在诸多的 Web 界面管理工具中，Webmin 可谓是一枝独秀，被大多数类 UNIX 用户所接受认可。

1．Webmin 简介

Webmin 是由 Jamie Cameron 开发的一款基于 Web 页面的 UNIX 和 Linux 系统的远程管理软件。在 Linux 服务器上安装了 Webmin 之后，就可以在远程的 Linux 或 Windows 客户端主机上用任何一种支持表单的浏览器（如 Mozilla 和 Internet Explorer）连接到服务器上，对服务器进行远程管理。

Webmin 的工作原理是根据用户在表单中提交的配置要求，使用预先编好的 CGI 脚本来对配置文件进行编辑。Webmin 采用了模块化的设计，每一项系统管理任务或服务器的配置都由一个特定的模块负责，这使得 Webmin 可扩展能力非常强，只要添加相应的模块，就可以用 Webmin 来管理任何种类的服务。

Webmin 管理系统的优点如下。

- Webmin 是 GUI 的，在图形界面下配置和管理系统，比使用命令和编辑配置文件更加直观、方便，尤其适合初学者和从 Windows 平台下迁移过来的用户。
- Webmin 把所有不同种类的系统和服务器的管理和配置集成到一个 Web 界面中，使用统一的模式进行操作，这样更便于集中管理。
- Webmin 采用 B/S 模式，服务器端运行于受管理的 UNIX 主机，客户端使用 Web 浏览器登录到 Webmin 服务器。由于采用 HTTP 协议，占用网络宽带较少，可通过互联网实现远程管理。
- 使用 Webmin 可以远程对服务器进行管理，而客户端可以是任何操作系统，只要能够运行支持表单的浏览器就行。这使得同时对多个服务器的管理更加容易进行。
- Webmin 能够支持绝大多数 Linux 发行版本和 BSD 版本，并且对商业版本的 UNIX 如 Sun Solaris、IBM AIX、SGI IRIX、HP/UX 和 SCO UNIX 都有很好的支持。
- Webmin 支持 SSL，可以保证远程管理时信息传输的安全。

2．下载、安装并登录 Webmin

RHEL 中没有集成 Webmin 软件包，需要从 http//www.webmin.com/download.html 下载 Webmin 的最新版本。

如果用户下载了 RPM 格式的软件包，可以执行如下命令安装 Webmin。

\# rpm-ivh webmin-1.590-1.noarch.rpm

安装完成之后，Webmin 会自动启动，用户直接在远程或本地打开一个浏览器，在地址栏中输入如下形式的 URL：

http://Linux 服务器的 IP 地址：10000

即可连接安装 Webmin 的服务器，并出现如图 3-17 所示的登录界面。

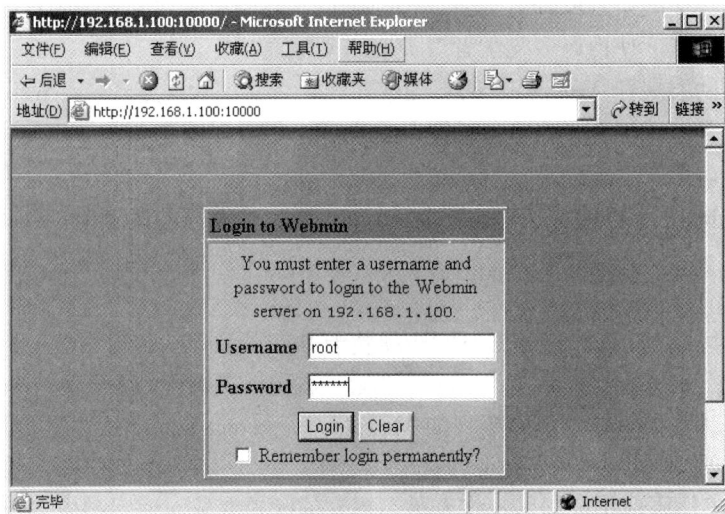

图 3-17　Webmin 登录界面

输入 root 的用户名和密码可进入 Webmin 的主界面，如图 3-18 所示。这里已经设置界面的语言为汉语。

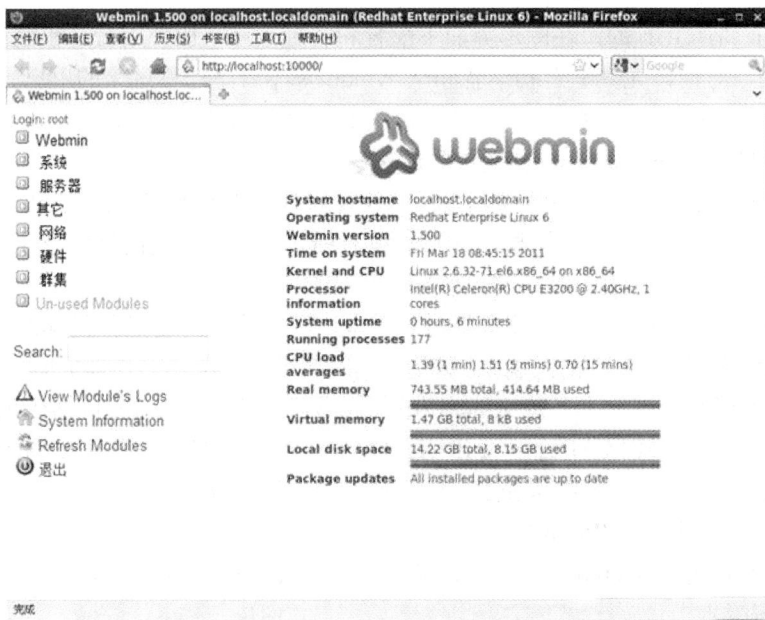

图 3-18　Webmin 主界面

3．Webmin 使用简介

在 Webmin 主界面中可以看到它主要包括如下 7 个管理项目（标签页）。

Webmin：用于对 Webmin 自身的管理，如设置界面的语言等。

系统：用于配置系统管理相关的内容，如用户管理等。

服务器：用于配置网络服务器，如 Apache、Sendmail 等。

其他：包含了其他类型的配置模块，如系统和服务器状态检测等。

网络：用于网络连接相关的内容，如 DNS 主机名称、防火墙等。

硬件：用于配置与系统硬件相关的内容，如 GRUB、打印机等。

群集：用于实现 Webmin 自身的集群管理。

由于 Webmin 是基于图形的 B/S 系统，所以操作相对简单，请读者自行学习。

本章小结

本章主要介绍了一些 Linux 的初步使用知识，包括字符和图形工作界面的使用、基本的命令格式、获得帮助信息、root 密码丢失的解决办法等。最后介绍了 Linux 环境下的各种管理工具。

习题与实验

一、简答题

1．Linux 有几个运行级别，查看当前运行级别的命令是什么？

2．简述 Linux 两种工作界面如何相互转化。

3．普通用户与超级用户登录系统成功的提示符分别是什么，具体含义是什么？

4．试列举常用的关机与重启的命令。

5．硬盘在 Linux 下的访问名称和 Windows 下有何区别？

6．简述 Linux 下可执行程序的存放位置。

7．如何区分内置命令和外部命令，它们如何获得帮助？

8．写出字符界面的系统管理工具名称。

二、实验题

1．练习开机、关机、登录、用户转换、运行级别转换。

2．使用 redhat-config-date 命令配置系统时区和日期。

3．在图形界面下访问www.163.com。

4．查看内部命令。

第 4 章　Linux 基本命令

本章导读

在 Linux 系统中，虽然有很多应用都使用图形界面，但是大多数使用和管理 Linux 的实用程序和技巧还是通过键入命令来运行的。Linux 命令非常多，就是 Linux 高手也只掌握一部分命令，并且每一条命令也只用到常用的参数选项。在本章中，将介绍一些最基本和最常用的 Linux 命令，并通过一些实际的例子让读者边学边用，使读者尽快熟悉 Linux 系统。通过本章学习，读者应该：

♦ 掌握文件和目录的命令

♦ 学会网络操作命令

♦ 学会使用系统状态命令

4.1　文件和目录操作命令

要学会使用 Linux，首先要掌握的就是基本的文件和目录操作命令。用户学会使用 Tab 键的用法，可以提高工作效率。另外，Linux 的命令是区分大小写的。

4.1.1　pwd 和 cd

1．pwd 命令：显示当前所在的工作路径

如果用户想要了解自己当前所处的工作目录，就必须使用该命令。

```
[root@localhost    ssh]#pwd
```

结果显示：/etc/ssh

说明当前目录是/etc/ssh。

2．cd 目录名：切换到某个目录

如果用户当前目录为/etc/ssh，用户想要进入/dev 目录，可以输入如下命令：

```
[root@localhost    ssh]#cd    /dev
```

如果用户当前目录为/etc/ssh，用户想要进入上级目录/etc 目录，可以输入如下命令：

```
[root@localhost    ssh]#cd    ..
```

如果用户当前目录为/etc/ssh，用户想要进入上级根目录，可以输入如下命令：

```
[root@localhost    ssh]#cd    /
```

如果用户当前目录为/etc/ssh，用户想要进入/lx/aaa 目录，可以输入如下命令：

[root@localhost　ssh]#cd　/lx/aaa

如果用户当前目录为/etc/ssh，用户想要进入/etc/bbb 目录，可以输入如下命令：

[root@localhost　ssh]#cd　../bbb

说明：在 Linux 中，用"/"代表根目录，用".."代表上级目录，用"~"代表用户的个人主目录，用"."代表当前目录。

4.1.2　ls

ls [参数] 路径或文件名：列表显示当前目录或指定目录下的文件和子目录信息。

参数选项如下。

-a：显示当前目录下所有的文件和目录（包括隐含文件和目录）。

-l：以长格式显示当前目录下所有的文件和目录。

-i：显示每个文件和目录的索引号。

在列表显示时，Linux 系统用颜色来区分类别。一般情况下，默认蓝色代表目录，绿色代表可执行文件，红色代表压缩文件，浅蓝色代表连接文件，灰色代表其他文件。

[root@localhost　etc]#ls　-l

结果如图 4-1 所示。

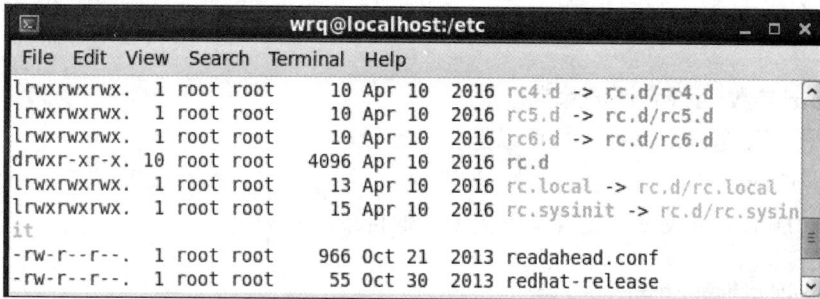

图 4-1　ls -l 命令

其中显示结果中每行各部分的组成是：文件类别和文件权限、链接数、文件拥有者、文件所属组、文件大小、文件创建或修改时间、文件名。文件类别和文件权限中第一个字符代表类型，"d"代表目录，"-"代表普通文件，"1"代表链接文件，"c"代表字符设备，"b"代表块设备；其余 2~10 个字符是代表文件对不同用户的权限，"r"代表对文件读的权利，"w"代表对文件写的权利，"x"代表对文件执行的权利。

[root@localhost　etc]#ls　-i

结果如图 4-2 所示，其中左边的数字表示索引号。

```
226526 krb.realms          225916 termcap
226579 ldap.conf           226033 updatedb.conf
228517 ld.so.cache         225895 updfstab.conf
226865 ld.so.conf          226448 updfstab.conf.default
226522 lftp.conf           226761 vfontcap
226647 libuser.conf        307005 vfs
226672 lilo.conf.anaconda  694119 w3m
225903 localtime           226669 warnquota.conf
194018 log.d               226677 wgetrc
225915 login.defs          274177 X11
226528 logrotate.conf      226839 xinetd.conf
371038 logrotate.d         500011 xinetd.d
227726 ltrace.conf         307548 xml
 81201 mail                227045 xpdfrc
226529 mailcap             226577 yp.conf
```

图 4-2　ls -i 命令

4.1.3　mkdir 和 rmdir

1．mkdir[参数]目录名：建立目录

目录可以是绝对路径，也可以是相对路径。

参数选项如下。

-p：建立目录时，如果父目录不存在，则此时可以与子目录一起建立。

　　[root@localhost　root]#mkdir dir1

执行该命令在当前目录下建立 dir1 目录。

　　[root@localhost　root]# mkdir-p dir2/bak

执行该命令在 dir2 目录下建立 bak 目录，如果 dir2 目录不存在，那么同时建立 dir2 目录。

2．rmdir[参数]目录名：删除空目录

目录同样可以是绝对路径，也可以是相对路径。

参数选项如下。

-p：一起删除父目录时，父目录下应无其他目录。

　　[root@localhost　root]#rmdir test

执行该命令删除当前目录下的 test 目录。删除目录时，被删除目录下应无文件或目录存在。

　　[root@localhost　root]#rmdir-p lx/test

执行该命令删除当前目录下的 lx/test 目录。删除目录 test 时，如果父目录 lx 下无其他内容，则一起删除 lx 目录。

4.1.4　touch

touch　[参数]　文件名：生成一个空文件或更改文件的时间。

参数选项如下。

-d：设定文件的时间与日期，可以使用各种不同格式的时间和日期。

　　　[stu1@localhost stu1]$touch test.txt

执行该命令在当前目录下创建一个 0 字节的空文件 test.txt（首次使用 touch 命令）。

说明：一般用户的提示符是$，系统管理员（root）用户的提示符是#。

　　　[stu1@localhost stu1]$touch -d "2 days ago" test.txt

执行该命令将文件 test.txt 的时间和日期更改为两天前的时间和日期。

4.1.5　cp、rm、mv 和 in

1．cp[参数]源文件　目标文件：拷贝文件或目录
参数选项如下。
-f：如果目标文件或目录存在，先删除再拷贝（即覆盖），并且不提示用户。
-i：如果目标文件或目录存在，提示用户是否覆盖原有的文件。
-r：将指定目录及其子目录下的所有文件拷贝到另一个目录下。

　　　[stu1@localhost stu1]$cp /etc/fstab ～/fstab1

执行该命令把/etc 目录下的文件 fstab 拷贝到用户 stu1 的个人主目录/home/stu1 下，拷贝后的文件名为 fstab1。

　　　[stu1@localhost stu1]$cp /etc/rc.d ～/aa

执行该命令把/etc 目录下 rc.d（包括 rc.d 下所有文件和子目录）同名拷贝到/home/stu1/aa 下。

2．rm [参数] 文件名
参数选项如下。
-i：交互式删除（即提示用户是否真的删除，用户回答"y 或 n"）。
-f：强制式删除，不提示用户。
-r：将指定目录及其子目录下的所有文件全部删除。

　　　[stu1@localhost aa]$rm -rf rc.d/

执行该命令把/aa 目录下 rc.d（包括 rc.d 下所有文件和子目录）全部删除。
说明：参数也可以几个配合使用。

3．mv [参数] 源文件或目录　目标文件或目录：移动文件或目录
参数选项如下。
-f：如果目标文件或目录存在，不提示用户。
-i：如果目标文件或目录存在，提示用户是否覆盖原有的文件或目录。

　　　[stu1@localhost stu1]$mv -i ～/aa/abc.txt ～/bb

执行该命令把用户 stu1 个人主目录下的 aa 子目录下的 abc.txt 移到 bb 子目录下。

4．ln [参数] 源文件或目录　链接名：建立链接

参数选项如下。

-s：建立符号链接文件（即软链接），否则建立硬链接文件。

该命令在文件之间创建链接。这种操作实际上是给系统中已有的某个文件指定另外一个可用于访问它的名称。对于这个新的文件名，可以为之指定不同的访问权限，以控制对信息的共享和安全性的问题。如果链接指向目录，用户就可以利用该链接直接进入被链接的目录而不用输入一大堆的路径名。而且，即使删除这个链接，也不会破坏原来的目录。链接有两种，一种被称为硬链接（hard link），另一种被称为符号链接（symbolic link）。建立硬链接时，链接文件和被链接文件必须位于同一个文件系统中，并且不能建立指向目录的硬链接。而对符号链接，则不存在这个问题。默认情况下，ln 产生硬链接。

如果给 ln 命令加上-s 选项，则建立符号链接。如果链接名已经存在但不是目录，将不做链接。链接名可以是任何一个文件名（可包含路径），也可以是一个目录，并且可以在不同文件系统之间做符号链接。

用 "ln -s" 命令建立符号链接时，源文件最好用绝对路径名，这样可以在任何工作目录下进行符号链接。当源文件用相对路径时，如果当前的工作路径与要创建的符号链接文件所在路径不同时，就不能进行链接。

$ ln - s lunch 　/home/xu

执行该命令为当前目录下的文件 lunch 创建了一个符号链接/home/xu。

将目录/home/mengqc/mub1 下的文件 m2.c 链接到目录/home/liu 下的文件 a2.c，可使用以下命令：

$ cd 　/home/mengqc
$ ln 　mub1/m2.c 　/home/liu/a2.c

在执行 ln 命令之前，目录/home/liu 中不存在 a2.c 文件。执行 ln 之后，在/home/liu 目录中才有 a2.c 这一项，表明 m2.c 和 a2.c 已经链接起来。

注意：二者在物理上是同一个文件。

在目录/home/liu 下建立一个符号链接文件 abc，使它指向目录/home/mengqc/mub1，可使用以下命令：

$ ln -s /home/mengqc/mub1 /home/liu/abc

执行该命令后，/home/mengqc/mub1 代表的路径将存放在名为/home/liu/abc 的文件中。

4.2　显示命令

4.2.1　cat、more 和 less

1．cat 文件名：显示文件的内容

[stu1@localhost stu1]$ sample1.txt

执行该命令把文件 sample1.txt 在标准的输出设备（通常是显示器）上显示出来。

2．more 文件名：分屏显示文件中的内容

如果文件太长，用 cat 命令只能看到文件的最后一页，而用 more 命令时可以一页一页地显示。执行 more 命令后，进入 more 状态，用 Enter 键可以向后移动一行；用 Space 键可以向后移动一页；用 Q 键可以退出。在 more 状态下还有许多功能，可用 man more 命令获得。

3．less 文件名：分屏显示文件中的内容

less 命令的直接含义与 more 的相反。less 的功能比 more 更灵活。除可用 Q 键、Enter 键、Space 键的功能外，还可以用 PgUp 键可以向前移动一页，用 PgDn 键可以向后移动一页，用向上光标键可以向前移动一行，用向下光标键可以向后移动一行。

4.2.2　head 和 tail

1．head [参数] 文件名：显示文件的前几行

参数选项如下。

-n num：显示文件的前 num 行。

-c num：显示文件的前 num 个字符。

缺省时，head 显示文件的前 10 行。

例如：

　　[stu1@localhost stu1]$ head -n 20 sample1.txt

执行该命令显示文件 sample1.txt 的前 20 行。

2．tail [参数] 文件名：显示文件的末尾几行

参数选项如下。

-n num：显示文件的末尾 num 行。

-c num：显示文件的末尾 num 个字符。

tail 命令和 head 命令相反，它显示文件的末尾。缺省时，tail 命令显示文件的末尾 10 行。

　　[stu1@localhost stu1]$ tail -n 20 sample1.txt

执行该命令显示文件 sample1.txt 的末尾 20 行。

4.2.3　file、locate 和 which

1．file 文件名或目录：显示文件或目录的类型

　　[root@localhost　root]#file /etc/fstab

执行该命令输出的结果如图 4-3 所示。

/etc/fstab 是一个 ASCII 文本文件，/dev/sda1 是块设备文件，/mnt/cdrom 是目录。

```
[root@localhost /]# file /etc/fstab
/etc/fstab: ASCII text
[root@localhost /]# file /dev/sda1
/dev/sda1: block special (8/1)
[root@localhost /]# file /mnt/cdrom
/mnt/cdrom: directory
[root@localhost /]#
```

图 4-3   file 命令

2．locate 字符串：查找绝对路径中包含指定字符串的文件

[root@localhost   root]#locate rpm

执行该命令输出的结果（部分）如图 4-4 所示。

```
/usr/include/rpm/rpmcli.h
/usr/include/rpm/rpmdb.h
/usr/include/rpm/rpmds.h
/usr/include/rpm/rpmerr.h
/usr/include/rpm/rpmfc.h
/usr/include/rpm/rpmfi.h
/usr/include/rpm/rpmfile.h
/usr/include/rpm/rpmhash.h
```

图 4-4   locate 命令

3．which 命令——确定命令程序的具体位置

[root@localhost   root]#which more

执行该命令输出以下结果：

/bin/more

说明：more 命令所处的位置在/bin 目录下。

4．find 命令：查找文件所在的目录

find 路径 匹配表达式

路径可以是多个路径，路径之间用空格隔开。查找时，会递归到子目录。

匹配表达式有以下几种。

-name：指明要查找的文件名，支持通配符"*"和"？"。

-user username：查找文件的拥有者为 username 的文件。

-group grpname：查找文件的所属组为 grpname 的文件。

-atime n：指明查找前 n 天访问过的文件（仅第 n 天这一天）。

-atime +n：指明查找前 n 天之前访问过的文件。

-atime -n：指明查找前 n 天之后访问过的文件。

-mtime n：指明查找 n 天之后修改过的文件。

-mtime -n：指明查找 n 天以内修改过的文件。

-size n：指明查找文件大小为 n 块（block）的文件。

-print：搜索结果输出到标准设备。

　　[root@localhost　root]#find　/　-name　passwd　-print

执行该命令从根目录起查找名为 passwd 的文件，并把结果输出到标准设备。

　　[root@localhost　root]#find　/home　/etc　-user stu1 -print

执行该命令在目录/home 和目录/etc 中查找 stu1 用户所拥有的文件。

5．grep 命令：查找文件中包含指定字符串的行

　　grep [参数]　要查找的字符串　文件名——查找文件中包含有指定字符串的行

参数选项如下。

-num：输出匹配行前后各 num 行的内容。

-b：显示匹配查找条件的行距离文件开头有多少字节。

-c：显示文件中包含有指定字符串的行的个数，但不显示内容。

　　[root@localhost　root]#grep -2 abc chap.txt

在文件 chap1.txt 中查找所有含有字符串"abc"的行，如果找到，显示该行及该行前后各 2 行的内容。文件名可以使用通配符*和?，如果要查找的字符串带空格，可以使用单引号或双引号括起来。

4.3　网络命令

Linux 系统也是一个网络操作系统，其网络功能也相当强大。目前 Linux 系统大多是被用来提供网络服务的，Linux 系统可以提供各种各样的网络服务，例如：Web 服务、FTP 服务、DNS 服务。这些内容将放在以后的章节介绍，我们先介绍基本的网络命令。

4.3.1　hostname、ping 和 host

1．hostname[主机名]：显示或设置系统的主机名

　　[root @localhost /]#hostname

执行该命令输出以下结果：

　　localhost.localhostdomain

表示系统主机名是"localhost.localhostdomain"。

　　[root @localhost /]#hostname csxy.edu.cn

把主机名设置为"csxy.edu.cn"。

2．ping[参数] 主机名（或 IP 地址）：测试本主机和目标主机连通性

参数选项如下。

-c count：共发出 count 次信息，不加此项，则发无限次信息。

-i interval：两次信息之间的时间间隔为 interval，不加此项，间隔为 1 秒。

> [root @localhost /]#ping-c 4 192.168.1.50

执行该命令输出的结果如图 4-5 所示。

```
[root@localhost /]# ping -c 4 192.168.1.50
PING 192.168.1.50 (192.168.1.50) 56(84) bytes of data.
64 bytes from 192.168.1.50: icmp_seq=1 ttl=128 time=191 ms
64 bytes from 192.168.1.50: icmp_seq=2 ttl=128 time=353 ms
64 bytes from 192.168.1.50: icmp_seq=3 ttl=128 time=170 ms
64 bytes from 192.168.1.50: icmp_seq=4 ttl=128 time=679 ms

--- 192.168.1.50 ping statistics ---
4 packets transmitted, 4 received, 0% packet loss, time 3059ms
rtt min/avg/max/mdev = 170.962/348.952/679.631/203.525 ms
```

图 4-5　ping 命令

表示两台主机是连通的，共发出 4 次信息。

3．host 主机名或 IP 地址：IP 地址查找工具

> [root @localhost /]#host www.sina.com
> www.sina.com. has address 66.77.9.79

DNS 查找出"www.sina.com"的 IP 地址为"66.77.9.79"。

> [root @localhost /]#host 202.96.134.133
> 133.134.96.202.in-addr.arpa. domain name pointer ns.szptt.net.cn.

这是反向 IP 地址解析。

> [root @localhost /]# host mylinux 192.168.0.10
> Using domain server:
> Name: 192.168.0.10
> Address: 192.168.0.10#53
> Aliases:
> mylinux.test.com. has address 192.168.0.1

以上指明了从 DNS 服务器 192.168.0.10 上查找主机 mylinux 的 IP 地址，如果没有指明 DNS 服务，则系统使用本机网络设置中设定的 DNS 服务器。有关 IP 地址的查找请进一步参见本书有关 DNS 的章节。

4.3.2　ifconfig

ifconfig 是用于配置网卡和显示网卡信息的工具：

> ifconfig [网卡号] [参数][ip 地址]

参数选项如下。

-a：显示所有的网卡信息，否则只显示当前激活的网卡信息。

[root @localhost /]#ifconfig-a

执行该命令输出的结果如图 4-6 所示。

```
[root@localhost /]# ifconfig -a
eth0      Link encap:Ethernet  HWaddr 00:0C:29:AA:CE:03
          inet addr:192.168.1.100  Bcast:192.168.1.255  Mask:255.255.255.0
          UP BROADCAST RUNNING MULTICAST  MTU:1500  Metric:1
          RX packets:4244 errors:0 dropped:0 overruns:0 frame:0
          TX packets:49 errors:0 dropped:0 overruns:0 carrier:0
          collisions:0 txqueuelen:100
          RX bytes:420159 (410.3 Kb)  TX bytes:2674 (2.6 Kb)
          Interrupt:10 Base address:0x1080

lo        Link encap:Local Loopback
          inet addr:127.0.0.1  Mask:255.0.0.0
          UP LOOPBACK RUNNING  MTU:16436  Metric:1
          RX packets:51 errors:0 dropped:0 overruns:0 frame:0
          TX packets:51 errors:0 dropped:0 overruns:0 carrier:0
          collisions:0 txqueuelen:0
          RX bytes:4924 (4.8 Kb)  TX bytes:4924 (4.8 Kb)
```

图 4-6　ifconfig 命令

显示本机有一个网卡 eth0。lo 是本地环路（虚拟的）网卡，不是物理上实实在在的网卡。在以上的输出中有几个重要的信息：IP 地址、网卡 MAC 地址、网卡的配置及网卡的一些统计数（如接收和发送包的总量）。

4.3.3　Telnet 和 FTP

1．Telnet 主机名或 IP 地址：远程登录客户程序

[root @localhost /]#telnet 202.96.8.3

远程登录到服务器 202.96.8.3。服务器 202.96.8.3 应开启 Telnet 服务，否则会连接失败。如果成功连接 Telnet，程序会提示输入用户名和口令，登录成功后就可以远程管理或使用服务器。

2．FTP 主机名或 IP 地址：FTP 客户程序

[root @localhost /]#ftp 202.197.11.87

FTP 到远程 FTP 服务器 202.197.11.87，同样服务器 202.197.11.87 要开启 FTP 服务。连接成功后，FTP 程序会提示输入用户名和口令。如果连接成功，将得到“ftp>”提示符。现在可以自由使用 FTP 提供的命令，可以用 help 命令或“?”取得可供使用的命令清单，也可以在 help 命令后面指定具体的命令名称，获得这条命令的说明。

最常用的命令如下。

ls：列出远程机的当前目录。

cd：在远程机上改变工作目录。

lcd：在本地机上改变工作目录。

ascii：设置文件传输方式为 ASCII 模式。

binary：设置文件传输方式为二进制模式。

close：终止当前的 FTP 会话。

hash：每次传输完数据缓冲区中的数据后就显示一个"#"号。

get(mget)：从远程机传送指定一个文件（或多个文件）到本地机。

put(mput)：从本地机传送指定一个文件（或多个文件）到远程机。

open：连接远程 FTP 站点。

quit：断开与远程机的连接并退出 FTP。

?：显示本地帮助信息。

!：转到 shell 中。

下面简单介绍 FTP 常用命令。

（1）启动 FTP 会话

open 命令用于打开一个与远程主机的会话。该命令的一般格式是：

> open 主机名/IP

（2）终止 FTP 会话

close、disconnect、quit 和 bye 命令用于终止与远程机的会话。close 和 disconnect 命令用于关闭与远程机的连接，但是仍没有退出 FTP 程序。quit 和 bye 命令都用于关闭用户与远程机的连接，然后退出用户机上的 FTP 程序。

（3）改变目录

"cd [目录]"命令用于在 FTP 会话期间改变远程机上的目录，lcd 命令可改变本地目录，使用户能指定查找或放置本地文件的位置。

（4）远程目录列表

ls 命令列出远程目录的内容，就像使用一个交互 shell 中的 ls 命令一样。ls 命令的一般格式是：

> ls [目录]

如果指定了目录作为参数，那么 ls 就列出该目录的内容。

（5）从远程系统下载文件

get 和 mget 命令用于从远程机上获取文件，get 命令的一般格式为：

> get 源文件名 目标文件名

源文件名是要下载的文件名，目标文件名是文件下载后在本地机上保存时的文件名。如果不给出目标文件名，那么就使用源文件的名字。mget 命令一次可获取多个远程文件。mget 命令的一般格式为：

> mget 文件名列表

使用空格分隔的或带通配符的文件名列表来指定要获取的文件。

（6）向远程系统上载文件

put 和 mput 命令用于向远程机发送文件，put 命令一次发送一个本地文件，put 命令的一般格式为：

put　文件名

mput 命令一次发送多个本地文件，mput 命令的一般格式为：

mput　文件名列表

使用空格分隔的或带通配符的文件名列表来指定要发送的文件。

（7）改变文件传输模式

默认情况下，FTP 按 ASCII 模式传输文件，用户也可以指定其他模式。ascii 和 binary
命令的功能是设置传输的模式。用 ASCII 模式传输纯文本文件是非常好的，而二进制文件
以二进制模式传输更为可靠。

（8）切换“#”提示

hash 命令使 FTP 在每次传输完数据缓冲区中的数据后，就在屏幕上打印一个“#”字
符。本命令在发送和接收文件时都可以使用。hash 命令是一个开关。

下面演示匿名登录的过程以及下载一个文件的主要过程：

```
[root @localhost /]#ftp
ftp>open
to> ftp.tsinghua.edu.cn
Connected to　ftp.tsinghua.edu.cn
220 FTP Server of Tsinghua Univeristy ready.
User <ftp.tsinghua.edu.cn：<none>>：
……
……
230 Anonymous user logged in.
ftp>ls
……
……
ftp> get gnome-keyring-0.4.2.tar.bz2
ftp> close
221-Goodbye.You uploaded 0 and downloaded 361 Kbytes.
221-Logout.
ftp> bye
[root @localhost /]#
```

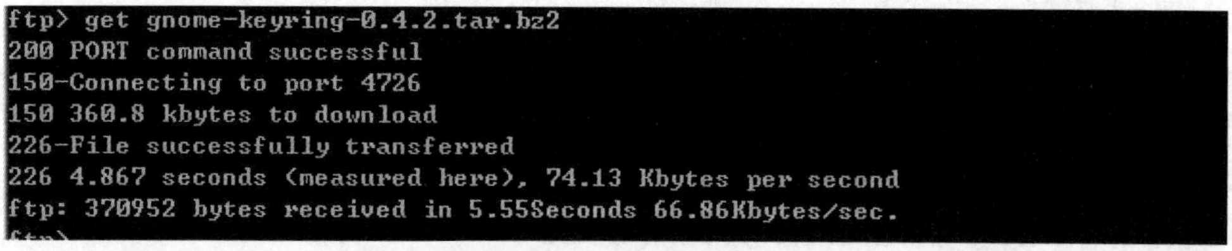

图 4-7　get 命令

在 Linux 系统中，用户进行文件传输的主要步骤如下。

① 激活 FTP 程序。

② 进行联机、登录。

③ 在远程计算机上进行文件浏览，找到要传输的文件。

④ 进行文件传输。

⑤ 传输结束，断开联机。

在 Internet 上，用户使用最多的 FTP 服务就是匿名 FTP 了。

4.3.4　wall、write 和 mesg

1．wall：向任何用户终端发送字符消息

[root @localhost /]#wall

表示进入消息输入状态，可以输入一行或多行消息，按 Ctrl+D 键结束。在进行系统管理时，如果有紧急消息要通知所有在线用户，wall 命令十分有用。

2．write 用户名 [终端]：向用户发送字符消息

例如：

[root @localhost /]#write user1

表示进入消息输入状态，可以输入一行或多行消息，按 Ctrl+D 键结束。write 命令和下面介绍的 mesg 命令也有关。

3．mesg [参数]：控制他人向自己的终端发送消息的能力

参数选项如下。

y：允许他人往自己的终端发送消息。

n：不允许他人往自己的终端发送消息，但无法阻止 root 用户向自己发送信息。

[root @localhost /]#mesg n

表示其他用户用 wall 命令发送消息时，不会对自己的终端产生影响。

[root @localhost /]#mesg

执行该命令的结果如下：

is n

以上表示不允许他人往自己的终端发送消息。

4.3.5　mail

mail 用户名或 E-mail 地址：SMTP 客户端程序。

可以使用这个程序在系统内发送和接收邮件，也可以往 Internet 上的主机发送邮件或从 Internet 的主机接收邮件。例如：

[root @localhost /]#mail stu1
Subject:This is a test mail

Hello,stu1!
Cc:

按 Ctrl+D 键可以结束输入，把邮件发出。

4.3.6　finger

finger [用户名@主机]：显示主机系统中用户的信息。

　　[root @localhost　root]#finger

执行该命令显示用户当前登录的主机上的所有登录用户的信息，如图 4-8 所示。finger
命令要求主机要提供 finger 服务，否则会连接失败。

```
[root@localhost root]# finger
Login       Name        Tty       Idle  Login Time   Office      Office Phone
root        root        tty1            Sep 24 02:55
stu2                    tty2      2     Sep 24 06:38
stu3                    tty3            Sep 24 06:40
```

图 4-8　finger 命令

　　[root @localhost　root]#finger stu1

显示用户 stu1 登录的主机上的信息，如图 4-9 所示。

```
[root@localhost root]# finger stu1
Login: stu1                            Name: (null)
Directory: /home/stu1                  Shell: /bin/bash
Last login Sun Sep  4 15:14 (CST) on tty1
No mail.
No Plan.
```

图 4-9　finger stu1 命令

4.3.7　netstat [参数选项]

netstat 命令显示网络连接、路由表、网卡统计数等信息。
参数选项如下。
-i：显示网卡的统计数。
-r：显示路由表。
-a：显示所有信息。

　　[root @redflag /root]#netstat-r

netstat 命令执行结果如图 4-10 所示。

```
[root@localhost root]# netstat -r
Kernel IP routing table
Destination     Gateway         Genmask         Flags   MSS Window  irtt Iface
192.168.1.0     *               255.255.255.0   U         0 0          0 eth0
169.254.0.0     *               255.255.0.0     U         0 0          0 lo
127.0.0.0       *               255.0.0.0       U         0 0          0 lo
```

图 4-10　netstat 命令

4.4 系统状态显示命令

系统状态信息显示命令的使用相对简单，多数命令可以不使用任何参数来执行。

4.4.1 stat

stat：显示指定文件的相关信息。

[root@localhost root]#　stat /etc/fstab

执行结果如图 4-11 所示。

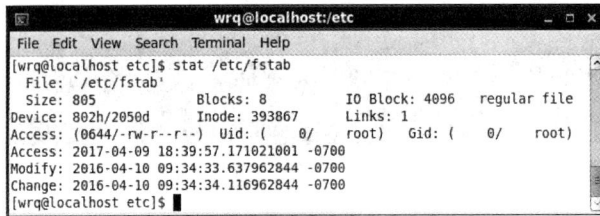

图 4-11　stat 命令

4.4.2 who、whoami、hostname、uname 和 dmesg

who：显示当前在线登录用户。

whoami：显示用户自己的身份。

hostname：显示主机名称。

uname：显示操作系统信息，如果带参数-r，可显示操作系统内核版本信息。

dmesg：显示系统启动信息。

这些命令的执行结果如图 4-12 所示。

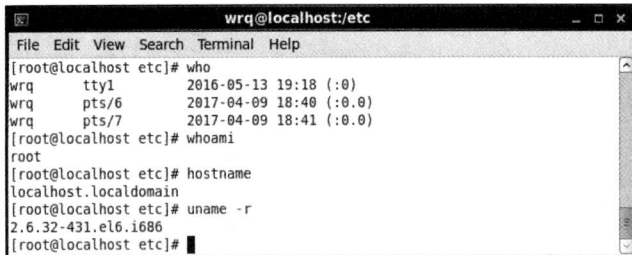

图 4-12　多个命令执行结果

4.4.3 其他命令

top：显示系统中耗费资源最多的进程。

du：显示指定的文件（目录）已使用的磁盘空间的总量。

df：显示文件系统磁盘空间的使用情况。

free：显示当前内存和交换空间的使用情况。

locale：显示当前语言环境。

date：显示当前系统时间。

    [root@localhost　root]#　free

date 和 free 命令执行结果如图 4-13 所示。

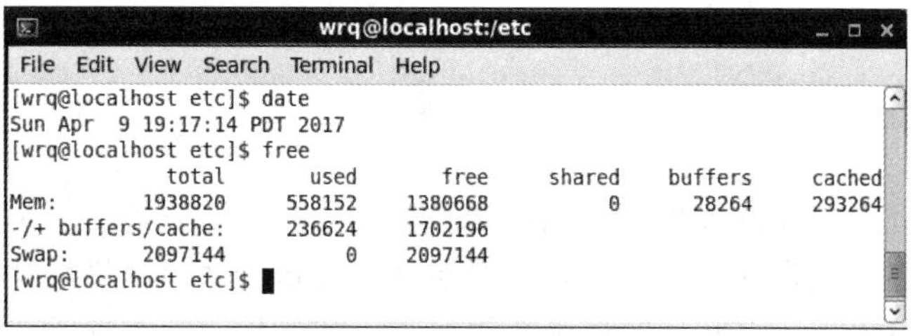

图 4-13　date 和 free 命令

clear：清除屏幕。

这个命令就是把屏幕清干净。所以它后面也不用接任何文件名，也没有任何选项。

alias：创建别名。

    alias　命令别名 ="命令行"：创建命令的别名

    [root@localhost　root]#alias

alias 命令的执行结果如图 4-14 所示。

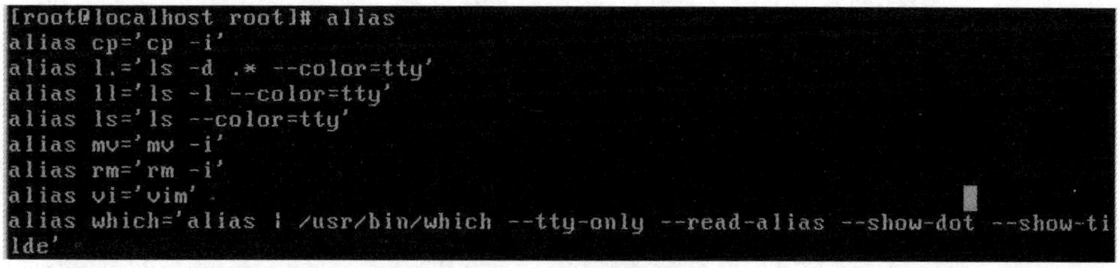

图 4-14　alias 命令

显示已有的命令别名，读者在其中可以发现 ll='ls-l-color=tty'，这就是用户执行 ll 命令后以长格式和不同颜色表示不同的文件类别的原因了。用户可以把自己常用的长命令通过定义别名来用短命令替代。

[root@localhost　root]]#alias mydir='ls --color'创建自己的命令 mydir 代替"ls --color"。以后执行 mydir 命令和执行 ls--color 命令结果一样，使用别名比较简短方便。

unalias　命令别名：删除已创建的别名。

例如：

    [root@localhost　root]#unalias mydir

删除之前已经定义的别名 mydir。

history：显示用户最近执行的命令。

可以保留的历史命令数和环境变量 HISTSIZE 有关。只要在编号加 "!"，很容易地就可以重新运行 history 中的显示出的命令行。例如：

      [root@localhost   root]#!25

表示重新运行第 25 个历史命令。

说明：通常 shell 具有命令补全功能，命令不必输完，只要 shell 能识别输入的命令，用户就可以 Tab 键补全命令。用户学会使用补全命令的用法，一方面可以提高工作效率，另一方面减少输入错误。

本章小结

本章主要介绍了一些 Linux 的基本命令，包括文件和目录创建、显示、复制、移动和查找命令，接着介绍常用的网络命令以及远程登录和文件传输命令，最后介绍一些系统命令。熟练掌握这些常用命令对于 Linux 的使用非常重要。

习题与实验

一、简答题

1．比较 Linux 命令操作和 Windows 操作的差异。

2．举例说明如何快速查找某一个文件。

二、实验题

1．创建属于自己的一个文件夹，建立一个新文件和子目录，进行复制、移动和删除等操作。

2．查看你使用的计算机的主机名、IP 地址。

3．使用 telnet 命令进行远程登录。

第 5 章 磁盘和文件系统

本章导读

文件系统是任何一种操作系统中最基本、最重要的一部分内容。Linux 文件系统与 Windows 文件系统区别较大。首先磁盘分区的概念完全不一样，其次文件组织方式不一样，支持的文件类型比 Windows 多。通过本章学习，应该：

◇ 了解磁盘和磁盘区分
◇ 了解文件系统的概念和 Linux 的文件系统
◇ 掌握文件系统的建立、挂载、卸装
◇ 掌握软盘、光盘和 USB 盘的使用
◇ 学会自动挂装文件系统与编辑/etc/fstab 文件

5.1 磁盘和磁盘分区

5.1.1 磁盘简介

通常所使用的磁盘有软盘，光盘和硬盘，这里主要介绍硬盘。

硬盘是计算机配置的大容量外部存储器，由于采用了温切斯特（Winchester）技术，因此又称为温盘驱动器或温盘。硬盘盘片是在铝片上涂敷一层磁性粒子而成的，硬盘的接口方式主要有：IDE（integrated drive electronics，集成磁盘电子接口）、SCSI（small computer system interface，小计算机系统接口）。

IDE 接口：台式机最为常用的硬盘接口，通常为 40 针接口规格。这种接口优点是安装方便，缺点是不支持热插拔，速度较慢。IDE 控制卡可支持两个硬盘。两个硬盘的主从关系取决于硬盘电路板上的短路接头 C/D。硬盘上都标识了 Master（主）/Slave（从）的具体使用方法。接口卡无须另配驱动程序，所有的 IDE 硬盘均能由系统 BIOS 利用保存在 CMOS 中的硬盘参数直接驱动。对于不同的 IDE 硬盘，必须在系统 CMOS 中为其设置并保存相应的硬盘参数，若参数不对，有可能使系统不认此硬盘。

SCSI 接口：速度快，支持热插拔，主要面向网络市场。这种接口特点是价格高些，但是性能稳定、耐用，可靠性极好。SCSI 接口是一种多用途的输入/输出接口，除用于磁盘外，还用于光盘驱动器、磁带机、扫描仪、打印机等设备。目前一条 SCSI 总线最多可以连接 16 台设备，为了区分各个设备，每个设备拥有一个 ID 号（0～15）。适用于多用户多任务处理。SCSI 驱动器一次可以处理 8～64 位数据，因而有较高的数据传送速率。随着时间的推移，SCSI 总线的性能一直在提高，并通过提供更多的数据通路和更快的时钟，得到了更大的带宽。

5.1.2 磁盘分区

1. Linux 分区的概念

Linux 分区和 Windows 不同的是，运行 Linux 至少要有 Linux swap 交换分区和 Linux native

主分区两个分区。主分区用来存放 Linux 常用文件。交换分区在 Linux 运行时提供虚拟内存，在关机后内容被清空。在 Linux 中可以物理上存在几个分区，但在逻辑上只有一个根分区。

Linux 分区和 Windows 分区的区别如下。

① Windows 系统中使用盘符（如 C：）来标识不同的分区，而在 Linux 中使用分区的设备名来标识不同的分区。例如：系统的第一块 IDE 接口的硬盘称为/dev/hda，系统的第二块 IDE 接口的硬盘称为/dev/hdb；系统的第一块 SCSI 接口的硬盘称为/dev/sda，系统的第二块 SCSI 接口的硬盘称为/dev/sdb；系统的第一块 IDE 接口硬盘的第 1 个分区称为/dev/hda1，系统的第一块 IDE 接口硬盘的第 5 个分区称为/dev/hda5；系统的第二块 SCSI 接口硬盘的第 1 个分区称为/dev/sdb1，系统的第二块 SCSI 接口硬盘的第 5 个分区称为/dev/sdb5。

② 分区数字编号 1～4 留给主分区或扩展分区使用，逻辑分区编号从 5 开始。

③ 现代操作系统无一例外地使用了虚拟内存技术。Windows 系统使用交换文件实现这一技术，而 Linux 系统使用交换分区实现。因此，安装 Windows 系统只使用一个分区，而安装 Linux 系统至少需要两个分区，其中之一为交换分区。除非计算机的物理内存极大。

2．两种磁盘存储方式

（1）磁盘存储方式

基本磁盘存储：在基本磁盘上存储数据需要在磁盘上创建主分区和扩展分区，在扩展分区中创建逻辑分区，然后对这些分区进行管理。

动态磁盘存储：在动态磁盘上存储数据需要在磁盘上创建动态卷，然后对这些卷进行管理。

本书只介绍基于基本磁盘的存储方式，即如何在磁盘上创建和管理磁盘分区。

（2）磁盘分区命令——fdisk

用 fdisk 对硬盘进行分区，可以在 fdisk 命令后面直接加上要分区的硬盘作为参数。命令的格式是：

    # fdisk 设备名

fdisk 有许多子命令，如表 5-1 所示。

表 5-1　fdisk 的子命令

命　　令	说　　明
a	调整硬盘的启动分区
d	删除一个硬盘分区
l	列出所有支持的分区类型
m	列出所有命令
n	创建一个新的分区
p	列出硬盘分区表
q	退出 fdisk，不保存更改
t	更改分区类型
u	切换所显示的分区大小的单位
w	把设置写入硬盘分区表，然后退出
x	列出高级选项

在 Command 提示后面输入命令可以开始对此硬盘进行分区操作。输入 m 可以列出所有可供选择的子命令。

下面通过实例来说明。

【例 5-1】　一台计算机新增加第二块 SCSI 接口硬盘，假设硬盘大小为 4 GB，在使用时要先进行分区。要求创建一个大小为 2000 MB 的主分区，剩余空间为一个扩展分区，扩展分区中有两个逻辑分区。操作命令如下：

　　　　输入命令# fdisk　　/dev/sdb

结果显示如图 5-1 所示。

```
[root@localhost dev]# fdisk /dev/sdb
Device contains neither a valid DOS partition table, nor Sun, SGI or OSF disklab
el
Building a new DOS disklabel. Changes will remain in memory only,
until you decide to write them. After that, of course, the previous
content won't be recoverable.

Warning: invalid flag 0x0000 of partition table 4 will be corrected by w(rite)
```

图 5-1　fdisk 命令

首先输入 p，查看当前的分区表，可以看到硬盘上没有任何分区，如图 5-2 所示。

```
Command (m for help): p

Disk /dev/sdb: 4294 MB, 4294967296 bytes
255 heads, 63 sectors/track, 522 cylinders
Units = cylinders of 16065 * 512 = 8225280 bytes

   Device Boot    Start        End      Blocks   Id  System

Command (m for help): _
```

图 5-2　输入子命令 p

要创建新的分区输入 n；然后输入 p，选择创建主分区（输入 e，选择创建扩展分区）；输入 1，创建第一个主分区；输入此分区的起始扇区，默认是第一个扇区；输入终止扇区来确定此分区的大小，可以用+sizeM，以兆字节为单位来分配分区大小，本例为"+2000M"。如图 5-3 所示。

```
Command (m for help): n
Command action
   e   extended
   p   primary partition (1-4)
p
Partition number (1-4): 1
First cylinder (1-522, default 1):
Using default value 1
Last cylinder or +size or +sizeM or +sizeK (1-522, default 522): +2000M_
```

图 5-3　创建新分区

再次输入 p 查看分区表，如图 5-4 所示。

```
Command (m for help): P

Disk /dev/sdb: 4294 MB, 4294967296 bytes
255 heads, 63 sectors/track, 522 cylinders
Units = cylinders of 16065 * 512 = 8225280 bytes

   Device Boot    Start        End      Blocks   Id  System
/dev/sdb1            1          244    1959898+   83  Linux
```

图 5-4　查看新分区

可以看到，此硬盘中已经增加了一个主分区 sdb1，大小为 1 959 898 字节。

要删除此分区，可以输入 d，然后输入要删除的分区号，如图 5-5 所示。

```
Command (m for help): d
Selected partition 1
```

图 5-5　删除分区

分区结束，输入 w 把设置写入硬盘分区表并退出。

可以接着创建扩展分区，也可以以后再创建。要创建扩展分区，先输入 n，创建新分区；再输入 e，创建扩展分区，大小为默认（即剩余空间）。

输入 p 查看分区表，可以看到，此硬盘中已经增加了一个扩展分区 sdb2，大小为 2 233 035 字节。

```
Command (m for help): N
Command action
   e   extended
   p   primary partition (1-4)
E
Partition number (1-4): 2
First cylinder (245-522, default 245):
Using default value 245
Last cylinder or +size or +sizeM or +sizeK (245-522, default 522):
Using default value 522

Command (m for help): P

Disk /dev/sdb: 4294 MB, 4294967296 bytes
255 heads, 63 sectors/track, 522 cylinders
Units = cylinders of 16065 * 512 = 8225280 bytes

   Device Boot      Start         End      Blocks   Id  System
/dev/sdb1               1         244     1959898+  83  Linux
/dev/sdb2             245         522     2233035    5  Extended

Command (m for help):
```

图 5-6　创建扩展分区

接着创建第一个逻辑分区 sdb5，操作如图 5-7 所示（分别输入 n，l，p）。

```
Command (m for help): N
Command action
   l   logical (5 or over)
   p   primary partition (1-4)
L
First cylinder (245-522, default 245):
Using default value 245
Last cylinder or +size or +sizeM or +sizeK (245-522, default 522): +1000M

Command (m for help): P

Disk /dev/sdb: 4294 MB, 4294967296 bytes
255 heads, 63 sectors/track, 522 cylinders
Units = cylinders of 16065 * 512 = 8225280 bytes

   Device Boot      Start         End      Blocks   Id  System
/dev/sdb1               1         244     1959898+  83  Linux
/dev/sdb2             245         522     2233035    5  Extended
/dev/sdb5             245         367      987966   83  Linux
```

图 5-7　在扩展分区创建第一个逻辑分区

用同样的步骤创建第二个逻辑分区 sdb6，最后磁盘分区的结果如图 5-8 所示。

```
Command (m for help): p

Disk /dev/sdb: 4294 MB, 4294967296 bytes
255 heads, 63 sectors/track, 522 cylinders
Units = cylinders of 16065 * 512 = 8225280 bytes

   Device Boot     Start        End     Blocks    Id  System
/dev/sdb1            1          244    1959898+   83  Linux
/dev/sdb2          245          522    2233035     5  Extended
/dev/sdb5          245          367     987966    83  Linux
/dev/sdb6          368          522    1245006    83  Linux
```

图 5-8　在扩展分区创建第二个逻辑分区

说明：不管创建哪种分区，最后都要输入 w 把设置写入硬盘分区表并退出。如果不想保存设置退出 fdisk，输入 q 命令即可。

5.2　Linux 文件系统

5.2.1　Linux 的文件系统

1．文件系统与操作系统的关系

文件系统是操作系统用于明确磁盘区分上的文件的方法和数据结构，即文件在磁盘上的组织方法。换句话说，文件系统规定了如何在存储设备上存储数据，以及如何访问存储在设备上的数据。一个文件系统在逻辑上是独立的实体，它能单独地被操作系统管理和使用。

Linux 的内核采用了称为虚拟文件系统（VFS）的技术，因此 Linux 可以支持多种不同的文件系统类型。每一种类型的文化系统都提供一个公共的软件接口给 VFS。Linux 文件系统的所有细节由软件进行转换，因而从 Linux 的内核及在 Linux 中运行的程序来看，所有类型的文件系统都没有差别，Linux 的 VFS 技术允许用户不受干扰地同时安装和使用多种不同类型的文件系统。

2．文件系统与用户的关系

对于任何一个操作系统来说，文件系统都是重要也是最基本的组成部分之一。在Linux 系统中，所有的程序、库、系统文件和用户文件都存放在文件系统之中，系统和用户所创建和保存的数据也都在文件系统当中。那么，这些数据是如何组织的就涉及文件系统的用户观点。

文件系统是 Linux 下的所有文件和目录的集合，这些文件和目录机构是以一个树状的结构来组织的，这个树状结构成了 Linux 中的文件系统。使用 Linux，用户可以设置目录和文件的权限，以便容许或拒绝其他人对其进行访问。Linux 的多级树状目录机构，使用户可以浏览整个系统，可以进入任何一个已授权进入的目录，访问那里的文件。

在 Linux 中，用户能看到的文件空间是一个单树状结构的，该树的根在顶部，称为根目录，用"/"表示。文件空间中的各种目录和文件从树根向下分支。

3．文件系统管理

Linux 文件系统管理最上层模块是文件系统。系统启动时，必须首先装入"根"文件系统，然后根据文件系统管理文件/etc/fstab 中的指定，逐个建立文件系统。此外，用户也可以通过 mount、umount 操作，随时挂装和卸装文件系统。Linux 通过挂装操作将文件系统置于某个目录下，从而让不同的文件系统结合成为一个整体，可以方便地和其他操作系统共享数据。

4．Linux 文件系统标准

Linux 文件系统标准（linux file system standard，FSSTND）于 1994 年完成，该标准规划了存在于 Linux 文件系统中的目录以及使用它们的方法。其目的是使开发者能编写 Linux 通用的程序，这些程序不必担心 Linux 发布版本的更新。正因为有此标准，尽管市场压力不断加大，Linux 系统仍然能得到不断的发展。

5．Linux 文件系统组成

Linux 文件系统可以由多种不同的文件系统组成。根据安装的方式不同，这些目录可能是不同的文件系统。通常，一个系统可以有多个文件系统组成：根分区文件系统（/），和安装在/usr 下的文件系统，还有其他安装在/home、/var 下的文件系统。其中根文件系统必须是 Linux ext4，最简单的 Linux 操作系统分区是/和交换分区（swap）。

根目录中包含了组成根目录的内容，也为其他的文件系统提供了安装点。

表 5-2 列出主要的子目录及其内容。

表 5-2　Linux 文件系统组成

子 目 录 名	内 容 说 明
bin	存放二进制的可执行程序
boot	存放用于系统引导时使用的各种文件
dev	用于存放设备文件，用户可以通过这些文件访问外围设备
etc	存放系统的配置文件
home	存放所有用户文件的根目录，有一个用户在该目录下就有一个与该用户名相对应的子目录，当用户登录时进入其用户名对应的子目录
lib	存放根文件系统中的程序运行所需要的共享库以及内核模块
lost+found	存放一些系统检查结果，当发现一些不合法的文件或数据都存放在这里，通常此目录是空的，除非硬盘遭受了不明的损坏
mnt	系统管理员安装临时文件系统的安装点
opt	一般情况下，该目录不属于 Linux 的基本文件系统，是额外安装的应用程序包所放置的地方
proc	是一个虚拟文件系统，它存放当前内存的映射，主要用于在不重启机器的情况下管理内核
root	超级用户目录
sbin	类似/bin 目录，也存放二进制可执行文件，但是只有 root 才能访问
tmp	用于放置各种临时文件
usr	用于存放系统应用程序
var	用于存放需要随时改变的文件，如系统日志、脱机工作目录等

由表 5-2 可见，在 Linux 环境下，文件是归类存放的。初学 Linux 的朋友应该熟悉特定类型的文件的存放位置。

常用的文件和目录如下。

① 常用命令所在目录：/bin、/sbin、/usr/sbin、/usr/bin。

② 系统常用挂装点：/mnt/cdrom、/mnt/floppy。

常用的服务器配置文件如下。

① 系统挂装表文件：/etc/fstab。

② 系统 init 配置文件族：/etc/inittab、/etc /atcinit.d、/etc/rc.d/rc0.d、/etc/rc.d/rc1.d、/etc/rc.d/rc2.d、/etc/rc.d/rc3.d、/etc/rc.d/rc5.d、/etc/rc.d/rc6.d。

③ 账户文件：/etc/passwd、/etc/shadow、/etc/group、/etc/gshadow。

④ 网络超级服务器配置文件：/etc/xinetd.conf、/etc/xinetd.d。

⑤ DNS 服务器及客户配置文件：/etc/named、/etc/named/*、/etc/resolv.conf。

⑥ sendmail 配置文件：/etc/mail/sendmail.mc、/etc/mail/sendmail.cf、/etc/mail/local-host-names、/etc/mail/access、/etc/aliases。

⑦ qmail 配置文件：/var/qmail/control/*、/var/qmail/ailas/*。

⑧ httpd 配置文件：/etc/httpd/conf/httpd.conf、/etc/httpd/conf.d/*。

⑨ vsftpd 配置文件：/etc/vsftpd/vsftpd.conf、/etc/pam.d/vsftps、/etc/vsftpd.ftpusers、/etc/vsftpd.uaer_list。

⑩ squid 配子文件：/etc/squid/squid.conf。

⑪ samba 配置文件：/etc/samba/smb.conf。

5.2.2　文件系统类型简介

RHEL 6 支持使用多种常见类型的文件系统，这不仅可以很好地使用自带的文件系统，还可以支持使用 Microsoft 等其他多种平台操作系统的文件类型。下面分别介绍 Linux 中常用的文件系统类型。

1. ext4

ext4 文件系统是 Linux 中原有使用的 ext3 文件系统的后续版本，是第 4 代扩展文件系统，是 RHEL6 中默认使用的文件系统类型，属于典型的日志型文件系统。其特点是保持有磁盘存取记录的日志数据，便于恢复，性能和稳定性更加出色。这样在系统由于断电等原因意外停机后，在重新启动时，可以根据这些日志直接回溯重整在停机时处理中断的部分，同时也更加安全可靠。

2. swap

除了 ext4 文件系统之外，Linux 中还有一个比较特殊的 swap 类型的文件系统，swap 文件系统是专门给交换分区使用的。交换分区类似于 Windows 系统中的虚拟内存，能够在一定程度上缓解物理内存不足的问题。不同的是，在 Windows 系统中是采用一个名为 pagefile.sys 的系统文件作为虚拟内存使用，而在 Linux 系统中则是划分了一个单独的分区作为虚拟内存，这个分区就被称为交换分区。交换分区的大小通常设置为主机物理内存的 2 倍，如主机的物理内存大小为 1 GB，则交换分区大小设置为 2 GB 即可。在安装 Linux 操作系统时，交换分区是必须建立的，并且其类型一定是 swap。交换分区由操作系统自动管理，用户不需要对其进行过多的操作。

3．vfat

在 Linux 中把 DOS 下是所有 FAT 文件系统称为 vfat，其中包括 FAT12、FAT16 和 FAT32。RHEL 6 中既可使用同系统中已存在的 FAT 分区，也可以建立新的分区。

4．NFS

NFS 即网络操作系统，用于在 UNIX 系统间通过网络进行文件共享，用户可以把网络中 NFS 服务器提供的共享目录挂装到本地文件目录中，可以像对本地文件系统一样操作 NFS 文件系统中的内容。

5．ISO9660

ISO9660 是光盘所使用的标准文件系统，Linux 对光盘有非常好的支持，不仅可以读取光盘中的文件，还可以进行光盘的刻录。

5.2.3　使用文件系统的一般方法

在 Linux 中使用的文件系统通常是在安装 Linux 时建立的，但是实际应用中经常会对现有的分区进行调整或建立新的分区。

要使用文件系统，一般要遵循如下的过程。

① 在硬盘上创建分区：可以使用 fdisk 命令进行。

② 在分区上建立文件系统：类似于在 Windows 下进行格式化操作。

③ 挂装文件系统到系统中：在分区中创建好文件系统后就可以将该分区挂装到系统中的相应目录以便使用。挂装文件系统可以 mount 命令，如果需要系统每次启动时都自动挂装该文件系统则需要在文件"/etc/fstab"中添加相应的设置行。

④ 卸装文件系统：对于可移动介质上的文件系统，当使用完毕需要使用 umount 命令实施卸装操作。

5.3　文件系统的管理和维护

5.3.1　文件系统操作

1．查看特定设备的分区表

```
fdisk -l [设备名]
```

查看特定设备的分区表。

设备名参数是整个硬盘，可以是/dev/sda、/dev/hda 等。

如果没有设备名参数，则查看系统所有的硬盘的分区表。

例如：

```
# fdisk   -l
```

查看所有硬盘分区情况。

2. 创建文件系统

磁盘在分区之后首先要创建文件系统，即格式化，才能在上面存储文件。在 Linux 下可以用命令 mkfs 来完成文件系统的创建工作。实际上，对于不同种类的文件系统，都有特定的程序，mkfs 只是一个为了建立不同文件系统种类，确定运行不同程序的一个前端。比如用 mkfs 建立 ext4 文件系统，mkfs 将调用 mkefs 命令来完成操作。可以用"-t fstype"选项来选择要创建的文件系统的种类，默认创建的文件系统是 ext4。mkfs 命令的格式为：

> \# mkfs 选项　设备名

例如：

> mkfs -t vfat /dev/sdb1

执行该命令将在系统第二块 SCSI 接口的硬盘的第一个分区创建 vfat 类型的文件系统。mkfs 命令的主要选项如表 5-3 所示。

表 5-3　mkfs 命令的选项

选　　项	说　　明
-t fstype	指定要创建的文件系统的类型
-c	查找坏块，初始化坏块列表

5.3.2　维护文件系统的卷标

1. 显示或设置指定文件系统的卷标

使用 e2label 命令可以显示或设置指定文件系统的卷标：

> \# e2label <设备文件名>　[<新的卷标名称>]

例如：

> e2label　/dev/sdb1　ok

将"/dev/sdb1"的卷标设置为 ok。

2. 查找指定卷标的文件系统

使用 findfs 命令可以在系统中查找指定卷标所对应的文件系统，其命令格式为：

> \# findfs LABEL=〈文件系统卷标〉

例如：

> findfs　LABEL=ok

5.3.3　挂装文件系统

1. 挂装文件系统

在磁盘上创建文件系统后，还需要把新建立的文件系统挂装到系统上才能使用。挂装是 Linux 文件系统中的概念。挂装点是指分区在目录树的加载位置，这和 Windows 中的概念是不一样的。在 Windows 中程序安装在不同的分区的文件夹里，而在 Linux 中程序安装在不同的挂装点。在使用 Windows 时可以有几个分区，而在 Linux 中可以物理上存在几个分区，但在逻辑上是只有一个根分区。交换分区（Linux swap）是不需要挂装点的，其他所有设备安装都要有加载挂装点。Linux 把所有设备都认为是一个文件。使用 mount 命令可以灵活地挂装系统可识别的所有文件系统。

不带任何选项地使用 mount 命令可以列出当前系统中已经挂装的文件系统。

　　# mount

结果如图 5-9 所示。

```
[root@localhost cdrom]# mount
/dev/sda2 on / type ext3 (rw)
none on /proc type proc (rw)
usbdevfs on /proc/bus/usb type usbdevfs (rw)
/dev/sda1 on /boot type ext3 (rw)
none on /dev/pts type devpts (rw,gid=5,mode=620)
none on /dev/shm type tmpfs (rw)
/dev/cdrom on /mnt/cdrom type iso9660 (ro,nosuid,nodev)
[root@localhost cdrom]#
```

图 5-9　mount 命令

以上信息显示了每个磁盘分区在目录树中的挂装点，文件系统的类型和挂装权限。
如：/dev/sda1 在文件系统中的挂装点是/boot，文件系统是 ext3，权限是可读写（rw）。
命令格式为：

　　# mount [<选项 >]　[<设备名>]　[<挂装点 >]

主要选项如表 5-4 所示。

表 5-4　mount 命令的选项

选　　项	说　　明
-t 文件类型	指定要挂装的文件系统的类型，也可以用-t auto 选项自动让系统判断
-r	以只读的方式挂装文件系统
-w	以可写的方式挂装文件系统
-o	用于设置各种挂装选项
-a	挂装/etc/fstab 文件中记录的设备

挂装点就是文件系统中的一个目录，必须把新的文件系统挂装在目录树中的某个目录中。这个目录必须是空的，否则目录中原有的文件将被系统隐藏。
例如：

　　mount　/dev/sdb1　/home

在挂装操作时注意以下事项：
① 挂装点目录在实施挂装操作之前必须存在，如果不存在，就先要使用 mkdir 命令创建；
② 如果当前目录是要挂装的目录，就不能进行挂装操作，需回到上级目录进行操作；

③ 不能在同一个挂装目录下挂装第 2 个文件系统，否则原来的文件系统被覆盖而无法使用。

2．卸装文件系统

文件系统可以被挂装，也可以被卸装。卸装文件系统的命令是 umount，可以把文件系统从 Linux 系统中的挂装点分离。

```
# umount  〈设备名或挂装点〉
```

例如：

```
# umount    /dev/sdb1
# umount    /mnt/cdrom
```

即要卸装一个文件系统，可以指定要卸装的文件系统的目录名（挂装名）或设备名。

5.3.4　使用可移动存储设备

在 Linux 系统下，软盘和光盘都被视为文件系统，因此使用软盘和光盘的方法与使用硬盘分区的方法一致，也需要使用 mount 和 umount 命令进行挂装和卸装。同时，Linux 系统专门为可移动存储设备提供了挂装点，即系统的/mnt 目录下的子目录。系统默认为光盘设置的挂装目录是"/mnt/cdrom"，设备文件名是"/dev/cdrom"；软盘设置的挂装目录是"/mnt/floppy"，设备文件名是"/dev/fd0"。

1．在 Linux 使用软盘

要使用软盘，可以使用如下命令：

```
# mount   -t ext4   /dev/fd0   /mnt/floppy
```

或

```
# mount   /dev/fd0   /mnt/floppy
```

或

```
# mount   /mnt/floppy
```

挂装之后，可以将所需要的文件复制到目录/mnt/floppy 下，这就相当于向软盘中写入数据；也可以将目录/mnt/floppy 下的内容复制到其他文件系统中的某个目录下，这就相当于读取软盘中的数据。

当软盘使用完毕，需要使用如下命令：

```
# umount   /mnt/floppy
```

在使用软盘时注意以下事项：
① 在挂装之前确保硬件连接正确，软盘已经放入软驱；
② 在使用完 umount 命令卸装文件系统后，取出软盘。

2．Linux 使用光盘

光盘的使用方法和软盘类似，所不同的是光盘文件系统类型为 iso9660。光盘驱动器对应的设备文件名一般是/dev/cdrom，实际上这是一个链接文件，指向/dev/hdc。

例如，要使用光盘，可以使用如下命令：

```
# mount   -t iso9660   /dev/cdrom   /mnt/cdrom
```

或

```
# mount   /dev/cdrom   /mnt/cdrom
```

或

```
# mount   /mnt/cdrom
```

当光盘使用完毕，需要使用如下命令：

```
# umount   /mnt/cdrom
```

3．在 Linux 使用 iso 文件

iso 文件是光盘镜像文件，很多 Linux 的发行版本都是 iso 文件，放在网络上供用户下载。iso 的文件系统类型也是 iso9660，可以用来刻录光盘，然后通过光驱来读取，也可以直接使用。在 Windows 操作系统下通过安装虚拟光驱软件来使用 iso 文件，而在 Linux 下则非常简单。

操作步骤如下：

首先在系统中建立一个挂装点（挂装点的位置由用户自己确定）。

如：

```
#   mkdir   /mnt/iso
```

然后使用 mount 命令加选项"-o loop"挂装光盘镜像文件（该文件必须已经存在）。

如：

```
#   mount   -o loop   mycd.iso   /mnt/iso
```

mycd.iso 是用户自己制作的一个 iso 文件，挂装到 mnt/iso 后就成为系统中的一个目录，可以直接使用其中的文件了。

说明：如何制作 iso 文件，用户可参考有关书籍。

4．Linux 使用 USB 盘

除光盘和软盘外，目前常用的移动存储设备还有 U 盘、USB 移动硬盘等。在 Linux 系统下，USB 硬盘被当作 SCSI 设备来使用，因此对应的设备文件是/dev/sd*。如果系统已经有一块 SCSI 硬盘，那么第一个 USB 设备是/dev/sdb，依次是/dev/sdc、/dev/sdd 等。

这些 USB 移动设备在 Linux 下的使用方法如下。

① 首先把 USB 移动设备和计算机物理连接正确。

② 然后用 fdisk 命令查看 USB 移动硬盘上的分区。

例如：

　　fdisk -l　/dev/sdb

执行结果如图 5-10 所示。

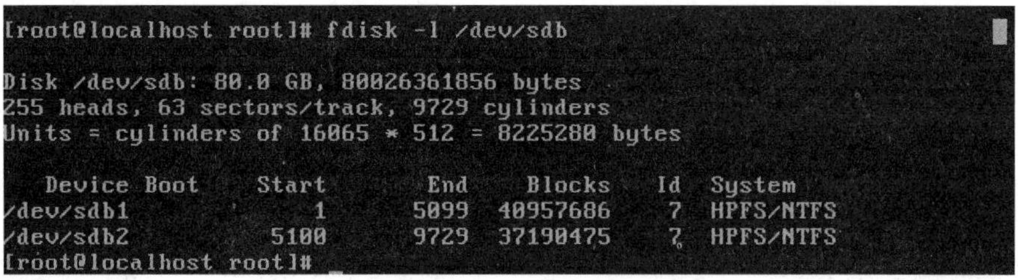

图 5-10　查看移动硬盘上的分区

可以看到，在这块 USB 移动硬盘大小为 80 GB，有两个分区，分区的文件系统是 Windows 下的 NTFS 格式，在 Linux 下不支持该格式。如果文件系统格式是 ext3，fat，fat32，我们就可以看到其中的内容。

③ 在 Linux 上建立挂装点，并安装 USB 盘上的第一个分区。

　　# mkdir　/mnt/usb1
　　# mount　-t　vfat　/dev/sdb1　/mnt/usb1

④ 列出分区中的文件列表。

　　# ls　-l　/mnt/usb1

说明：在使用 USB 硬盘之前，要确保 USB 端口在 BIOS 中已经打开。

5.3.5　在系统启动时自动挂装文件系统

手动挂装的文件系统在关机时会自动卸装，但系统再次启动时不会被自动挂装。要系统自动挂装文件系统必须修改系统挂装表——配置文件/etc/fstab。系统启动所要挂装的文件系统、挂装点、文件系统类型等记录在/etc/fstab 文件中，如图 5-11 所示。

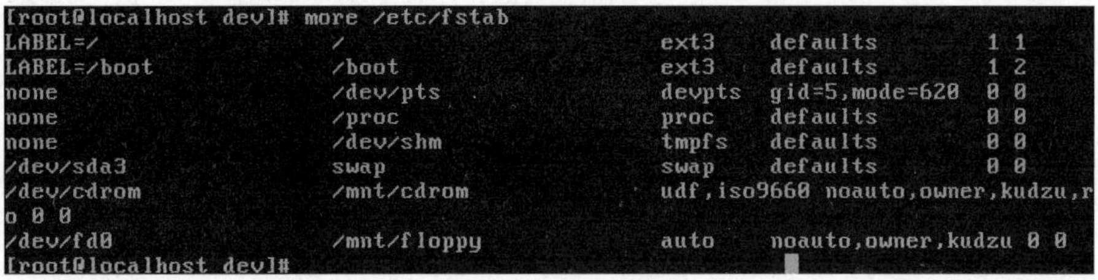

图 5-11　more 命令

以第二行为例来解释其中的含义，如图 5-12 所示。

```
LABEL=/boot                      /boot                      ext3    defaults        1 2
```

图 5-12　第二行

其中，第一列表示要挂装的设备，第二列表示挂装点，第三列表示文件类型，第四列表示挂装选项（可以有多个选项，选项之间用逗号分隔，其中 defaults 表示系统默认值，一般用户无权挂装这个设备，noauto 表示不会自动挂装，需要手动挂装），第五列表示使用 dump 命令备份文件系统的频率（空白或为零，是系统认为不需要备份），第六列表示开机时自动检查文件系统（0—不检查、1—表示挂装到/分区的文件系统、2—除 1 外）。

另外，由于在/etc/fstab 文件中已经设定了光盘和软盘的挂装方式，因此在使用光盘或软盘时可直接使用"mount　/mnt/cdrom"和"mount　/mnt/floppy"，系统会自动根据/etc/fstab 文件中的设置来挂装光盘和软盘。

例如，要将/dev/sdb1 自动挂装，输入"vi　/etc/fstab"，执行结果如图 5-13 所示。

```
LABEL=/                  /                  ext3    defaults            1 1
LABEL=/boot              /boot              ext3    defaults            1 2
none                     /dev/pts           devpts  gid=5,mode=620      0 0
none                     /proc              proc    defaults            0 0
none                     /dev/shm           tmpfs   defaults            0 0
/dev/sda3                swap               swap    defaults            0 0
/dev/cdrom               /mnt/cdrom         udf,iso9660 noauto,owner,kudzu,r
o 0 0
/dev/fd0                 /mnt/floppy        auto    noauto,owner,kudzu 0 0

/dev/sdb1                /test1             vfat                        0 2
```

图 5-13　编辑/etc/fstab 文件

其中最后一行是用户输入的。

最后保存文件。

以后系统再启动后自动挂装/dev/sdb1，用 mount 命令可以观察结果。

本章小结

本章主要介绍了磁盘分区和文件系统，详细介绍了磁盘分区的概念步骤，接着介绍了 Linux 文件系统的主要类型及建立方法，最后介绍常用设备的使用。磁盘分区和文件系统是学习 Linux 非常重要的一部分内容。

习题与实验

一、简答题

1．Linux 分区和 Windows 分区的有何异同？

2．Linux 主要有哪些文件类型？

3．如何建立文件系统？

4．自动挂装文件系统，如何编辑 fstab 文件？

二、实验题

在 Linux 中使用 U 盘，创建 ext4 或 vfat 文件系统。

第6章　多用户和多任务管理

本章导读

Linux 操作系统是典型的多用户与多任务的操作系统。多用户是指每个用户对自己的资源有特定的权限，互不影响。多任务是指计算机同时执行多个程序，而且各个程序的运行相互独立。通过本章的学习，读者应该：

◇ 了解多用户和多任务的基础知识
◇ 掌握多用户的管理及磁盘配额
◇ 掌握文件与目录的权限设置
◇ 掌握多任务的管理及进程管理

6.1　多用户概述

6.1.1　基本概念

1．账户

Linux 操作系统是多用户操作系统，它允许多个用户同时登录到系统上，使用系统资源。为了所有用户的工作顺利和系统自身的安全稳定，必须建立一种秩序，使每个用户的权限都能得到规范。为此，首先要区分不同的用户，这就产生了账户。账户是一个用户在系统上的标识，系统根据账户来区分每个用户的文件、进程、任务，给每个用户提供特定的工作环境，使每个用户的工作环境相互独立。

2．Linux 下的用户

Linux 下的用户可以分为三类：超级用户、系统用户和普通用户。超级用户的用户名为root，它具有一切权限，只有进行系统维护（如建立用户等）或其他必要情形下才用超级用户登录，以避免系统出现安全问题。系统用户是 Linux 系统正常工作所必需的内建的用户，主要是为了满足相应的系统进程对文件属主的要求而建立的，系统用户不能用来登录，如bin、daemon、adm、lp 等用户。普通用户是为了让使用者能够使用 Linux 系统资源而建立的，通常大多数用户属于此类。

每个用户都有一个用户标识号，它是一个数值，系统内部用它来标识用户，称为UID。每个用户的 UID 都是唯一的。超级用户 root 的 UID 为 0，系统用户的 UID 一般为1～499，普通用户的 UID 为 500～60 000 之间的值。

除了用户账户之外，Linux 下还有组账户（简称组）。组是用户的集合。在 Red Hat 中，组有两种类型：私有组和标准组。当创建一个新用户时，若没有指定他所属的组，系统就建立一个和用户名同名的私有组，此私有组只包含这个用户自己。标准组可以容纳多个用户，组中的用户都具有组所拥有的权利。一个用户可以属于多个组，用户所属的组又有基本组和附加组之分。在用户所属组中的第一个组称为基本组，基本组在/etc/passwd 文件中指定；其他组为附加组，附加组在/etc/group 文件中指定。属于多个组的用户所拥有的权限是其所在的组的权限之和。

6.1.2　账号系统文件

不像 Windows 网络操作系统那样有专门的数据库用来存放用户的信息，Linux 系统采用纯文本文件来保存账号的各种信息，其中最重要的文件有/etc/passwd、/etc/shadow、/etc/group 和/etc/gshadow 这几个。因此账号的管理实际上就是对这几个文件的内容进行添加、修改和删除记录行的操作。我们可以使用 VI 或其他编辑器来更改它们，也可以使用专门的命令来更改它们。不管以哪种形式管理账号，了解这几个文件的内容十分必要。Linux 系统为了自己的安全，默认情况下只允许超级用户更改它们。

1．/etc/passwd 文件

/etc/passwd 文件是账号管理中最重要的一个文件。每一个记录行定义一个用户账号，一个记录由多个字段构成，各字段之间用"："分隔，记录了此用户的必要信息。

【例 6-1】 vi　/etc/passwd

执行该命令打开账户文件，内容（略去中间一部分）如图 6-1 和图 6-2 所示。

图 6-1　/etc/passwd 文件前面部分内容

图 6-2　/etc/passwd 文件后面部分内容

文件中第一行显示超级用户 root，依次是系统用户，如 bin、lp、gdm；最后是普通用户，如 stu1 等。当然它们所在的顺序并不是很重要的。

passwd 文件中的每一行由 7 个字段的数据组成，字段之间用"："分隔，其格式如下：

用户名：密码：用户标识号 UID：组标识号 GID：个人资料：主目录：命令解释器

其中有些字段（如个人资料）可以省略，但"："不能省略。

其中各字段含义如下。

用户名：用户登录 Linux 系统时使用的名称。

密码：这里的密码是经过加密后的密码（一般是采用 MD5 加密方式），而不是真正的密码，若为"x"，说明密码经过了 shadow 的保护（随后介绍）。

UID：用户的标识，是一个数值，Linux 系统内部使用它来区分不同的用户。

GID：用户所在基本组的标识，是一个数值，Linux 系统内部使用它来区分不同的组，相同的组具有相同的 GID。

个人资料：可以记录用户的完整姓名、地址、办公室电话、家庭电话等信息。

主目录：用户登录系统后所进入的目录，通常是/home/username，这里 username 是用户名，用户执行"cd~"命令时当前目录会切换到个人主目录。

shell：指使该用户使用的命令解释器，默认是 bash shell。

2．/etc/shadow 文件

shadow 文件对任何用户均可读，为了增加系统的安全性，用户的密码已经加密，在文件中看到所有用户的密码全都为"×"，也即密码受到保护。Red Hat 默认使用 shadow passwords 保护用户的密码。经过 shadow passwords 保护的用户的密码和相关设置信息保存在/etc/shadow 文件中。/etc/shadow 文件只有 root 用户可读。

在安装系统时，会询问用户是否启用 shadow passwords 功能。在安装好系统后，也可以用 pwconv 命令和 pwunconv 命令来启动和取消 shadow passwords 的保护。pwconv 命令执行的结果是/etc/passwd 文件中的密码字段被改为"×"，同时产生/etc/shadow 文件。这两个命令只有以 root 用户登录系统，才能执行。

【例 6-2】 more　/etc/shadow

执行该命令打开文件 shadow，内容如图 6-3 所示。

```
[root@localhost /]# more /etc/shadow
root:$1$E/ug/UNc$562URgxIjhIQ3JbWO8DME0:13032:0:99999:7:::
bin:*:13015:0:99999:7:::
daemon:*:13015:0:99999:7:::
adm:*:13015:0:99999:7:::
lp:*:13015:0:99999:7:::
sync:*:13015:0:99999:7:::
shutdown:*:13015:0:99999:7:::
halt:*:13015:0:99999:7:::
mail:*:13015:0:99999:7:::
news:*:13015:0:99999:7:::
uucp:*:13015:0:99999:7:::
operator:*:13015:0:99999:7:::
games:*:13015:0:99999:7:::
gopher:*:13015:0:99999:7:::
ftp:*:13015:0:99999:7:::
nobody:*:13015:0:99999:7:::
rpm:!!:13015:0:99999:7:::
vcsa:!!:13015:0:99999:7:::
nscd:!!:13015:0:99999:7:::
sshd:!!:13015:0:99999:7:::
rpc:!!:13015:0:99999:7:::
rpcuser:!!:13015:0:99999:7:::
nfsnobody:!!:13015:0:99999:7:::
```

图 6-3　/etc/shadow 文件部分内容

shadow 和 passwd 文件类似，shadow 文件中的每行由 9 个字段组成，格式如下：

　　用户名：密码：最后一次修改时间：最小时间间隔：最大时间间隔：警告时间：不活动时间：失效时间：标志

其中各字段含义如下。

用户名：和/etc/passwd 文件中相对应的用户名。

密码：存放加密后的口令（密码）。

最后一次修改时间：用户最后一次修改口令的时间（从 1970-1-1 起计的天数）。

最小时间间隔：两次修改口令允许的最小天数。

最大时间间隔：口令保持有效的最多天数，即多少天后必须修改口令。

警告时间：从系统提前警告到口令正式失效的天数。

不活动时间：口令过期多少天后，该账号被禁用。

失效时间：指示口令失效的绝对天数（从 1970-1-1 开始计算）。

标志：未使用。

shadow 文件中，密码字段为"*"表示用户被禁止登录，为"!!"表示密码未设置，为"!"表示用户被锁定。

3．/etc/group

用户所属的附加组在/etc/group 文件中指定。文件/etc/group 对任何用户均可读。

【例 6-3】　more　/etc/group

执行该命令打开文件 group，内容如图 6-4 所示。

group 文件中的每一行记录了一个组的信息，每行包括 4 个字段，字段之间用"："分隔，格式如下：

　　　　组名：组的密码：GID：组成员

字段说明如下。

组名：组的名称，如 root、bin 等。

组的密码：设置加入组的密码，一般情况下不使用组密码，该字段通常没用。

GID：组的标识符，为数值，类似 UID。

组成员：组所包含的用户，用户之间用"，"分隔。

图 6-4　/etc/group 文件部分内容

4．/etc/gshadow

gshadow 用于定义组口令、组管理员信息。gshadow 文件只有 root 用户可读。它的特性和/etc/shadow 文件类似；内容和/etc/group 文件类似。

【例 6-4】　more　/etc/gshadow

执行该命令打开文件 gshadow，内容如图 6-5 所示。

图 6-5　/etc/gshadow 文件部分内容

6.2　账户管理

6.2.1　用户账号管理

1．使用 useradd 命令创建新的用户

创建新的用户要完成以下几个工作：

① 在/etc/passwd（和/etc/shadow）中添加一行新的记录；

② 创建用户的个人主目录，并赋权限；

③ 在用户的个人主目录中设置默认的配置文件；

④ 设置用户的初始口令。

创建用户可以用手工创建或使用专门的命令创建。手工创建就是管理员一步一步完成以上的工作；使用专门的命令，则是由 Linux 提供的命令来完成以上的工作。使用后者效率较高，如果不是创建有特殊要求的用户，建议使用后者。

说明：先用 root 用户登录后，再能进行账户管理。

useradd 命令的格式如下：

useradd [参数] 用户名

参数选项如下。

-c comment：注释行，一般为用户的全名、地址、办公室电话、家庭电话等。

-d dir：设置个人主目录，默认值是/home/用户名。

-e YYYY-MM-DD：设置账号的有效日期，此日期后用户将不能使用该账号。要启用 shadow 才能使用此功能。

-f days：指定密码到期后多少天永久停止账号，要求启用 shadow 功能。

-g group：设定用户的所属基本组，group 必须是存在的组名或组的 GID。

-G group：设定用户的所属附属组，group 必须是存在的组名或组的 GID，附属组可以有多个，组之间用“,”分隔开。

-k shell-dir：和“-m”一起使用，将 shell-dir 目录中文件复制到主目录，默认是/etc/skel 目录。

-m：若用户主目录不存在，创建主目录。

-s shell：设置用户登录后启动的 shell，默认是 bash shell。

-u UID：设置账号的 UID，默认是已有用户的最大 UID 加 1。

【例 6-5】 # useradd stu2

在/etc/passwd 文件中会看到增加了一行如图 6-6 所示（stu1 是原有账户，stu2 是新增账户）。

```
stu1:x:500:500::/home/stu1:/bin/bash
stu2:x:501:501::/home/stu2:/bin/bash
```

图 6-6 /etc/passwd 文件中新增加用户

系统自动指定用户 stu2 的 UID 为 501，同时还自动创建组名为 stu2 的用户组（其名称和用户名相同，其 GID 值也和 UID 值相同），在/home 目录下还创建了目录 stu2，用户的登录 shell 是 bash shell。

ls -l /home（查看自家主目录及权限）如图 6-7 所示。

```
[root@localhost /]# ls -l /home
×ÜÓÃÁ¿ 8
drwx------    4 stu1     stu1         4096  9ÔÂ  7 14:52 stu1
drwx------    2 stu2     stu2         4096  9ÔÂ  7 16:06 stu2
```

图 6-7 ls 命令

stu2 对/home/stu2 目录有所有权限，其他用户无任何权限。同时在/etc/shadow 文件中也会增加一行，如图 6-8 所示。

```
stu1:$1$4anV/91r$ppmsAMTg1H5mSVUu6zGwR1:13030:0:99999:7:::
stu2:!!:13033:0:99999:7::13148:
```

图 6-8 /etc/shadow 文件中新增加用户

注意：密码字段的内容为“!!”，表示密码没有设置。13148 表示从 1970 年 1 月 1 日起，到 stu2 被禁用的天数。

【例 6-6】 # useradd -g grp1 -c “user2,-755-123456” user2

以上命令创建 user2 用户，并把它加入到组 grp1 中，同时加上用户的注释。

2．使用 passwd 命令为用户账户设置口令

passwd 命令的格式如下：

```
passwd  [参数] 用户名
```

设置或修改用户的密码需要两次输入密码确认。密码是保证系统安全的一个重要措施，在设置密码时，不要使用过于简单的密码。密码的长度应在 6 位或 6 位以上，由数字和英文组合而成，不要采用英文单词等有意义的词汇。一个便于记忆并且有效的密码"wabjtam!"，是"我爱北京天安门！"的汉字拼音首字母组合。密码的更改间隔天数不要太长，并且不得重复使用。

【例 6-7】　# passwd stu2

为新建的用户 stu2 设置密码，结果如图 6-9 所示。

图 6-9　设置密码的过程

可以看到要求两次输入密码，在第二次输入密码确认后，用户的密码设置完成。

用户的密码也可以自己更改，这时使用不带用户名的 passwd 命令。

　　#　passwd

只有 root 用户可以更改自己的密码和其他用户的密码。普通用户只能更改自己的密码，且在更改密码之前，系统要求输入现在的密码。

【例 6-8】　用户 stu1 要更改自己的密码，可以这样操作，如图 6-10 所示（要求以 stu1 账户登录）。

图 6-10　修改密码的过程

passwd -d 用户名：删除用户的密码。

3．使用 usermod 命令改变用户的属性

usermod 命令的格式如下：

　　usermod [参数] 用户名

参数选项如下。

-c comment：改变用户的注释，如全名、地址、办公室电话、家庭电话等。

-d dir：改变用户的主目录，如果同时使用"-m"选项，原来主目录的内容会移动到新的主目录。

-e YYYY-MM-DD：修改用户的有效日期。

-f days：密码到期后，按 days 设置的天数停止使用账户。

-g GID 或组名：修改用户的所属基本组。

-G GID 或组名：修改用户的所属附加组，组之间用"，"分隔。

-l name：更改账户的名称，必须在该用户未登录的情况下才能使用。

-m：把主目录的所有内容移动到新的目录。

-p 密码：修改用户的密码。

-s shell：修改用户的登录 shell。

-u UID：改变用户的 UID 为新的值，改变用户的 UID 时，主目录下所有该用户所拥有的文件或子目录将自动更改 UID，但对于主目录之外的文件和目录只能用 chown 命令手工进行设置。

【例 6-9】 #usermod -d /home2/user2 user2

该命令把用户 user2 的主目录改为/home2/user2。

【例 6-10】 #usermod -L stu2

该命令锁定用户 stu2。

4．使用 userdel 命令删除用户账户

删除一个账户可以直接将 passwd 文件中的用户记录整行删除（如采用 shadow，还要删除 shadow 文件中的记录）。也可以使用 userdel 命令：

　　　　userdel [参数] 用户名

参数选项如下。

-r：删除用户的同时将用户主目录下的所有内容一并删除，同时删除用户的邮箱（在/var/spool/mail 下）。

【例 6-11】 #userdel user1

该命令删除账户 user1，并且将所有与账户有关的文件/etc/passwd、/etc/shadow、/etc/group 和/etc/gshadow 全部删除。

【例 6-12】 #userdel -r user1

该命令删除账户 user1，且将自家目录 user1 下的内容删除，并同时删除用户的邮箱。

说明：Linux 系统并不提供完全删除用户所有文件的命令，带"-r"参数的 userdel 命令只能删除用户主目录下的文件和邮箱，对于用户在别的目录下所拥有的文件只能手工删除。

6.2.2　组账号管理

1．使用 groupadd 命令创建添加新的组

可以手工编辑/etc/group 文件来完成组的添加，也可以用命令 groupadd 来添加组用户。groupadd 命令的格式如下：

　　　　groupadd [参数] 组名

参数选项如下。

-g GID：指定新组的 GID，默认值是已有的最大的 GID 加 1。

-r：建立一个系统专用组，与-g 不同时使用时，则分配一个 1～499 的 GID。

【例 6-13】 #groupadd -g 1000 group1

表示添加一个新组，组 ID 为 1000，组名为 group1。

2．用 groupmod 命令修改组

修改组的属性，使用 groupmod 命令，格式如下：

　　　　groupmod [参数] 组名

参数选项如下。

-g GID：指定组新的 GID。

-n name：更改组的名字为 name。

要改变组中的成员用户或改变组的密码使用 gpasswd 命令，例如：

gpasswd [参数] [用户名] 组名

不带参数时，即修改组密码。

参数选项如下。

-a：将用户加入到组中。

-d：将用户从组中删除。

-r：取消组密码。

例如：

【例 6-14】 #group -n girl staff

将 staff 组的名字改为 girl。

【例 6-15】 #group -n 856 girl

将 girl 组的 GID 改为 856。

【例 6-16】 #gpasswd group1

执行命令显示如下：

Changing the password for group group1
New Password:
Re-enter new password:

【例 6-17】 #gpasswd -a user1 group1

将用户 user1 加入到组 group1 中。

【例 6-18】 #gpasswd -d user1 group1

将用户 user1 从组 group1 中删除。

3．用 groupdel 命令创建删除组

删除已存在的组，使用 groupdel 命令，格式如下：

groupdel 组名

【例 6-19】 groupdel xyz

删除已存在的组 xyz。

删除时应该注意：

- 被删除的组必须存在；
- 当用户组账号作为私有组时不能删除；
- 与用户名同名的私有组账号在使用 userdel 命令删除用户时被同时删除，无须使用 groupdel 命令。

6.2.3 用户和组状态命令

表 6-1 列出用户和组状态命令及功能。

表 6-1　用户和组状态命令及功能

选　　项	功　　能
whoami	显示当前用户的名称
groups [用户名]	用于显示指定用户所属的组，如未指定用户则显示当前用户所属的组
id	显示用户当前的 uid、gid 和用户所属的组列表
su [-] [用户名]	用于转换当前用户指定的用户账号，如未指定用户则转换当前用户到 root，若使用参数 "-"，则转换当前用户的同时转换用户工作环境
newgrp [组名]	用于转换用户的当前组到指定的附加组，用户必须属于该组才可以进行

【例 6-20】　用户和组状态命令综合举例。结果如图 6-11 所示。

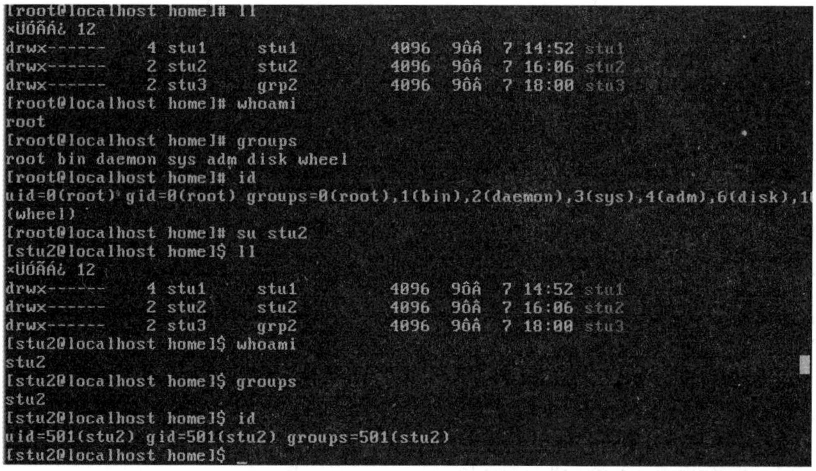

图 6-11　用户和组状态命令

在 RHEL 中，除了可以使用命令行来进行用户和组的管理外，还可以使用具有图形界面的用户管理器来查看、修改、添加和删除用户和组。相对于命令行管理方式而言，图形界面具有简单、直观的特点，读者可以自行学习。

6.3　磁盘配额

6.3.1　磁盘配额概述

所谓的磁盘配额（quota），是指用户在主机上可以使用额定的磁盘空间，超过之后就不能再存储文件。在一个有很多用户的系统上，限制用户所能占用的磁盘空间常常是必要的，以免任何用户占用过多的磁盘空间影响系统运行和其他用户的使用。

Linux 通过 quota 来实现磁盘配额管理。quota 可以从两个方面进行限制：一方面可以限制用户或组占用的磁盘块数（以千字节为单位的磁盘空间）；另一方面可以限制用户或组所拥有的文件数（inode 数）。大多情况下使用块数的限制。

磁盘配额是以每一使用者，每一文件系统为基础的。如果使用者可以在超过一个以上的文件系统上建立文件，那么必须在每一文件系统上分别设定。

6.3.2　配置磁盘配额

1. 配置磁盘配额一般有以下几个步骤

第 1 步：检查内核是否支持磁盘配额，默认安装时支持的。

也可以用下面的命令确认：

> #dmesg | grep quota

如果安装了软件应有如下输出，表示系统已经安装了磁盘配额的安装包，否则没有输出。

> VFS: Disk quotas vdquot_6.5.1

如内核不支持，则用 rpm 安装相应的软件包。

第 2 步：检查系统中是否安装了磁盘配额的 RPM，Red Hat 默认已经安装。

也可以用下面的命令确认：

> #rpm -q quota

如果安装了软件应有如下输出，表示该软件安装包的版本信息，否则没有输出。

> quota-3.17-11.fc13.x86_64

第 3 步：检查启动脚本（系统的启动脚本为/etc/rc.d/rc.local）是否在系统启动时打开了磁盘配额，Red Hat 默认已经打开。

第 4 步：启用系统的磁盘配额功能。

第 5 步：创建磁盘配额文件。

第 6 步：设置用户和组的磁盘配额。

下面具体介绍后三步。

2. 启用系统的磁盘配额功能

启用用户能够在上面建立、保存文件的文件系统的磁盘配额功能。例如用户的自家目录在/home 目录下，如果/home 目录是系统的一个单独分区，就可以启动 home 分区的磁盘配额功能。如果 home 只是根分区下的一个目录，就要启用整个根分区的磁盘配额功能。要启用某个分区的磁盘配额功能，可以修改/etc/fstab 文件，对该分区进行相应的设置。

要启用 sdb5 分区的磁盘配额功能，可以修改/etc/fstab 文件，配置相应的安装选项。

例如：

> /dev/sdb5　　/test2　　ext3 rw,usrquota,grpquota　　1 2

usrquota 表示支持用户磁盘配额，而 grpquota 表示支持组磁盘配额。

3. 重新启动系统或卸载文件系统并重新安装文件系统让 quota 选项生效

例如：

> #umount /dev/sdb5
> #mount /dev/sdb5

4. 创建 quota 文件

自动建立 aquota.user 和 aquota.group 文件。使用 quotacheck 命令来完成这一任务，该命

令的作用是检查配置了磁盘配额的文件系统中，各个用户或组对文件和文件数的使用情况，并在每个文件系统的根目录上建立 aquota.user 和 aquota.group 文件。第一次执行时，如果文件系统存在的文件数较多，会比较费时。

```
#quotacheck -acug
Scanning    /dev/sdb5 [/test2] done
Checked 2 directories and 3 files
```

参数选项如下。

-a：检查所有挂装并且配置了配额的文件系统。

-g：检查组的配额。

-u：检查用户配额。

-v：显示检查时产生的信息。

-c：要在文件系统上创建配额文件（aquota.user 和 aquota.group）。指定每个启用了配额的文件系统都应该创建配额文件。

文件被创建后，运行以下命令来生成每个启用了配额的文件系统的当前磁盘用量表：

```
quotacheck -avug
```

5．修改系统的启动脚本

让系统启动时自动执行配额检查并启动配额功能。

系统的启动脚本为/etc/rc.d/rc.local，在 rc.local 文件末加入以下语句。

例如：

```
/sbin/quotacheck -avug
/sbin/quotaon -avug
```

重新启动系统让脚本生效。也可以不重启系统，但要手工执行一遍以上命令。

6．设置用户配额

设置用户配额的命令是：

```
edquota [参数]    [用户名或组名]
```

参数选项如下。

-u：修改用户的配额。

-g：修改组的配额。

-t：修改缓冲延时。

例如：

```
#edquota -u stu2
```

执行该命令将自动启动 VI 编辑器用于编辑用户 stu2 在每个文件系统的配额（这里只有一个文件系统配置了配额）。结果如图 6-12 所示。

第一列是启用了配额的文件系统的名称。第二列显示了用户当前使用的块数。随后的两列用来设置用户在该文件系统上的软硬块限度。inodes 列显示了用户当前使用的内节点数量。最后两列用来设置用户在该文件系统上的软硬内节点限度。

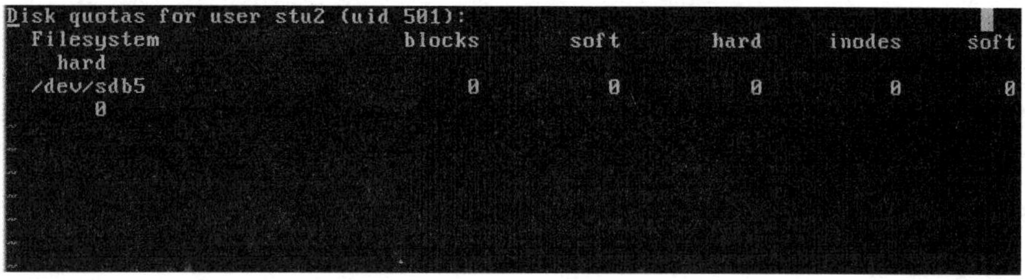

图 6-12 编辑用户的磁盘配额

（1）软配额（soft）：用户所使用的磁盘块数或文件数到这一配额后，系统会警告，但仍允许用户继续使用。可继续使用的时间和下面介绍的缓冲延时有关。

（2）硬配额（hard）：用户所使用的磁盘块数或文件数到这一配额后，系统将不允许用户继续使用。

（3）缓冲延时：用户使用的磁盘块数或文件数达到软配额后，仍允许用户继续使用的时间。如果延时到达，用户将不被允许继续使用磁盘了。例如：

如果以上值中的任何一个被设置为 0，那么限度就不会被设置。在文本编辑器中，改变想要的限度，就可以为用户指定磁盘配额。例如在图 6-12 中设置如下内容：

Disk quotas for user stu2 (uid 501):
Filesystem blocks soft hard inodes soft hard
/dev/sdb5 440436 500000 550000 37418 0 0

输入完毕，存盘退出，这样就为用户 stu2 设置了磁盘配额。

要设置缓冲延时，可使用命令：

#edquota -t

执行该命令将自动启动 VI 编辑器，执行结果如图 6-13 所示。

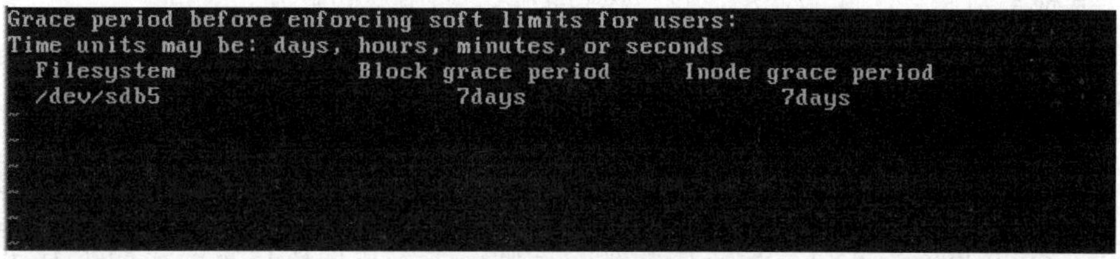

图 6-13 设置缓冲延时

其中，"Block grace period: 7 days" 表示磁盘块数的缓冲延时；"Inode grace period: 7 days" 表示文件数的缓冲延时。

要校验用户的配额是否被设置，使用以下命令：

#quota 用户名

例如：

#quota stu2

7．关闭和打开磁盘配额功能使用

quotaoff -a 文件系统

关闭文件系统磁盘配额功能。

参数选项如下。

-a：关闭所有挂装并且配置了配额的文件系统的配额功能。

例如：

#quotaoff /dev/sdb5

表示关闭/dev/sdb5 分区的磁盘配额功能。

quotaon [参数] 文件系统

打开文件系统磁盘配额功能。

参数选项如下。

-a：打开所有已安装（mount）了并且配置了配额的文件系统的配额功能。

例如：

#quotaon /dev/sdb5

表示打开/dev/sdb5 分区的磁盘配额功能。

6.3.3　管理磁盘配额

如果配额被实现，它们就需要被维护，主要维护方式是观察。查看配额是否被超出并确保配额的正确性。当然，如果用户屡次超出他们的配额或者持续达到他们的软配额上限，系统管理员就可以根据用户类型和磁盘空间对他们工作的影响来做出几种决策。管理员可以帮助用户来检索对磁盘空间的使用，也可以按需要增加用户的配额。

报告磁盘配额：创建磁盘用量报告需要运行 repquota 工具。例如执行"repquota -a"命令可以产生有关磁盘配额的统计。

保持配额的正确性：当某文件系统没有被完整地卸载（如系统崩溃），这就有必要运行 quotacheck 命令。不过，即便系统没有崩溃，quotacheck 命令也可以被定期经常运行。定期运行命令"quotacheck -avug"来保持配额的正确性。要定期运行它的最简单方法是使用 crontab 命令。

6.4　设置文件和目录操作权限

6.4.1　操作权限简介

Linux 系统是个多用户系统，应该能做到不同的用户能同时访问不同的文件，因此一定要有文件权限控制机制。Linux 系统的权限控制机制和 Windows 的权限控制机制有着很大的差别。

在 Linux 中将使用系统资源的人员分为四类：超级用户（root）、文件或目录的属主（文件或目录被一个用户拥有）、文件或目录所属组（文件还被指定的用户所在的组拥有）和其他用户。由于超级用户（root）具有操作系统的一切权限，所以不用指定超级用户（root）对文件和目录的访问权限。对于其他三类用户都要指定对文件和目录的访问权限，对每一类用户都有三种权限，如表 6-2 所示。

表 6-2　文件或目录的三种访问权限

代 表 字 符	权　　　　限	对文件的含义	对目录的含义
r	读权限	可以读文件的内容	可以列出目录包含的文件
w	写权限	可以修改文件	可以在目录中创建、删除文件
x	执行权限	可以执行文件	可以用 cd 命令进入该目录

说明： 一个用户可以是不同组的成员，这可以由管理员控制。文件的权限由权限标志来决定，权限标志决定了文件的拥有者、文件的所属组、其他用户对文件访问的能力。

查看文件和目录的权限，可以使用"ls -l"命令来显示权限标志。
例如：

[root@localhost test2]# ls -l

执行该命令结果如图 6-14 所示。

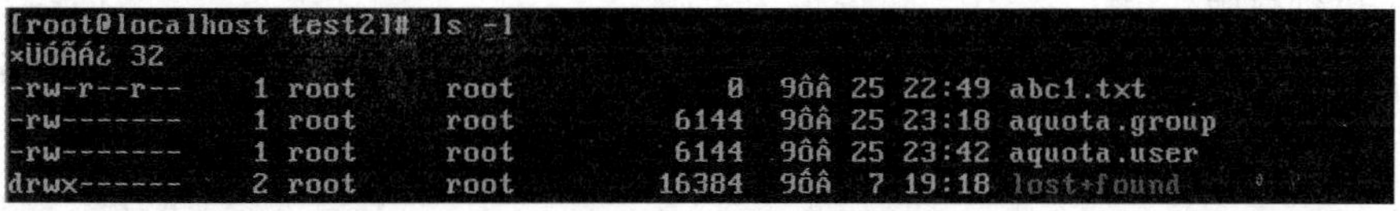

图 6-14　查看文件和目录权限

每个文件的信息以一行表示，这些信息包括表示文件的类型、文件的权限、文件的属主和文件的所属组，文件的大小和创建时间，最后是文件名称。其中第三列表示文件和目录的属主，第四列显示文件和目录的同组人。

下面介绍第一列含义。

第一列的第一个字符和字母主要有-、d、l、b、c、p，含义如下。

-：普通文件。

d：目录文件。

l：符号链接文件。

b：块设备文件。

c：字符设备文件。

p：管道文件。

第一列的其余九个字母，每三个字母一组，分成三组。第一组表示文件属主的权限，第二组代表文件所属组的权限，第三组代表其他用户的权限。例如第一行中的"-rw-r--r--"

表示普通文件，属主有读写权限，所属组的用户和其他用户只有读的权限。

说明：Linux 把所有外设按数据交换特性分为三类：字符设备（如打印机、显示终端、键盘、显卡）、块设备（如磁盘、光盘）和网络设备（如以太网卡）。

6.4.2　更改文件和目录的操作权限

系统管理员和文件的属主可以根据需要更改文件的权限。更改文件和目录的权限使用 chmod 命令进行，有文字设定法和数值设定法两种方法。

1．文字设定法

　　　chmod 模式　文件或目录名

设定文件权限时，在模式中常用以下的字母代表用户或用户组：

u——文件的拥有者；

g——文件的所属组；

o——其他用户；

a——代表所有用户（即 u+g+o）。

权限用以下字符表示：

r——读权限；

w——写权限；

x——执行权限。

最后要指明是增加（+）还是减少（−）权限，或是分配权限，同时将原有权限删除（=）。

　　　#chmod u+x abc1.txt

执行该命令，abc1.txt 的权限由原来的"-rw-r--r--"变为"-rwxr--r--"，表示对文件的属主增加对文件的执行权限。

　　　#chmod go-r abc1.txt

执行该命令，abc1.txt 的权限由原来的"-rw-r--r--"变为"-rw-------"，即取消组用户和其他用户对文件读的权限。

　　　#chmod u+x , go-r abc1.txt

执行该命令，abc1.txt 的权限由原来的"-rw-r--r--"变为"-rwx------"，表示对文件的属主增加对文件的执行权限，同时取消组用户和其他用户对文件读的权限。

2．数值设定法

　　　chmod n1n2n3 文件或目录名

其中：n1 代表属主的权限，n2 代表组用户的权限，n3 代表其他用户的权限。它们取值为 0～7。

以上设置权限时，用字符表示权限和用户，实际上也经常使用八进制来表示。读、写、执行依次各自对应一个二进制位"???"，如果某位为"0"，则表示无权限；如果某位为"1"，则表示有权限。例如：文件权限为 r---w---x 时，用二进制表示为 100010001，用八进制可以表示为 421。

例如：

> #chmod 664 abc1.txt

等同于：

> #chmod u=rw,g=rw,o=r abc1.txt

下面给出数值设定法的数字权限表。

表 6-3 数字权限表

数　　字	说　　明
0	没有权限
1	允许执行
2	允许写入
3	允许执行和写入
4	允许读取
5	允许执行和读取
6	允许写入和读取
7	允许执行写入和读取

6.4.3 更改文件和目录的属主和所属组

有时需要更改文件的属主和所属的组，只有文件的属主有权更改。更改文件的属主和所属的组使用命令 chown，命令格式是：

> chown 用户名 文件或目录名

例如：

> #chown stu3:grp2 abc1.txt

执行该命令，把文件 abc1.txt 的拥有者改为 stu3 用户，同时文件的所属组改为 grp2 组。

> #chown stu2 abc1.txt

执行该命令，把文件的拥有者改为 stu2 用户。

6.4.4 设置文件或目录的生成掩码

当用户创建一个新文件后，如果不使用 chmod 修改权限，那这个文件的权限是什么呢？

这个文件的权限由系统默认权限和默认权限掩码共同确定，它等于系统默认权限减去默认权限掩码。Linux 系统中目录的默认权限是 777（八进制），文件的默认权限是 666（八进制）。默认权限掩码告诉系统当创建一个文件或目录时不应该赋予其哪些权限。如果用户把 umask 命令放在用户的作业环境脚本里，就可以控制所有新建文件或目录的访问权限。作业环境脚本在用户个人主目录下，是文件名为“.bash_profile”的隐含文件。因此，有以下公式：

新目录的权限=777−默认权限掩码

新文件的权限=666−默认权限掩码

设置文件或目录的生成掩码的命令是 umask，其命令格式如下：

umask [u1u2u3]

其中：u1 代表不允许属主的权限，u2 代表不允许组用户的权限，u3 代表不允许其他用户的权限。它们取值为 0～7。

例如：

#umask

执行该命令，结果为 022，表示默认权限掩码为 022。那么默认文件的权限应为：666−022=644，表示属主具有读写权限，同组用户和其他用户具有读权限。

如果用户创建新的目录，目录的权限应为 777−022=755。

#umask 044

执行该命令，把默认权限掩码改为 044。

6.5　多任务概述

6.5.1　基本概念

Linux 是一个多用户、多任务的操作系统。多用户是指多个用户可以在同一时间使用计算机系统；多任务是指 Linux 可以同时执行多个任务，它可以在还未执行完一个任务时又执行另一项任务。

操作系统管理多个用户的请求和多个任务。大多数系统都只有一个 CPU 和一个主存，但一个系统可能有多个二级存储磁盘和多个输入/输出设备。操作系统管理这些资源并在多个用户间共用资源，当用户提出一个请求时，给用户造成一种假象，好像系统只被用户独自占用。而实际上，操作系统监控着一个等待执行的任务队列，这些任务包括用户作业、操作系统任务、邮件和显示作业等。操作系统根据每个任务的优先顺序为每个任务分配合适的时间片段，每个时间片段大约都有零点几秒，虽然看起来很短，但实际上已经足够计算机完成成千上万的命令。每个任务都会被系统运行一段时间，然后挂起，系统转而处理其他任务；过一段时间以后再回来处理这个任务，直到某个任务完成，从任务队列中去除。

1．进程、程序、作业

Linux 系统上所有运行的任务都可以称为一个进程，每个用户任务、每个系统管理守护进程，也都可以称为进程。Linux 用分时管理方法使所有的任务共同分享系统资源。我们所关心的是如何去控制这些进程，让它们能够很好地为用户服务。

进程的一个比较正式的定义是：在自身的虚拟地址空间运行的一个单独的程序。进程与程序是有区别的，进程不是程序，虽然它由程序产生。程序只是一个静态的命令集合，不占系统的运行资源；而进程是一个随时都可能发生变化的、动态的、使用系统运行资源的程序。而且一个程序可以启动多个进程。

Linux 系统中所有进程都是相互联系的。除了初始化进程外，所有进程都有一个父进程。新进程不是被创建，而是被复制，或者从以前的进程复制而来。Linux 系统中所有的进程都是由一个进程号为 1 的 init 进程衍生而来的。而在 shell 下执行程序启动的进程则是shell 进程的子进程，当然启动的进程可以再启动自己的子进程。这样形成了一棵进程树，每个进程都是树中的一个节点，其中树的根是 init。

进程和作业的概念也有区别。一个正在执行的进程称为一个作业，而作业可以包含一个或多个进程，尤其是当使用了管道和重定向命令的时候。例如 "cat test.txt|grep This|wc -l" 这个作业就同时启动了三个进程。

作业控制指的是控制正在运行的进程的行为。比如，用户可以挂起一个进程，等一会儿再继续执行该进程。shell 将记录所有启动的进程情况，在每个进程过程中，用户可以任意地挂起进程或重新启动进程。作业控制是许多 shell（包括 bash 和 tcsh）的一个特性，使用户能在多个独立作业间进行切换。

例如，当用户编辑一个文字文件，并需要中止做其他事情时，利用作业控制，用户可以让编辑器暂时挂起，返回 shell 提示符开始做其他的事情。其他事情做完以后，用户可以重新启动挂起的编辑器，返回到刚才中止的地方，就像用户从来没有离开编辑器一样。这只是一个例子，作业控制还有许多其他实际的用途。

2．Linux 中的进程

在 Linux 中进程可以分为三类：交互进程、批处理进程和守护进程。

交互进程是指由一个 shell 启动的进程。交互进程可以在前台运行，也可以在后台运行。

批处理进程是指不与特定的终端相关联，提交到等待队列中顺序执行的进程。

守护进程是指在 Linux 启动时初始化，需要时运行于后台的进程。

以上三种进程各有各的特点、作用和不同的使用场合。

在 Linux 中总是有很多进程同时运行，每一个进程都有一个识别号 PID（process ID），用以区分不同的进程。系统启动后的第一个进程是 init，它的 PID 是 1。init 是唯一一个由系统内核直接运行的进程。除 init 外，每一个进程都有父进程。当系统启动以后，init 进程会创建 login 进程等待用户登录系统，login 进程是 init 进程的子进程。当用户登录系统后，login 进程就会为用户启动 shell 进程，shell 进程就是 login 进程的子进程，而此后用户运行的进程都是由 shell 衍生出来的。

6.5.2　进程的启动方式

在 shell 环境下键入需要运行的程序或在图形界面下执行一个程序，其实也就是启动了一个进程。在 Linux 系统中，每个进程的进程号用于系统识别和调度。启动一个进程有两个主要途径：手工启动和调度启动。后者是事先进行设置，根据用户要求自行启动。

1．手工启动

由用户输入命令，直接启动一个进程便是手工启动。但手工启动进程又可以分为前台启动和后台启动。

前台启动是手工启动一个进程的最常用的方式。一般用户键入一个命令"ls -l"，这就已经启动了一个进程，而且是一个前台的进程。这时候系统其实已经处于一个多进程状态。或许有些用户会疑惑：我只启动了一个进程而已。但实际上有许多运行在后台的、系统启动时就已经自动启动的进程正在悄悄运行着。还有的用户在键入"ls -l"命令以后赶紧使用"ps -x"查看，却没有看到 ls 进程，也觉得很奇怪。其实这是因为 ls 这个进程结束太快，使用 ps 查看时该进程已经执行结束了。

直接从后台手工启动一个进程这种方式用得比较少一些，除非是该进程很耗时，且用户也不急着需要结果的时候。假设用户要启动一个需要长时间运行的格式化文字文件的进程。为了不使整个 shell 在格式化过程中都处于"瘫痪"状态，从后台启动这个进程是明智的选择。

在后台启动一个进程，可以在命令后使用&命令。

例如：

    ls -R / > list &

2．调度启动

有时候需要对系统进行一些比较费时而且占用资源的维护工作，这些工作适合在深夜进行，这时候用户就可以事先进行调度安排，指定任务运行的时间或者场合，到时候系统会自动完成这些工作。

6.6 进程的管理

由于 Linux 是个多用户系统，有时候也要了解其他用户现在在干什么；同时 Linux 是一个多进程系统，经常需要对这些进程进行一些调配和管理；而要进行管理，首先就要知道现在的进程情况：究竟有哪些进程？进程情况如何？所以需要查看进程。

1．ps 命令

ps 命令就是最基本的同时也是非常强大的进程查看命令。使用该命令可以确定有哪些进程正在运行，以及运行的状态、进程是否结束、进程有没有僵死、哪些进程占用了过多的资源，等等。总之，大部分信息都可以通过执行该命令得到。

ps 命令最常用的还是监控后台进程的工作情况，因为后台进程是不和屏幕键盘这些标准输入/输出设备进行通信的，所以如果需要检测其情况，便可以使用 ps 命令了。

    ps [选项]

下面对命令选项进行说明。

-e：显示所有进程。

-f：全格式。

-h：不显示标题。

-l：长格式显示，包括父进程号、进程优先级等。

-u：显示进程的详细信息，包括 CPU 和内存的使用率。

-a：显示终端上的所有进程，包括其他用户的进程。

-r：只显示正在运行的进程。

-x：显示没有控制终端的进程。

最常用的 3 个参数是 u、a、x。

例如：

```
#ps -aux
```

图 6-15 是 ps 命令的输出结果，列出了系统中正在运行的所有进程的详细信息。

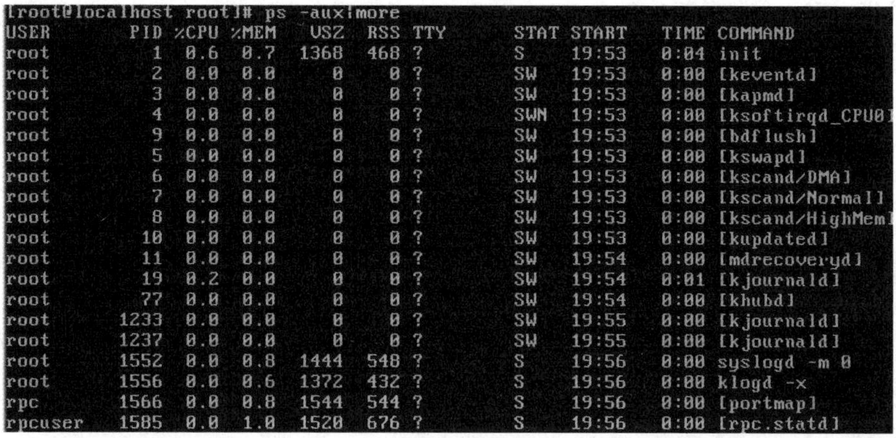

```
[root@localhost root]# ps -aux|more
USER       PID %CPU %MEM   VSZ  RSS TTY      STAT START   TIME COMMAND
root         1  0.6  0.7  1368  468 ?        S    19:53   0:04 init
root         2  0.0  0.0     0    0 ?        SW   19:53   0:00 [keventd]
root         3  0.0  0.0     0    0 ?        SW   19:53   0:00 [kapmd]
root         4  0.0  0.0     0    0 ?        SWN  19:53   0:00 [ksoftirqd_CPU0]
root         9  0.0  0.0     0    0 ?        SW   19:53   0:00 [bdflush]
root         5  0.0  0.0     0    0 ?        SW   19:53   0:00 [kswapd]
root         6  0.0  0.0     0    0 ?        SW   19:53   0:00 [kscand/DMA]
root         7  0.0  0.0     0    0 ?        SW   19:53   0:00 [kscand/Normal]
root         8  0.0  0.0     0    0 ?        SW   19:53   0:00 [kscand/HighMem]
root        10  0.0  0.0     0    0 ?        SW   19:53   0:00 [kupdated]
root        11  0.0  0.0     0    0 ?        SW   19:54   0:00 [mdrecoveryd]
root        19  0.2  0.0     0    0 ?        SW   19:54   0:01 [kjournald]
root        77  0.0  0.0     0    0 ?        SW   19:54   0:00 [khubd]
root      1233  0.0  0.0     0    0 ?        SW   19:55   0:00 [kjournald]
root      1237  0.0  0.0     0    0 ?        SW   19:55   0:00 [kjournald]
root      1552  0.0  0.8  1444  548 ?        S    19:56   0:00 syslogd -m 0
root      1556  0.0  0.6  1372  432 ?        S    19:56   0:00 klogd -x
rpc       1566  0.0  0.8  1544  544 ?        S    19:56   0:00 [portmap]
rpcuser   1585  0.0  1.0  1520  676 ?        S    19:56   0:00 [rpc.statd]
```

图 6-15　ps 命令的输出结果

每行包括 11 个字段：USER、PID、%CPU、%MEM、VSZ、RSS、TTY、STAT、START、TIME、COMMAND。

USER：进程所有者。

PID：进程号。

%CPU：占用的 CPU 使用率。

%MEM：占用的内存使用率。

VSZ：占用的虚拟内存大小。

RSS：占用的内存大小。

TTY：终端的次设备号码。

STAT：该进程的状态。包括以下几种。

- D：不可中断的休眠（通常表示该进程正在进行 I/O 动作）。
- R：正在执行中。
- S：休眠状态。
- T：暂停执行。
- Z：不存在但暂时无法消除。
- W：没有足够的内存分页可分配。

　　◇ <：高优先顺序的进程。
　　◇ N：低优先顺序的进程。
　　◇ L：有内存分页分配并锁在内存内（即时系统或定制 I/O）。
　　START：进程开始时间。
　　TIME：执行的时间。
　　COMMAND：所执行的命令。
　　ps 命令经常和管道命令连用，用于查找所需进程。例如：

```
#ps -aux|more
#ps -aux|grep httpd
```

2．kill 命令

　　当需要中断一个前台进程的时候，通常是使用快捷键 Ctrl+C；但是对于一个后台进程恐怕就不是一个快捷键所能解决的了，这时就必须求助于 kill 命令。该命令可以终止后台进程。终止后台进程的原因很多，或许是该进程占用的 CPU 时间过多，或许是该进程已经挂起。总之这种情况是经常发生的。

　　kill 命令是通过向进程发送指定的信号来结束进程的。如果没有指定发送信号，那么默认值为 SIGTERM 信号，它将终止所有不能捕获该信号的进程。

　　kill 命令的语法格式很简单，大致有以下两种方式：

```
kill [-s 信号 ] 进程号 1   进程号 2 ...
kill -l [信号]
```

　　其中：-s 指定需要送出的信号，既可以是信号名也可以是对应数位；-l 显示信号名称列表，这也可以在/usr/include/Linux/signal.h 文件中找到。
　　下面介绍该命令的使用。
　　例如，在执行一条 find 命令时由于时间过长，决定终止该进程。
　　首先应该使用 ps 命令来查看该进程对应的 PID。键入 ps，显示如下：

```
PID TTY TIME COMMAND
285 1 00:00:00 -bash
287 3 00:00:00 -bash
289 5 00:00:00 /sbin/mingetty tty5
290 6 00:00:00 /sbin/mingetty tty6
312 3 00:00:00 telnet bbs3
341 4 00:00:00 /sbin/mingetty tty4
345 1 00:00:00 find / -name foxy.jpg
348 1 00:00:00 ps
```

　　可以看到，该进程对应的 PID 是 345，现在使用 kill 命令来终止该进程。键入：

```
# kill 345
```

　　再用 ps 命令查看，就可以看到，find 进程已经被终止了。

有时候可能会遇到这样的情况，某个进程已经挂起或闲置，使用 kill 命令却终止不掉。这时候就必须发送信号 9，强行关闭此进程。当然这种"野蛮"的方法很可能会导致打开的文件出现错误或者资料丢失。所以不到万不得已的时候不要使用强制结束的办法。如果连信号 9 都不回应，那恐怕就只有重新启动计算机了。

　　#kill -9 345

Linux 常用的信号如表 6-4 所示。

表 6-4　Linux 常用的信号

信　　号	数　　值	描　　述
SIGHUP	1	挂起（从终端发出的结束信号）
SIGINT	2	中断信号（按 Ctrl+C 键发出的中断信号）
SIGQUIT	3	退出信号（按 Ctrl+\键发出的退出信号）
SIGKILL	9	强行杀死进程
SIGTERM	15	kill 命令默认的终止信号
SIGCHLD	17	子进程终止或停止
SIGSTOP	19	停止执行（按 Ctrl+D 键来执行的信号）

3. killall -s signal 命令名

使用该命令可以根据进程名来发送信号。

参数选项如下。

-s signal：signal 是信号类别，如 SIGKILL。

用 kill 命令时要先用 ps 命令查出进程号，这样不是很方便。killall 可以根据进程名来发送信号。例如：

　　#killall -s SIGKILL inetd

inetd 是一个监听守护进程，监听与提供互联网服务进程（如 rlogin、telnet、ftp、rsh）进行连接的要求，并扩展所需的服务进程。

6.7　作业控制

有时需要把费时的工作放在深夜进行，这时候可以事先进行调度安排，即调度启动进程，系统会自动启动已安排的进程。

6.7.1　at、atq 和 atrm

1. at 命令：安排作业

可以使用 at 命令将要执行的命令安排成队列。

例如：使用 at 和 halt 命令定时关机。

首先设定关机时间是 17:35，输入下面代码：

　　　# at 17:35

执行该命令，显示结果如图 6-16 所示。

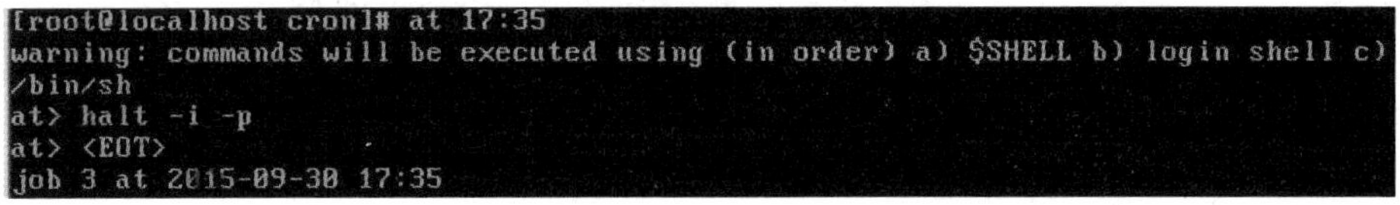

图 6-16　at 命令

此时实际上就已经进入 Linux 系统的 shell，并且编写一个最简单程序：halt -i -p。上面 shell 中的文本结束符号<EOT>是按 Ctrl＋D 键产生的，Ctrl＋D 键表示关闭 at 命令，提交任务退出 shell。"Job 3 at 2015-09-30 17:35"表示系统接受第 3 个 at 命令，在"2015-09-30 17:35"时执行命令：先把所有网络相关的装置停止，关闭系统后关闭电源。

使用 at 命令时，可以使用不同的时间格式，例如：20:40、8:00am、8:40am feb 23、10am+5days、12:30 pm tomorrow、midnight、noon 等。

用 at 命令设定好作业后，atd 守护进程将负责运行它们。可以使用 atq 命令查看已经安排好的作业。

2. atq 命令

该命令用于查看安排好的作业。

　　　#atq

执行该命令，显示结果为：

　　　1　　2015-10-6 17:35 a root

输出行中依次是作业号、作业的启动时间、用户名。遗憾的是，这里不能知道作业的内容。如果想知道作业的内容，请到/var/spool/at 目录里去找（类似 a00003011ee23f 这样的文件）。

3. atrm 命令

该命令用于删除作业。

　　　#atrm 作业号

根据作业号删除作业。

例如：

　　　#atrm 1

说明：at 命令会在一定时间内完成一定任务，但是要注意它们都只能执行一次。也就是说，当指定了运行命令后，系统在指定时间完成任务，一切就结束了。但是在很多时候需要不断重复一些命令，比如，某公司每周一自动向员工报告上一周公司的活动情况，这时候就需要使用 crontab 命令来完成任务。

6.7.2 crontab 命令

at 命令用于安排运行一次的作业比较方便，但如果要重复运行程序，则使用 crontab 命令更为简捷。

crontab 命令的用法如下：

crontab [参数] {-e | -l |-r }

参数选项如下。

-u username：用户 username 的作业，不指定时指当前用户。

-e：编辑用户 cron 作业。

-l：显示用户 cron 作业。

-r：删除用户 cron 作业。

crontab 命令用于安装、删除或者列出用于驱动 cron 后台进程的表格。也就是说，用户把需要执行的命令序列放到 crontab 文件中以获得执行。每个用户都可以有自己的 crontab 文件。下面介绍如何创建一个 crontab 文件。

1. 创建一个 crontab 文件

可以使用以下命令：

#crontab -e

执行该命令系统会打开一个 VI 编辑器，用于安排任务。

一个 cron 作业的格式如下：

分 小时 日 月 星期 命令

如果用户不需要指定其中的几项，可以用 "*" 代替。

例如：用户如果输入以下内容 "35 17 * * 5 wall "Tomorrow is Saturday I will play game!""，然后存盘退出。这时在/var/spool/cron/目录下查看，会发现多了一个 root 的文件，这个文件就是所需的 crontab 文件。这样每个星期五 17：35 系统就会弹出一个终端，提醒星期六可以玩游戏了！

2. 列出当前用户的 cron 作业

可以使用以下命令：

#crontab -l

结果如图 6-17 所示。

```
[root@localhost root]# crontab -l
# DO NOT EDIT THIS FILE - edit the master and reinstall.
# (/tmp/crontab.2072 installed on Thu Sep 29 20:10:36 2005)
# (Cron version -- $Id: crontab.c,v 2.13 1994/01/17 03:20:37 vixie Exp $)
35 17 * * 5 wall "Tomorrow is Saturday I will play game!"
```

图 6-17 crontab 命令

3. 删除已经安排的 crontab 任务

可以使用以下命令：

　#crontab -r

【例 6-21】 用 crontab 命令实现每天定时的病毒扫描。

前面已经介绍了一个简单的 crontab 命令操作，这里介绍一个综合的操作。

建立一个 crontab 文件：

　#crontab -e

文件内容如下：

　05 09 * * * antivir

用 VI 编辑后存盘退出。antivir 是一个查杀 Linux 病毒的软件，需要事先安装在系统中。这样系统内所有用户在每天的 9:05 会自动进行病毒扫描。

本章小结

本章主要介绍了 Linux 操作系统重要的特性：多用户和多任务的管理。多用户包括用户的基本概念、多用户的管理、磁盘配置及文件目录操作权限的设置；多任务包括多任务的基本概念、进程的管理和作业的控制。

习题与实验

一、简答题

1. Linux 用户分哪几类？
2. 举例说明账户系统文件的内容。
3. 简述设置文件和目录的操作权限的方法。
4. 进程和程序有何区别？如何管理进程？
5. 如何创建 crontab 作业？

二、实验题

1. 创建几个用户并进行磁盘配额设置。
2. 创建一些文件和目录，针对不同用户设置操作权限。
3. 查看系统进程。

第 7 章　软件安装和系统备份管理

本章导读

应用软件的安装在任何操作系统中都是必要的。在 Windows 中安装应用软件直观明了，而在 Linux 中安装应用软件速度快，过程简单，有时也较复杂。通过本章学习，读者应该：

◇ 掌握 PRM 基础知识及使用

◇ 了解系统备份及策略

◇ 熟悉 tar 命令

◇ 学会光盘刻录

7.1　rpm 格式软件包的安装

在 Windows 下安装软件时，只需运行软件的安装程序（Setup, Install 等）或者用解压缩软件解开即可安装，运行反安装程序（Uninstall，卸载等）就能将软件清除干净。这些完全图形化的操作接口，简单到只要用鼠标一直单击"下一步"按钮就可以了。而 Linux 则不一样，很多的初学者都抱怨在 Linux 下安装和卸载软件非常困难，没有像使用 Windows 时那么直观。

在 Linux 系统中，软件安装程序比较复杂，不过最常见的有两种。一种是软件的源代码，需要自己动手编译它。这种软件安装包通常是用 gzip 压缩过的 tar 包（后缀名为.tar.gz）。

另一种是软件的可执行程序，只要安装它就可以了。这种软件安装包通常是一个 RPM 包（Red Hat Linux Packet Manager，Red Hat 软件包管理器），后缀名是.rpm。 使用 RPM 的最大好处是过程简单、安装快速。

RPM 是 Red Hat 公司开发的软件包管理器，使用它可以很容易地对 RPM 形式的软件包进行安装、升级、卸载、验证、查询等操作，安装简单，而卸载时也可以将软件安装在多处目录中的文件删除干净，因此推荐初学者尽可能使用 RPM 形式的软件包。软件包往往有特定的命令规范，名字是由"文件名+版本号+包的类型+.rpm"组成的字串。

例如 apache-3.1.12-i386.rpm 和 apache-devel-3.1.12-i386.rpm，它们的软件包名称分别是 apache 和 apache-devel。i386 表示是在 intel x86 计算机平台上编译的。还有 sparc/alpha 表示是在 sparc/alpha 计算机平台上编译的，src 表示软件源代码。各个支持 RPM 格式的 Linux 常见软件的 RPM 包可以在网站 www.rpm.org 中找到。

1．安装软件包

基本命令格式：

　　rpm　-ivh　RPM 包文件名

其中：i 表示安装，v 表示在安装过程中将显示较详细的信息，h 表示显示水平进度条。
例如：

```
# rpm -ivh webmin-1．160-1．noarch.rpm
preparing…              ###############################################[100%]
    1：webmin            ###############################################[100%]
```

在安装过程中，若系统提示此软件已安装过或因其他原因无法继续安装，但又确实想
执行安装命令，可以在 -ivh 后加一参数"-replacepkgs"：

```
# rpm -ivh -replacepkgs Linux-1.4-6.i368.rpm
```

2．卸载软件包

基本命令格式：

```
rpm  -e  RPM 包文件名
```

其中：e 表示删除。
例如：

```
# rpm  -e  webmin
```

如果成功删除，屏幕没有任何提示。否则系统提示你无法删除。

3．升级软件包

基本命令格式：

```
rpm -Uvh  RPM 包文件名
```

例如：

```
# rpm    -Uvh  webmin-1．160-2．noarch.rpm
```

对低版本软件进行升级是提高其功能的好办法，这样可以省去卸载后再安装新软件的
麻烦，要升级某个软件，此时的文件名必须是要升级软件的升级补丁。

PRM 会自动删除旧版，安装新版。如果旧版不存在，就会自动安装新版软件包。

4．查询软件包

基本命令格式：

```
rpm -q [选项] 软件包名
```

其中，"选项"的参数可以是：-i，显示软件包的概要信息；-l，显示软件包中的文件列
表；-a，显示所有的软件包；-p，显示软件包的有关信息；-f，显示指定文件所属的软件包。
例如：

```
# rpm -qa            //查询系统中安装的所有的# RPM 软件包
# rpm -q webmin      //查询是否安装指定的软件包 webmin
# rpm -qi webmin     //查询系统中已安装的指定的软件包 webmin 的概要信息
# rpm -ql webmin     //查询系统中已安装的指定的 webmin 软件包里的包含的文件
# rpm -qf  /etc/passwd    //查询系统中指定文件/etc/passwd 所属的软件包，该软件包为 cvs
```

　　# rpm -qp webmin-1.160-2.noarch.# rpm //查询 webmin-1.160-2.noarch.# rpm 包文件中的信息，用于在未安装之前了解软件包中的信息

　　注意：rpm -qp 后跟的是包文件名字，rpm -qf 后跟的是文件名字，其余的后面跟的是包名。

5．校验已安装的软件包

基本命令格式：

　　rpm -V [选项] 软件包名

其中，"选项"的参数可以是-f、-p、-a，同查询软件包中的一样。

例如：

```
# rpm -V cvs                              //验证 cvs 软件包
# rpm -Vf   /etc/passwd                   //验证包含文件/etc/passwd 的软件包
# rpm -Vp webmin-1.160-2.noarch. rpm      //验证包文件 webmin-1.160-2.noarch. rpm
# rpm -Va                                 //验证所有已安装的软件包
```

　　一般来说，一个软件可以是一个独立的 RPM 软件包，也可以是由多个 RPM 软件包组成的。多数情况下，一个软件是由多个相互依赖的软件包组成的，也就是说，安装一个软件需要使用到许多软件包，而大部分的 RPM 包又有相互之间的依赖关系。

7.2　源码包的安装

　　Linux 软件的源代码分发是指提供了该软件所有程序源代码的发布形式，需要用户自己编译成可执行的二进制码并进行安装。其优点是配置灵活，可以随意去掉或保留某些功能模块，适应多种硬件/操作系统平台及编译环境；缺点是难度较大，一般不适合初学者使用。

　　各个软件的源代码包一般都在各个软件项目的主页中提供下载。

1．*.src.rpm 形式的源代码软件包

安装*.src.rpm 形式的源代码软件包：

```
# rpm -rebuild *.src.rpm
# cd /usr/src/dist/rpmS
# rpm -ivh *.rpm
```

卸载*.src.rpm 形式的源代码软件包：

```
#rpm -e packgename
```

　　说明：rpm -rebuild *.src.rpm 命令将源代码编译并在/usr/src/dist/rpmS 下生成二进制的 rpm 软件包，然后再安装该二进制包即可。

2．*.tar.gz/*.tgz/*.bz2 形式的源代码软件包

　　要安装此类压缩软件必须先解压得到源程序，再编译成可执行文件，然后将相关的文件放到正确的目录中。

　　以 tar.gz 或 tgz 或 tar.bz2 等格式结尾的软件包一般都是以源代码方式发布的软件，安装

这类软件首先需要对软件进行解压：

```
# tar -zxvf filename.tar.gz
# tar -xvfz filename.tgz
# tar -xvf j filename.tar.bz2
```

解压以后，就可以进入解压后的目录：

```
# cd filename/
```

对于这类文档，常见的安装步骤有 3 步：配置、编译和安装，其中最麻烦的就是配置，因为所有和软件安装相关的配置都是在这一步指定的，如软件安装位置等。

（1）配置：./configure

软件编译前，也必须先设置好编译的参数，以便配置软件编译的环境、确认要启用哪些功能等。下面是进行的 Apache 源码软件编译前设置的示例：

```
#    ./configure
```

执行命令，结果显示如下：

```
checking for chose layout …Apache

…

Configuring Apache protable runtime library …
APR Verison: 1.3.0
```

安装好 gcc 后，编译前进行设置即可。

（2）编译：make

完成编译前的准备工作后，就可以正式开始编译软件了。

下面是进行 Apache 源码软件编译的示例：

```
# make
```

执行命令，结果显示如下：

```
Making all in srclib
Make[1]:Entering directory `/usr/local/httpd-2.2.9/srclib`

…
```

编译的过程有点长，根据系统的硬件不同，时间不同，硬件性能越好，编译速度越快。

（3）安装：make install

成功编译出软件的相关文件后，需要对软件进行安装。

下面是进行 Apache 源码软件安装的示例：

```
# make install
```

执行命令，结果显示如下：

```
Making all in srclib
Make[1]:Entering directory `/usr/local/httpd-2.2.9/srclib`
Making install in apr

…
```

done

安装完成，进入安装目录下的 bin 目录执行相应的命令就可启动 HTTP 服务器了。

说明：建议解压后先阅读说明文件（ReadMe 和 Install），了解安装的需求，有必要时还需改动编译配置。有些软件包的源代码在编译安装后可以用 make uninstall 命令来进行卸载，如果不提供此功能，则软件的卸载必须手动进行。由于软件可能会将文件分散地安装在系统的多个目录中，往往很难把它删除干净，那应该在编译前进行配置，指定软件将要安装到目标路径：./configure --prefix=目录名，这样可以使用"rm -rf 软件目录名"命令来进行干净彻底的卸载。与其他安装方式相比，需要用户自己编译安装是最难的，它适合于使用 Linux 已有一定经验的人，一般不推荐初学者使用。

另外还有一种提供安装程序的软件包。这类软件包已经提供了安装脚本或二进制的安装引导程序（Setup，Install，Install.sh 等），只需运行它就可以完成软件的安装；而卸载时也相应提供了反安装的脚本或程序。例如 ThizOffice 办公软件套件就使用名为 Setup.sh 的安装程序，而且在软件安装后提供反安装的功能。目前这种类型的软件包还比较少，因其安装与卸载的方式与 Windows 软件一样，所以就无须多讲了。

7.3　YUM

YUM（全称为 yellow dog updater，modified）是一个在 Fedora 和 Red Hat 及 CentOS 中的 shell 前端软件包管理器，基于 RPM 包管理，能够从指定的服务器自动下载 RPM 包并且安装，可以自动处理依赖性关系，并且一次安装所有依赖的软件包，无须烦琐地一次次下载和安装。使用 YUM 会比单纯使用 RPM 更方便。

从 RHEL 5 以后，YUM 就已经整合到 RHEL 系统上，可以利用 YUM 来安装、升级、删除 RHEL 中的软件。

使用 YUM 包含下列步骤。

1. 制作 YUM 下载源

如果把所有的 PRM 文件放在同一个目录中，这个目录就可以称为"YUM 下载源"。新建一个文件夹，并把光盘内的所有文件复制到这个文件夹里；也可以直接使用别人建立好的 YUM 下载源来获取需安装的软件。

如果是合法注册过的 RHEL 用户，则可以不用建立自己的 YUM 下载源。因为 RHEL 会自动安装一个名为 yum-rhn-plugin 的软件，通过这个软件包，YUM 会自动使用 RHN 作为默认的下载源。

具体步骤：

① 建一个文件夹，并把所有 PRM 文件放在该文件夹中；

② 安装工具包：

```
# rpm -ivh createrepo-0.4.11-3.el5.noarch.rpm
```

制作 YUM 下载源必须安装工具包 createrepo 软件，可以提前安装。createrepo 的用法是：

```
createrepo [OPTION] DIRECTORY
```

其中：DIRECTORY 是 RPM 存放的路径，OPTION 是参数选项。

③ 通过 HTTP 或 FTP 分享这个目录。例如：

```
mkdir    / var/www/html/rpm
cp    -rvf   /misc/cd/*   /var/www/html/rpm/
createrepo   /var/www/html/rpm/
```

查看 RPM 目录，发现多了一个名为 repodata 的目录。这个目录就是 YUM 下载源的目录。YUM 下载源数据目录会存储这些由 createrepo 产生的数据文件。

2. 设置 YUM

如果要使用某一个 YUM 下载源，就必须先设置 YUM。YUM 的配置文件可以分为两种：一种是 YUM 工具的配置文件/etc/yum.conf；另一种是 YUM 下载源的定义文件，它存储于/etc/yum.repos.d/目录中，而且文件必须以.repo 作为扩展名。一个 YUM 下载源的定义文件可以存储多个 YUM 下载源的设置，每一个 YUM 下载源的设置语法如下：

```
[REPOS_ID]
NAME=VALUE…
```

其中，REPOS_ID 为 YUM 下载源的识别名称，而 NAME 为参数名称，VALUE 则为参数的值。

例如：

```
[rpm]
name=rhel6server
baseurl=file:///var/www/html/rpm
enable=1
gpcheck=1
gpgkey=file:///repo/rhel6.1/RPM-GPG-KEY-redhat-release
```

其中，name 用来定义 YUM 下载源的完整名称或描述；baseurl 指定 YUM 下载源的 URL 地址；enable 表示是否启用 YUM 下载源；参数 gpcheck 表示安装前是否检查软件包的数字签名；参数 gpgkey 表示软件包数字签名的密钥。

3. 使用 yum 命令

yum 是 YUM 系统中的管理工具。这个工具语法如下：

```
yum [options...] command [argvs...]
```

其中，options 是 yum 可用的参数。 command 是 yum 的命令，执行 yum 时，必须指定 command，而 argvs 则是 yum 命令的自变量，不同的命令，自变量也不同。

yum clean：清除 yum 源缓存。

yum list all：列出可用 YUM 源。

yum info：查看信息。

yum install：安装软件。

yum update：升级软件。

yum remove：卸载软件。

例如：

```
yum install /yum/Server/httpd-2.2.3-22.el5.i386.rpm
yum remove httpd
```

7.4　系统备份管理

7.4.1　为什么要备份

　　尽管系统管理员已经采用许多的安全措施来保护主机稳定运行，但是系统仍有许多潜在威胁将有可能导致系统的崩溃或数据丢失。这些潜在威胁有：系统硬件故障、软件故障、电源故障、用户误操作、人为破坏和缓存中的内容没有及时写入磁盘。

　　为了避免发生故障造成极大的损失，对系统管理员而言，经常对重要的文件进行备份是应该养成的良好习惯。经常性的备份，可以将各种不可预料的损失减少到最小。

7.4.2　什么是备份及策略

　　备份就是把一个文件系统或其他部分文件存储到另外的介质，以使得通过这些介质中的记录信息可以恢复原有的文件系统或其中的某些文件。常用的介质有磁带、硬盘、光盘、软盘等。在选择介质时，要根据容量、可靠性、速度和价格综合考虑。

　　备份有三种策略：完全备份、增量备份和累计备份。完全备份是把要备份的数据完完全全备份出来，一旦系统发生故障，可以使用备份的数据把数据恢复到备份前的状态；增量备份是首先进行一次完全备份，然后每隔较短的时间进行一次备份，因此是备份最后一次备份以后发生变化的数据，被备份的数据量要少得多；累计备份是首先进行一次完全备份，然后每隔较长的时间进行一次备份，只备份发生变化的数据。增量备份和累计备份基本类似，只是间隔时间长短不一样。实际工作中，完全备份、增量备份和累计备份常常是结合起来使用的。

　　例如：一周（如在星期一）进行一次完全备份，而每天进行一次增量备份，如果系统于星期四出现故障，恢复系统时先用完全备份恢复系统，然后再顺序用周二、周三的增量备份恢复系统。

　　任何计算机系统都可能出现问题，从而导致数据的丢失，因此备份是系统维护中不可缺少的一个环节。备份应做到在系统崩溃后能快速、简单、完整地恢复系统。

　　针对要备份的内容，备份可以分为两类：系统数据备份和用户数据备份。系统数据是指 Linux 系统要正常运行所需的文件（如/bin、/boot、/root 和/usr/local 目录）、系统配置（如/etc、/var 和/opt 目录）等；而用户数据是指计算机用户创建的文件（如/home 目录）等，相对于系统数据来说，用户数据的变化要频繁得多。备份系统数据时，不必要的数据可以不备份，它是当前物理内存的一个映像，并且系统备份常在系统有变化后进行，例如安装了新的补丁。

7.4.3　打包与压缩

　　使用压缩文件不仅可以减小文件占用的磁盘空间，也可以减小文件在网络传输时所带来的传输流量。Linux 的压缩和解压工具很多，下面介绍常用的几个工具。

　　compress [参数] 文件名(压缩文件命令) / uncompress [参数] 文件名(文件解压命令)

参数选项如下。

-v：显示被压缩的文件的压缩比或解压时的信息。

例如：

```
#compress -v test
test:    -- replaced with test.Z Compress: 53.56%
```

文件 test 被压缩成"test.Z"，压缩比为 53.56%。

```
#uncompress -v test 或 uncompress -v test.Z
test.Z:    -- replaced with test
```

解压文件是"test.Z"。

　　gzip -v 文件名(压缩文件) / gunzip -v 文件名(解压文件)

gzip、gunzip 和 compress、uncompress 类似，不过压缩后的文件的文件名是以".gz"结尾而已。

　　bzip2 压缩文件名(压缩文件) / bunzip2 被解压文件名(解压文件)

bzip2、bunzip2 和 compress、uncompress 也类似，不过压缩后的文件的文件名是以".bz2"结尾而已。

　　zip 压缩文件名(压缩文件) / unzip 被解压文件名(解压文件)

zip 生成的文件是以".zip"为文件名的结尾，这种文件是 Windows 等系统中最常见的压缩文件。zip 命令的功能非常强大，可以创建自解压的文件、设置文件的保护口令等。常用 man zip 命令来获得 zip 命令的详细帮助。zip 命令并不替换原文件。

例如：

```
#zip test.zip test
adding: test (deflated 66%)
```

把文件 test 压缩到文件"test.zip"。

```
#unzip test.zip
Archive: test.zip
inflating: test
```

如果 test 已经存在，unzip 命令会提示是否覆盖 test 文件。

7.5　使用 tar 进行备份

Linux 中的 tar 工具是最常用的备份和恢复工具，同时，tar 也是软件商发布补丁、新软件的常用工具。使用 tar 可以打包整个目录树，这使得它特别适合于备份，并且与文件系统无关，可以用在 ext2、ext3、jfs 等其他文件系统上；文档可以全部还原，或从中展开单独的文件和目录，所以掌握 tar 的使用是非常重要的。把备份产生的文件称为文档文件（或文档）。格式如下：

tar [参数] 文件或目录名

参数选项如下。

-c：创建一个新的文档。

-r：用于将文件附加到已存在的文档后面。

-u：仅仅添加比文档文件更新的文件，如原文档中不存在旧的文件，则追加它到文档中，如存在则更新它。

-x：从文档文件中恢复被备份的文件。

-t：用于列出一个文档文件中的被备份出的文件名。

-z：用 zip 命令压缩或用 unzip 解压。

-Z：用 compress 命令压缩或用 uncompress 解压。

-j：用 bzip2 命令压缩或用 unzip2 解压。

-f：使用档案文件或设备，这个选项通常是必选的。

-v：列出处理过程中的详细信息。

-C directory：把当前目录切换到 directory。

-T filename：从需要的文件中读需要备份或恢复的文件名。

-W：表示在写入备份内容到备份设备后，再读出来进行验证以提高可靠性。

-M：创建、列出、恢复多卷存档文件，以便在几个备份介质中存放。

下面举例说明 tar 的打包与压缩的功能。

```
# tar -cvf sample1.tar dir1
```

该命令将 dir1 目录打包。

```
# tar -tf sample1.tar
```

该命令查看 sample1.tar 包中的内容。

```
# tar -xvf sample1.tar
```

该命令将 sample1.tar 在当前目录下解包。

```
# tar -zcvf sample1.tar.gz dir1
```

该命令将 dir1 目录打包后压缩（调用 gzip 压缩工具）。

```
# tar -ztf sample1.tar.gz
```

该命令查看 sample1.tar.gz 包中的内容。

```
# tar -zxvf sample1.tar.gz
```

该命令解压缩（调用 gzip 压缩工具）。

```
# tar -Zcvf sample1.tar.Z dir1
```

该命令将 dir1 目录打包后压缩（调用 compress 压缩工具）。

```
# tar -Ztf sample1.tar.Z
```

该命令查看 sample1.tar.Z 包中的内容。

```
# tar -Zxvf sample1.tar.Z
```

该命令解压缩（调用 compress 压缩工具）。

```
tar –jcvf sample1.tar.bz2 dir1
```

该命令将 dir1 目录打包后压缩（调用 bzip2 压缩工具）。

```
# tar -jtf sample1.tar.bz2
```

该命令查看 sample1.tar.bz2 包中的内容。

```
# tar -jxvf sample1.tar.bz2
```

该命令解压缩（调用 bzip2 压缩工具）。

下面举例说明 tar 的备份与还原的功能。

跨越多张软盘备份系统/usr/local 下的所有内容，同时进行写入校验：

```
# tar   -cWMf   /dev/fd0   /usr/local
```

备份/home 目录下自昨天以后被修改的所有文件到磁带设备/dev/ftape 中：

```
# tar -cf   /dev/ftape   -N   yesterday   /home
```

完全备份和增量备份：

```
# tar -zcvf /backup/bp_full.tar.gz   /
```

该命令先做一个完全备份（根目录下的所有内容）。

```
# find   /   -mtime -7 -print > /tmp/filelist
```

该命令找出（根目录下）7 天内修改过的文件，并把修改过的文件全都放在文件
/tmp/filelist 中。

```
# tar -c -T /tmp/filelist -f   /backup/add.tar.gz
```

该命令用文件/tmp/filelist 做增量备份（每隔 7 天发生变化的内容）。

说明：文件/tmp/filelist 是一个要备份内容的列表。除了使用 find 命令生成文件列表之外，
也可以直接编辑文件列表，但要注意该文件列表不能使用通配符。

7.6　光盘刻录

在 Linux 环境下进行光盘刻录是另一种备份数据的方法。当光盘刻录机安装好之后，就
可以进行刻录。通常需要以下几个步骤。

第 1 步：对刻录设备进行检测。

对刻录设备进行检测使用命令 cdrecord，命令格式为：

```
# cdrecord -scanbus
```

执行该命令对刻录设备进行检测。光盘刻录机在 Linux 中被识别为 SCSI 设备，即使该
设备实际上是 IDE 设备。在检测时，我们应根据检测结果收集刻录机的 SCSI 设备识别号，

以便在后边的命令中使用。

第 2 步：生成 ISO 文件。

在 Linux 环境下使用 mkisofs 命令把任何系统中的文件或目录制作成 ISO 文件。mkisofs 命令格式为：

> # mkisofs -r -o <iso 文件名> <备份路径名>

例如：将/home 下的内容生成一个名为 homeiso.iso 的 ISO 文件存放在/tmp 目录下。

> # mkisofs -r -o　/tmp/homeiso.iso　/home

该命令执行结果如图 7-1 所示。

图 7-1　制作 ISO 文件

第 3 步：刻录光盘。

在 Linux 环境下使用 cdrecord 命令把 iso 文件刻录为光盘。cdrecord 命令的格式为：

> # cdrecord -v <speed=刻录机速度> <dev=刻录机设备号> < iso 文件名>

例如，将/tmp/homeiso.iso 刻录为光盘，可以使用如下命令：

> # cdrecord -v speed=16 dev=0,0 /tmp/homeiso.iso

本章小结

本章主要介绍软件安装和系统备份管理。软件安装常用方法有 RPM 包安装、源代码安装和 YUM 安装。打包与压缩是常用的操作，tar 命令操作方便。系统备份可以降低损失，通过制作光盘可以进行有效的备份。

习题与实验

一、简答题

1．写出管理 rpm 软件包的命令。

2．为什么要备份？备份有哪几种策略？

二、实验题

1．使用 tar 命令进行打包压缩。

2．制作一个.iso 文件并制作光盘。

3．下载一些 rpm 软件包并进行安装。

4．使用 YUM 安装软件。

第 8 章　shell 操作与简易编程

本章导读

shell 是用户和 Linux 操作系统之间的接口。shell 最重要的功能是命令解释，除此以外，还具有重定向、管道和编程等功能。Linux 中有多种 shell，其中默认使用的是 bash。通过本章学习，读者应该：

◇ 了解 shell 的工作原理及主要功能
◇ 学会 shell 的基础知识及输入输出
◇ 初步学会 shell 的简单编程

8.1　shell 简介

用户登录进入 Linux 系统时，可以进入基于 X Window 的图形视窗系统：GNOME 和 KDE 。当然很多工作可以在图形环境下完成，但是在服务器应用环境下的很多情况需要远程连接到服务器进行管理配置，而且使用命令行模式进行管理更加方便和简单，因此学习 Linux，shell 的学习和使用是必不可少的一部分。

如果系统设置为不自动启动图形接口，那么用户登录以后得到的就是一个等待输入命令的 shell 提示符，标识了可以开始发出命令；如果系统设置为自动启动图形系统，那么用户可以在单击"GNOME 主菜单"→"系统工具"→"终端"运行终端仿真程序，在命令提示符后面输入任何命令及参数，实际进入了 shell。那么，shell 是什么呢？确切一点说，shell 就是一个命令行解释器，它的作用就是遵循一定的语法将输入的命令加以解释并传给系统。它为用户提供了一个向 Linux 发送请求以便运行程序的接口系统级程序，用户可以用 shell 来启动、挂起、停止甚至是编写一些程序。当用户使用 Linux 时是通过命令来完成所需工作的。一个命令就是用户和 shell 之间对话的一个基本单位，它是由多个字符组成并以换行结束的字串。shell 解释用户输入的命令。

shell 本身是一个用 C 语言编写的程序，它是用户使用 Linux 的桥梁。shell 既是一种命令语言，又是一种程序设计语言。作为命令语言，它互动式地解释和执行用户输入的命令；作为程序设计语言，它定义了各种变量和参数，并提供了许多在高级语言中才具有的控制结构，包括循环和分支。它虽然不是 Linux 系统内核的一部分，但它调用了系统内核的大部分功能来执行程序、创建文档并以并行的方式协调各个程序的运行。因此，对于用户来说，shell 是最重要的实用程序，深入了解和熟练掌握 shell 的特性及其使用方法，是用好 Linux 系统的关键。可以说，shell 使用的熟练程度反映了用户对 Linux 使用的熟练程度。

8.2　shell 的主要类型

在 Linux 下比较流行的 shell 有 ash, bash, ksh, csh, zsh 等，每个 shell 都各有千秋。一般的 Linux 系统都将 bash 作为默认的 shell。

可以用下面的命令来查看使用的 shell 类型：

　　# echo $SHELL

$SHELL 是一个环境变量，它记录用户所使用的 shell 类型。你可以用命令：

　　# shell-name

来转换到别的 shell，这里 shell-name 是想要尝试使用的 shell 的名称，如 ash 等。这个命令为用户又启动了一个 shell，这个 shell 在最初登录的那个 shell 之后，称为下级的 shell 或子 shell。

使用命令可以退出这个子 shell：

　　# exit

使用不同的 shell 的原因在于它们各自都有自己的特点，下面做一个简单的介绍。

（1）ash

ash 是由 Kenneth Almquist 编写的，是 Linux 中占用系统资源最少的一个小 shell，它只包含 24 个内部命令，因而使用起来很不方便。

（2）bash

bash 是 Linux 系统默认使用的 shell，它由 Brian Fox 和 Chet Ramey 共同完成，是 bourne again shell 的缩写，内部命令一共有 40 个。Linux 使用它作为默认的 shell 是因为它有以下的特色：

　　↺ 可以使用类似 DOS 下面的 doskey 的功能，用上下方向键查阅和快速输入并修改命令；

　　↺ 自动通过查找匹配的方式，给出以某字串开头的命令；

　　↺ 包含了自身的帮助功能，只要在提示符下面键入 help 就可以得到相关的帮助。

（3）ksh

ksh 是 korn shell 的缩写，由 Eric Gisin 编写，共有 42 条内部命令。该 shell 最大的优点是几乎和商业发行版的 ksh 完全相容，这样就可以在不用花钱购买商业版本的情况下尝试商业版本的性能了。

（4）csh

csh 是 Linux 比较大的内核，它由以 William Joy 为代表的共计 47 位作者编成，共有 52 个内部命令。该 shell 其实是指向/bin/tcsh 的一个 shell，也就是说，csh 其实就是 tcsh。

（5）zch

zch 是 Linux 最大的 shell 之一，由 Paul Falstad 完成，共有 84 个内部命令。如果只是一般的用途，就没有必要安装这样的 shell。

8.3 shell 的功能

shell 最重要的功能是命令解释，除此以外，还具有重定向、管道和编程等功能。

shell 的命令分为内部命令和外部命令。有一些命令（比如改变工作目录命令 cd 和退出命令 exit）是包含在 shell 内部的，称为内部命令，查看内部命令的可以用 help 命令。还有一些命令（例如拷贝命令 cp 和移动命令 rm）是存在于文件系统中某个目录下的单独的程序，称为外部命令。外部命令也可以是某些商业软件或自由软件，如 mozilla 等。对用户而言，不必关心一个命令是建立在 shell 内部还是一个单独的程序。

1．shell 作为命令解释器

当用户提交一个命令后，shell 先判断它是否为内部命令，如果是，就通过 shell 内部的解释器将其解释为系统功能调用并转交给内核执行；若是外部命令或实用程序就尝试在硬盘中查找该命令并将其调入内存，再将其解释为系统功能调用并转交给内核执行。

在查找该命令时分为两种情况：①如果用户给出了命令的路径，shell 就沿着用户给出的路径查找，若找到则调入内存，若没找到则输出提示信息；②如果用户没有给出命令的路径，shell 就在环境变量 PATH 所指定的路径中依次进行查找，若找到则调入内存，若没找到则输出提示信息（如 bash:abc:command not found）。

2．shell 的其他功能

（1）补全命令。当在 bash 命令提示符下输入命令或程序名时，不必输全命令或程序名，按 Tab 键，bash 将自动补全命令或程序名。

（2）通配符。在 bash 下可以使用通配符"*"和"?"。"*"可以替代多个字符，而"?"则替代一个字符。

（3）历史命令。bash 能自动跟踪用户每次输入的命令，并把输入的命令保存在历史列表缓冲区。缓冲区的大小由 HISTSIZE 变量控制。当用户每次登录后，home 目录下的".bash_history"文件将初始化历史列表缓冲区。也能通过 history 和 fc 命令执行、编辑历史命令。

（4）别名。在 bash 下，可用 alias 和 unalias 命令给命令或可执行程序起别名和清除别名，这样就可以用自己习惯的方式输入命令。

（5）输入/输出重定向。输入重定向用于改变命令的输入，输出重定向用于改变命令的输出。输出重定向更为常用，它经常用于将命令的结果输入到文件中，而不是屏幕上。输入重定向的命令是"<"，输出重定向的命令是">"。

（6）管道。管道用于将一系列的命令连接起来，也就是把前面命令的输出作为后面命令的输入。管道的命令是"|"。

（7）提示符。bash 有两级提示符。第一级提示符就是登录 shell 时见到的，默认为"$"。可以通过重新给 PS1 变量赋值来改变第一级提示符。当 bash 需要进一步提示以便补全命令时，它会显示第二级提示符。第二级提示符默认为">"，可以通过重新给 PS2 变量赋值来改变第二级提示符。一些特殊意义的字符也可以加入提示符赋值中。

（8）shell 的一个重要特性是它自身就是一个解释型的程序设计语言。shell 程序设计语言支持绝大多数在高级语言中能见到的程序元素，如函数、变量、数组和程序控制结构。

shell 编程语言简单易学，任何在提示符中能键入的命令都能放到一个执行的 shell 程序中。

8.4　shell 基础

命令行中输入的第一个字必须是一个命令的名字，第二个字是命令的选项或参数，命令行中的每个字必须由空格或 Tab 隔开，格式如下：

    $ 命令 选项 参数

选项是包括一个或多个字母的代码，它前面有一个减号（减号是必要的，Linux 用它来区别选项和参数），选项可用于改变命令执行的动作的类型。例如：

    [root@localhost root]# ls
    anaconda-ks.cfg install.log install.log.syslog

这是没有选项的 ls 命令，可列出当前目录中的所有文档，但只列出各个文档的名字，而不显示其他更多的信息。例如：

    [root@localhost root]# ls -l
    total 36
    -rw-r--r-- 1 root root 1475   10 月 1 日 2016 anaconda-ks.cfg
    -rw-r--r-- 1 root root 25123   10 月 1 日 2016 install.log
    -rw-r--r-- 1 root root 3398   10 月 1 日 2016 install.log.syslog

加入-l 选项，将会列出每个文档的详细信息，如资料大小和资料最后被修改的时间等。

大多数命令都被设计为可以接纳的参数。参数是在命令行中的选项之后键入的一个或多个单词，例如：

    [root@localhost /]# ls -l home
    total 12
    drwx------ 4 stu1 stu1 4096   9 月 7 日 14:52 stu1
    drwx------ 2 stu2 stu2 4096   9 月 7 日 19:25 stu2
    drwx------ 2 stu3 grp2 4096   9 月 7 日 14:52 stu3

将显示 home 目录下的所有文档及其信息。

有些命令，如 ls 可以带参数，而有一些命令可能需要一些最小数目的参数。例如，cp 命令至少需要两个参数，如果参数的数目与命令要求不符，shell 将会报错。例如：

    [root@localhost /]# cp abc.txt /tmp/

注意：命令中，选项应该先于参数输入。

命令行实际上是可以编辑的一个文本缓冲区，在按 Enter 键之前，可以对输入的文本进行编辑。比如利用 BackSpace 键可以删除刚键入的字符，可以进行整行删除，还可以插入字符，使得用户在输入命令（尤其是复杂命令）时，若出现键入错误，无须重新输入整个命令，只要利用编辑操作，即可改正错误。

利用向上方向键↑可以重新显示刚执行的命令，利用这一功能可以重复执行以前执行过的命令，而无须重新键入该命令。

bash 保存着以前键入过的命令的列表，该列表被称为命令历史表。按向上方向键↑，便可以在命令行上逐次显示各条命令。同样，按向下方向键↓可以在命令列表中向下移动，这样可以将以前的各条命令显示在命令行上，用户可以修改并执行这些命令。

在一个命令行中还可以置入多个命令，用分号将各个命令隔开，这些命令将按顺序执行。例如：

    [root@localhost /]# date;ls

也可以在几个命令行中输入一个命令，用反斜杠将一个命令行持续到下一行，如：

    $ cp \
    file1 \
    file2

上面的 cp 命令是分 3 行输入的，开始的两行以反斜杠结束，把 3 行作为一个命令行。

8.5　shell 特殊字符

在 shell 中，除使用普通字符外，还可以使用一些具有特殊含义和功能的特殊字符。在使用它们时应注意其特殊的含义和作用范围。下面分别对这些特殊字符加以介绍。

8.5.1　引号

在 shell 中引号分为 3 种：单引号、双引号和反引号。

1．单引号

由单引号括起来的字符都作为普通字符出现。特殊字符用单引号括起来以后，也会失去原有意义，而只作为普通字符解释。例如：

    # string='$PATH'
    # echo $string

结果显示为：

    # $PATH

可见，$保持了其本身的含义，作为普通字符出现。

说明：命令 echo 可以查看变量的值。

2．双引号

由双引号括起来的字符，除$、\、'和"这几个字符仍是特殊字符并保留其特殊功能外，其余字符仍作为普通字符对待。对于$来说，就是用其后指定的变量值来代替这个变量和$；对于 \ 而言，是转义字符，它告诉 shell 不要对其后面的那个字符进行特殊处理，只当作普通字符即可。可以想见，在双引号中需要在前面加上 \ 的只有 4 个字符$，\，'和"本身。而

对 " 号，若其前面没有加 \ ，则 shell 会将它同前一个 " 号匹配。

例如，假定 PATH 的值为.:/usr/bin:/bin，输入如下命令：

```
# String="$PATH\\\"\$PATH"
# echo $String
```

结果显示为：

.:/usr/bin:/ bin\"$PATH

3．反引号

反引号（`）字符所对应的键一般位于键盘的左上角，不要将其同单引号（'）混淆。反引号括起来的字串被 shell 解释为命令行，在执行时，shell 首先执行该命令行，并以它的标准输出结果取代整个反引号（包括两个反引号）部分。例如：

```
# pwd
```

结果显示为：

/home/stu3

而

```
# string="current directory is `pwd`"
# echo $string
```

结果显示为：

current directory is /home/stu3

shell 执行 echo 命令时，首先执行`pwd`中的命令 pwd，并将输出结果/home/stu3 取代`pwd`部分，最后输出替换后的整个结果。

利用反引号的这种功能可以进行命令置换，即把反引号括起来的执行结果赋值给指定变量。例如：

```
# today=`date`
# echo Today is $today
```

结果显示为：

Today is Mon Oct 10 16:10:13 CST 2015

反引号还可以嵌套使用。但需注意，嵌套使用时内层的反引号必须用反斜线（\）将其转义。例如：

```
# abc=`echo The number of users is \`who| wc-l\``
# echo $abc
The number of users is 3
```

8.5.2　注释符

在 shell 编程或 Linux 的配置文档中，经常要对某些正文行进行注释，以增加程序的可读性。在 shell 中以字符 # 开头的正文行表示注释行。

8.6 输入与输出

执行一个 shell 命令行时通常会自动打开 3 个标准文档，即标准输入文档（stdin），通常对应终端的键盘；标准输出文档（stdout）和标准错误输出文档（stderr）都对应终端的屏幕。进程将从标准输入文档中得到输入资料，将正常输出资料输出到标准输出文档，而将错误信息送到标准错误文档中。

以 cat 命令为例。cat 命令的功能是从命令行给出的文件中读取资料，并将这些资料直接送到标准输出。若使用如下命令：

> # cat config

将会把文档 config 的内容依次显示到屏幕上。但是，如果 cat 的命令行中没有参数，它就会从标准输入中读取资料，并将其送到标准输出。例如：

> # cat
> Hello world
> Hello world
> 123456
> 123456

用户输入的每一行都立刻被 cat 命令输出到屏幕上。

另一个例子，命令 sort 按行读入文档正文（当命令行中没有给出文件名时，表示从标准输入读入），将其排序，并将结果送到标准输出。下面的例子是从标准输入中读取资料，并将其送到标准输出，并将其排序。

> # sort

从键盘输入：

> qwe
> qwe
> asd
> qwe
> dfg
> asd
> yui

按 Ctrl+D 键结束。

这时在屏幕上得到了已排序的结果：

> asd
> asd
> dfg
> qwe
> qwe

qwe
yui

说明：直接使用标准输入/输出文档存在以下问题：输入资料从终端输入时，用户输入的资料只能用一次，下次再想用这些资料时就得重新输入。而且在终端上输入时，若输入有误修改起来不是很方便。输出到终端屏幕上的信息只能看不能动，无法对此输出做更多处理，如将输出作为另一命令的输入进行进一步的处理等。为了解决上述问题，Linux 系统为输入、输出的传送引入了另外两种机制，即输入/输出重定向和管道。

1. 输入重定向

输入重定向是指把命令或可执行程序的标准输入重定向到指定的文件中。也就是说，输入可以不来自键盘，而来自一个指定的文件。所以说，输入重定向主要用于改变一个命令的输入源，特别是改变那些需要大量输入的输入源。例如，命令 wc 统计指定文档包含的行数、单词数和字符数。如果仅在命令行上键入：

```
# wc
```

wc 将等待用户告诉它统计什么，这时 shell 就好像没有任何响应，从键盘键入的所有文本都出现在屏幕上，但并没有什么结果，直至按下 Ctrl+D 键，wc 才将命令结果显示在屏幕上。如果给出一个文档名作为 wc 命令的参数，如下所示，wc 将返回该文档所包含的行数、单词数和字符数。

```
# wc /etc/passwd
20 23 726 /etc/passwd
```

另一种把/etc/passwd 文档内容传给 wc 命令的方法是重定向 wc 的输入。输入重定向的一般形式为：命令<文件名。可以用下面的命令把 wc 命令的输入重定向为/etc/passwd 文件：

```
# wc < /etc/passwd
20 23 726
```

另一种输入重定向称为 here 文档，它告诉 shell 当前命令的标准输入来自命令行。here 文档的重定向操作符使用<<。它将一对分隔符号（分隔符号是由<<符号后的单词来定义的，本例中用 eof 来表示）之间的正文作为标准输入定向给命令。下面的命令将一对分隔符号 eof 之间的正文作为 wc 命令的输入，统计出正文的行数、单词数和字符数。

```
[root@localhost root]# wc << eof
> hello
> world
> are you here?
> eof
3 5 26
```

在<<操作符后面，任何字符或单词都可以作为正文开始前的分隔符号，本例中使用 eof 就作为分隔符号。here 文档的正文一直延续到遇见另一个分隔符号为止。第二个分隔符号应

出现在新行的开头。这时 here 文档的正文（不包括开始和结束的分隔符号）将重新定向送给命令 wc 作为它的标准输入。

由于大多数命令都以参数的形式在命令行上指定输入档的文件名，所以输入重定向并不经常使用。尽管如此，当要使用一个不接受文档名作为输入参数的命令，而需要的输入内容又存在一个文档里时，就能用输入重定向解决问题。

2．输出重定向

输出重定向是指把命令（或可执行程序）的标准输出或标准错误输出重新定向到指定文档中。这样，该命令的输出就不显示在屏幕上，而是写入到指定文档中。

输出重定向比输入重定向更常用，很多情况下都可以使用这种功能。例如，如果某个命令的输出很多，在屏幕上不能完全显示，那么将输出重定向到一个文档中，然后再用文本编辑器打开这个文档，就可以查看输出信息；如果想保存一个命令的输出，也可以使用这种方法。还有，输出重定向可以用于把一个命令的输出当作另一个命令的输入（还有一种更简单的方法，就是使用管道，将在下面介绍）。

输出重定向的一般形式为：命令>文件名。例如：

```
[root@localhost root]# ls > dir1.out
# cat dir1.out
anaconda-ks.cfg
install.log
install.log.syslog
test1.txt
```

表示，将 ls 命令的输出保存为一个名为 dir1.out 的文件。

注意： 如果>符号后边指定的文件已存在，那么这个文件将被重写。

为避免输出重定向中指定文件只能存放当前命令的输出重定向的内容，shell 提供了输出重定向的一种追加手段。追加输出重定向与输出重定向的功能非常相似，区别仅在于追加输出重定向的功能是把命令（或可执行程序）的输出结果追加到指定文件的最后，而该文件原有内容不被破坏。如果要将一条命令的输出结果追加到指定文件的后面，可以使用追加重定向操作符>>。形式为：命令>>文件名。例如：

```
# ls *.doc>>dir1.out
# cat dir1.out
anaconda-ks.cfg
install.log
install.log.syslog
test1.txt
a1.doc
a2.doc
```

和程序的标准输出重定向一样，程序的错误输出也可以重新定向。使用符号 2>（或追加符号 2>>）表示对错误输出设备重定向。例如下面的命令：

ls /usr/tmp 2> err.file

可在屏幕上看到程序的正常输出结果，但又将程序的任何错误信息送到文件 err.file 中，以备将来检查用。

还可以使用另一个输出重定向操作符&>将标准输出和错误输出同时送到同一文件中。例如：

ls /usr/tmp &> output.file

利用重定向将命令组合在一起，可实现系统单个命令不能提供的新功能。例如使用下面的命令序列：

ls /usr/bin > /tmp/dir
wc -w < /tmp/dir
459

可以统计/usr/bin 目录下的文件个数。

3．管道

将一个程序或命令的输出作为另一个程序或命令的输入有两种方法，一种是通过一个暂存文件将两个命令或程序结合在一起，例如上个例子中的/tmp/dir 文件将 ls 和 wc 命令连在一起；另一种是 Linux 所提供的管道功能。这种方法比前一种方法更好。

管道可以把一系列命令连接起来，这意味着第一个命令的输出会作为第二个命令的输入通过管道传给第二个命令，第二个命令的输出又会作为第三个命令的输入，以此类推。显示在屏幕上的是管道行中最后一个命令的输出（如果命令行中未使用输出重定向）。

通过使用管道符"|"来创建一个管道行。用管道重写上面的例子：

ls /usr/bin|wc -w
459

再如：

cat sample.txt|grep "High"|wc -l

管道将 cat 命令（列出一个文件的内容）的输出送给 grep 命令。grep 命令在输入里查找单词 High，grep 命令的输出则是所有包含单词 High 的行，这个输出又被送给 wc 命令，wc 命令统计出输入中的行数。

假设 sample.txt 文件的内容如下：

Things to do today:
Low:Go grocery shopping
High:Return movie
High:Clear level 3 in Alien vs. Predator
Medium:Pick up clothes from dry cleaner

那么该管道行的结果是 2。

4．命令替换

命令替换和重定向有些相似，但区别在于命令替换是将一个命令的输出作为另外一个命令的参数。常用命令格式为：

> \# command1 \`command2\`

其中，command2 的输出将作为 command1 的参数。需要注意的是，这里的 \` 符号，被它括起来的内容将作为命令执行，执行后的结果作为 command1 的参数。例如：

> \$ cd \`pwd\`

该命令将 pwd 命令列出的目录作为 cd 命令的参数，结果仍然停留在当前目录下。

5．前台和后台

在 shell 下面，一个新产生的进程可以通过用命令后面的符号"；"和"&"来分别以前台和后台的方式来执行，语法如下：

> \# command;

产生一个前台的进程，下一个命令需等该命令运行结束后才能输入。

> \# command &

产生一个后台的进程，此进程在后台运行的同时，可以输入其他的命令。

8.7　shell 编程

其实作为命令语言互动式地解释和执行用户输入的命令只是 shell 功能的一个方面，shell 还可以用来进行程序设计，它提供了定义变量和参数的手段，以及丰富的程序控制结构。使用 shell 编程类似于 DOS 中的批处理文件，称为 shell script，又叫 shell 程序或 shell 命令文件。

8.7.1　shell 基本语法

像高级程序设计语言一样，shell 也提供说明和使用变量的功能。对 shell 来讲，所有变量的取值都是一个字串，shell 程序采用\$var 的形式来引用名为 var 的变量的值。

1．shell 的基本变量

（1）shell 定义的环境变量

shell 在开始执行时就已经定义了一些和系统的工作环境有关的变量，用户还可以重新定义这些变量，常用的 shell 环境变量如下。

HOME：用于保存注册目录的完全路径名。

PATH：用于保存用冒号分隔的目录路径名，shell 将按 PATH 变量中给出的顺序搜索这些目录，找到的第一个与命令名称一致的可执行文件将被执行。

TERM：终端的类型。

UID：当前用户的识别字，取值是由数位构成的字串。

PWD：当前工作目录的绝对路径名，该变量的取值随 cd 命令的使用而变化。

PS1：主提示符，在特权用户下，默认的主提示符是#，在普通用户下，默认的主提示符是$。

PS2：在 shell 接收用户输入命令的过程中，如果用户在输入行的末尾输入 "\" 然后回车，或者当用户按 Enter 键，shell 判断出用户输入的命令没有结束时，就显示这个辅助提示符，提示用户继续输入命令的其余部分，默认的辅助提示符是>。

要想查看命令的值，用 echo 即可。

例如：

　　# echo $PATH

（2）用户定义的变量

用户可以按照下面的语法规则定义自己的变量：

　　变量名=变量值

要注意的一点是，在定义变量时，变量名前不应加符号$，在引用变量的内容时则应在变量名前加$；在给变量赋值时，等号两边一定不能留空格，若变量中本身就包含了空格，则整个字串都要用双引号括起来。

在编写 shell 程序时，为了使变量名和命令名相区别，建议所有的变量名都用大写字母来表示。

有时，想要定义一个变量并将它设置为一个特定值后就不再改变它的值时，可以用下面的命令来保证一个变量的只读性：

　　readonly　变量名

在任何时候，创建的变量都只是当前 shell 的局部变量，所以不能被 shell 运行的其他命令或 shell 程序所利用，而 export 命令可以将一个局部变量提供给 shell 执行的其他命令使用，其格式为：

　　export　变量名

也可以在给变量赋值的同时使用 export 命令：

　　export　变量名=变量值

使用 export 说明的变量，在 shell 以后运行的所有命令或程序中都可以访问到。

（3）预定义变量

预定义变量和环境变量相类似，也是在 shell 一开始时就定义了的变量。所不同的是，用户只能根据 shell 的定义来使用这些变量，而不能重定义它。所有预定义变量都是由$符号和另一个符号组成的，常用的 shell 预定义变量如下。

$#：位置参数的数量。

$*：所有位置参数的内容。

$?：命令执行后返回的状态。

$$：当前进程的进程号。

$!：后台运行的最后一个进程号。

$0：当前执行的进程名。

其中，$?用于检查上一个命令执行是否正确。（在 Linux 中，命令退出状态为 0 表示该命令正确执行，任何非 0 值表示命令出错。）

$$变量最常见的用途是作为暂存文件的名字以保证暂存文件不会重复。

2. 测试命令

在 bash 中，测试条件表达式只能使用 test 命令。test 命令用于检查某个条件是否成立，它可以进行数值、字符和文件三方面的测试，其测试符和相应的功能分别如下。

（1）数值测试

-eq：表示等于则为真。

-ne：表示不等于则为真。

-gt：表示大于则为真。

-ge：表示大于等于则为真。

-lt：表示小于则为真。

-le：表示小于等于则为真。

例如：

```
# test 8 -eq 9          //测试数值 8 等于 9
# echo $?               //显示其返回值，变量$?存储上一个命令的返回值
1                       //如果值为真，返回 0，否则为 1
```

本例的另外一种写法：

```
# [ 8 -eq 9 ]           //省略"test"，改用中括号，作用完全一样
# echo $?
1
```

（2）字串测试

=：表示等于则为真。

!=：表示不相等则为真。

-z 字串：表示字串长度不等于零则为真。

-n 字串：表示字串长度等于零则为真。

例如：

```
# x=" abc "             //测试字符串 x 等于 y
# y=" abc "
# test x = y
# echo $?
0
```

说明： 上例中等号两边和中括号两边内侧要有空格。

（3）文件测试

-e 文件名：表示如果文件存在则为真。

-r 文件名：表示如果文件存在且可读则为真。

-w 文件名：表示如果文件存在且可写则为真。

-x 文件名：表示如果文件存在且可执行则为真。

-s 文件名：表示如果文件存在且至少有一个字符则为真。

-d 文件名：表示如果文件存在且为目录则为真。

-f 文件名：表示如果文件存在且为普通文件则为真。

-c 文件名：表示如果文件存在且为字符型特殊文件则为真。

-b 文件名：表示如果文件存在且为块特殊文件则为真。

例如：

```
test -f abc.txt                    //判断文件 abc.txt 是否存在
```

另外，Linux 还提供了与（!）、或（-o）、非（-a）三个逻辑操作符，用于将测试条件连接起来，其优先顺序为：! 最高，-a 次之，-o 最低。

例如：

```
test -f file1 -a -w file1       //判断文件 file1 存在且有可写的权限
```

同时，bash 也能完成简单的算术运算，格式如下：

```
$[expression] 或 expr expression
```

例如：

```
var1=2
var2=$[var1*10+1]
```

则 var2 的值为 21。

常见的数值运算符有：+、-、*、/、%（取余数）、〈、〈=、!=等。

说明：expression 是由字符串及运算符所组成的，每个字符串或运算符之间必须用空格分隔。

8.7.2　shell 程序的控制结构语句

1. if 条件语句

shell 程序中的条件分支是通过 if 条件语句来实现的，其一般格式为：

```
if 条件命令串
then
条件为真时的命令串
else
条件为假时的命令串
fi
```

【例 8-1】　显示当前目录下是否有文件 abc.txt，源代码如下：

```
#!/bin/bash
```

```
#This is a example1.
if [ -f abc.txt ]
then
        Echo   " There is a abc.txt in current dir. "
else
        Echo   " There isn't a abc.txt in current dir. "
fi
#end
```

2．for 循环

for 循环对一个变量的可能的值都执行一个命令序列。赋给变量的几个数值既可以在程序内以数值列表的形式提供，也可以在程序以外以位置参数的形式提供。for 循环的一般格式为：

```
for 变量名          {in 数值列表}
do
若干个命令行
done
```

变量名可以是用户选择的任何字串，如果变量名是 var，则在 in 之后给出的数值将顺序替换循环命令列表中的$var。如果省略了 in，则变量 var 的取值将是位置参数。对变量的每一个可能的赋值都将执行 do 和 done 之间的命令列表。

【例 8-2】　显示当前目录下的所有文本文件（*.txt）的名称和内容，源代码如下：

```
#!/bin/bash
#This is a example2.
for file in *.txt
do
echo   " ---------------------- "
echo $file
echo   " ---------------------- "
cat $file
done
#end
```

3．while 和 until 循环

while 和 until 命令都是用命令的返回状态值来控制循环的。while 循环的一般格式为：

```
while
若干个命令行 1
do
若干个命令行 2
done
```

只要 while 的"若干个命令行 1"中最后一个命令的返回状态为真，while 循环就继续执行 do…done 之间的"若干个命令行 2"。

until 命令是另一种循环结构，它和 while 命令相似，其格式如下：

```
until
 若干个命令行 1
do
 若干个命令行 2
done
```

until 循环和 while 循环的区别在于：while 循环在条件为真时继续执行循环，而 until 则是在条件为假时继续执行循环。

shell 还提供了 true 和 false 两条命令用于创建无限循环结构，它们的返回状态分别是总为 0 或总为非 0。

【例 8-3】　计算 1 到 10 的平方，源代码如下：

```
#!/bin/bash
#This is a example3.
int=1                    //给变量 int 赋初值
while test $int –le 10    //当 int<=10 时，执行循环
do
sq=`expr $int \* $int`    //计算 int 的平方，注意等号两边没有空格，等号右边使用一对反引号
echo $sq
int=`expr $int +1`       //int 加 1
done
echo  " finished "
#end
```

说明：当表达式中含有 "*、{、(" 等非字母或数字符号时，必须在其前面加上 "\"，以免被 shell 解释成其他意义。在 expr $int * $int 中的 "*"，如果没有，那么结果将是一个字符串。因为 "*" 在 Linux 中代表任意数量的任意字母。如 2* \(8+9\)表示表达式 2* (8+9)。

4. case 条件选择

if 条件语句用于在两个选项中选定一项，而 case 条件选择为用户提供了根据字串或变量的值从多个选项中选择一项的方法，其格式如下：

```
case string in
exp-1)
若干个命令行 1
; ;
exp-2)
 若干个命令行 2
; ;
…
*)
其他命令行
esac
```

shell 通过计算字串 string 的值，将其结果依次和运算式 exp-1, exp-2 等进行比较，直到

找到一个匹配的运算式为止。如果找到了匹配项，则执行它下面的命令直到遇到一对分号（;；）为止。

在 case 运算式中也可以使用 shell 的通配符（"*""？""[ ]"）。通常用 * 作为 case 命令的最后运算式以便在前面找不到任何相应的匹配项时执行"其他命令行"的命令。

【例 8-4】 编写一个小程序，当用户输入一个国家的名称时便能输出这个国家的首都名称。源代码如下：

```
#!/bin/bash
#This is a example4.
case $1 in
        China) echo Beijing;;
        USA) echo Washington;;
        British) echo London;;
        Russia) echo moskow;;
        France) echo paris;;
        *) echo out of my knowledge
esca
```

将以上程序在 VI 编辑器中输入并保存为文件名 example4。

执行程序输入：

```
# bash example4 Russia
```

输出以下结果：

```
moskow
```

5．无条件控制语句 break 和 continue

break 用于立即终止当前循环的执行，而 continue 用于不执行循环中后面的语句而立即开始下一个循环的执行。这两个语句只有放在 do 和 done 之间才有效。

6．函数定义

在 shell 中还可以定义函数。函数实际上也是由若干条 shell 命令组成的，因此它与 shell 程序形式上是相似的，不同的是，它不是一个单独的进程，而是 shell 程序的一部分。函数定义的基本格式为：

```
functionname
{
  若干命令行
}
```

调用函数的格式为：

```
functionname param1 param2…
```

shell 函数可以完成某些例行的工作，而且还可以有自己的退出状态，因此函数也可以作为 if, while 等控制结构的条件。

在函数定义时不用带参数说明，但在调用函数时可以带有参数，此时 shell 将把这些参数分别赋予相应的位置参数$1, $2,…及$*。

【例 8-5】 编写一个函数，通过调用函数输出结果。源代码如下：

```
#!/bin/bash
#This is a example5.
func( )
{
     echo   " Nice to meet you. "
     echo $a $b              //a,b 为变量
     echo $1 $2              //位置参数
     echo   " Good bye! "
}
a= " China "
b= " Beijing "
func capital center
```

将以上程序在 VI 编辑器中输入并保存为文件名 example5。
执行程序输入：

```
# bash example5
```

输出以下结果：

```
Nice to meet you.
China Beijing
capital center
Good bye!
```

7. 命令分组

在 shell 中有两种命令分组的方法：()和{}。前者当 shell 执行()中的命令时将再创建一个新的子进程，然后这个子进程去执行圆括号中的命令。当用户在执行某个命令时不想让命令运行时对状态集合（如位置参数、环境变量、当前工作目录等）的改变影响到下面语句的执行时，就应该把这些命令放在圆括号中，这样就能保证所有的改变只对子进程产生影响，而父进程不受任何干扰。{}用于将顺序执行的命令的输出结果用于另一个命令的输入（管道方式）。当要真正使用圆括号和花括号时（如计算运算式的优先顺序），则需要在其前面加上转义符（\）以便让 shell 知道它们不是用于命令执行的控制所用。

8.7.3 运行 shell 程序的方法

用户可以用任何编辑器来编写 shell 程序。因为 shell 程序是解释执行的，所以不需要编译成目的程序。按照 shell 编程的惯例，以 bash 为例，程序的第一行一般为：

```
#! /bin/bash
```

其中，# 表示该行是注释，叹号！告诉 shell 运行叹号之后的命令并用文档的其余部分

作为输入，也就是运行/bin/bash 并让/bin/bash 去执行 shell 程序的内容。

在下面的例子中，假设已经建立好一个 shell 程序 lx1。

1．执行 shell 程序的方法

执行 shell 程序的方法主要有三种。

（1）bash shell 程序文件名

这种方法的命令格式为：

> bash shell 程序文件名

例如：

> bash lx1

这实际上是调用一个新的 bash 命令解释程序，而把 shell 程序文件名作为参数传递给它。新启动的 shell 将去读指定的文件，执行文件中列出的命令，当所有的命令都执行完后结束。该方法的优点是可以利用 shell 调试功能。

（2）bash<shell 程序文件名

格式为：

> bash< shell 程序名

这种方式就是利用输入重定向，使 shell 命令解释程序的输入取自指定的程序文件。

例如：

> bash< lx1

（3）用 chmod 命令使 shell 程序成为可执行的

一个文件能否运行取决于该文档的内容本身是否可执行且该文件是否具有执行权。对于 shell 程序，当用编辑器生成一个文件时，系统赋予的许可权限都是 644(rw-r-r--)，因此，当用户需要运行这个文件时，只需要修改文件的可执行权限，然后直接键入文件名即可。

在这三种运行 shell 程序的方法中，最好按下面的方式选择：当刚创建一个 shell 程序，对它的正确性还没有把握时，应当使用第一种方式进行调试；当一个 shell 程序已经调试好时，应使用第三种方式把它固定下来，以后只要键入相应的文件名即可，并可被另一个程序所调用。

例如：

> chmod u+x lx1

2．bash 程序的调试

在编程过程中难免会出错，有的时候，调试程序比编写程序花费的时间还要多，shell 程序同样如此。

shell 程序的调试主要是利用 bash 命令解释程序的选择项。调用 bash 的形式是：

> bash -选择项 shell 程序文件名

几个常用的选择项如下。

-e：如果一个命令失败就立即退出。

-n：读入命令但是不执行它们。

-u：置换时把未设置的变量看作出错。

-v：当读入 shell 输入行时把它们显示出来。

-x：执行命令时把命令和它们的参数显示出来。

上面的所有选项也可以在 shell 程序内部用"set -选择项"的形式引用，而"set +选择项"则将禁止该选择项起作用。如果只想对程序的某一部分使用某些选择项时，则可以将该部分用上面两个语句包围起来。

（1）未置变量退出和立即退出

未置变量退出特性允许用户对所有变量进行检查，如果引用了一个未赋值的变量就终止 shell 程序的执行。shell 通常允许未置变量的使用，在这种情况下，变量的值为空。如果设置了未置变量退出选择项，则一旦使用了未置变量就显示错误信息，并终止程序的运行。未置变量退出选择项为-u。

当 shell 运行时，若遇到不存在或不可执行的命令、重定向失败或命令非正常结束等情况时，如果未经重新定向，该出错信息会显示在终端屏幕上，而 shell 程序仍将继续执行。要想在错误发生时迫使shell 程序立即结束，可以使用-e 选项将 shell 程序的执行立即终止。

（2）shell 程序的跟踪

调试 shell 程序的主要方法是利用 shell 命令解释程序的-v 或-x 选项来跟踪程序的执行。-v 选择项使 shell 在执行程序的过程中，把它读入的每一个命令行都显示出来；而-x 选择项使 shell 在执行程序的过程中把它执行的每一个命令在行首用一个+加上命令名显示出来，并把每一个变量和该变量所取的值也显示出来。因此，它们的主要区别在于：在执行命令行之前无-v，则显示出命令行的原始内容，而有-v 时则显示出经过替换后的命令行的内容。

除了使用-v 和-x 选择项以外，还可以在 shell 程序内部采取一些辅助调试的措施。例如，可以在 shell 程序的一些关键地方使用 echo 命令把必要的信息显示出来，它的作用相当于 C 语言中的 printf 语句，这样就可以知道程序运行到什么地方及程序目前的状态。

8.7.4　bash 的内部命令

bash 命令解释套装程序包含了一些内部命令。内部命令在目录列表时是看不见的，它们由 shell 本身提供。常用的内部命令有：echo，eval，exec，export，readonly，read，shift，wait 和点（.）。下面简单介绍其命令格式和功能。

1．echo

命令格式：

```
echo arg
```

功能：在屏幕上显示出由 arg 指定的字串。

2．eval

命令格式：

eval args

功能：当 shell 程序执行到 eval 语句时，shell 读入参数 args，并将它们组合成一个新的命令，然后执行。

3．exec

命令格式：

exec 命令参数

功能：当 shell 执行到 exec 语句时，不会去创建新的子进程，而是转去执行指定的命令，当指定的命令执行完时，该进程（也就是最初的 shell）就终止了，所以 shell 程序中 exec 后面的语句将不再被执行。

4．export

命令格式：

export 变量名

或：

export 变量名=变量值

功能：shell 可以用 export 把它的变量向下带入子 shell，从而让子进程继承父进程中的环境变量。但子 shell 不能用 export 把它的变量向上带入父 shell。

注意：不带任何变量名的 export 语句将显示出当前所有的 export 变量。

5．readonly

命令格式：

readonly 变量名

功能：将一个用户定义的 shell 变量标识为不可变。不带任何参数的 readonly 命令将显示出所有只读的 shell 变量。

6．read

命令格式：

read 变量名表

功能：从标准输入设备读入一行，分解成若干字，赋值给 shell 程序内部定义的变量。

7．shift 语句

功能：shift 语句按如下方式重新命名所有的位置参数变量，即$2 成为$1，$3 成为$2…在程序中每使用一次 shift 语句，都使所有的位置参数依次向左移动一个位置，并使位置参数$#减 1，直到减到 0 为止。

8．wait

功能：使 shell 等待在后台启动的所有子进程结束。wait 的返回值总是真。

9．exit

功能：退出 shell 程序。在 exit 之后可有选择地指定一个数位作为返回状态。

10．"."（点）

命令格式：

　. shell 程序文件名

功能：使 shell 读入指定的 shell 程序文件并依次执行文件中的所有语句。

本章小结

本章主要介绍 shell 的类型、功能和工作原理。shell 作为命令解释器是它的主要功能；作为编程语言，它和大多数程序设计语言一样，有程序控制结构语句等，程序是解释执行而不是编译运行。

习题与实验

一、简答题

1．简述 shell 作为命令解释器的工作过程。

2．简述 shell 的主要功能。

3．输出重定向与管道有何用处？区别是什么？

二、实验题

1．查看某个目录下的内容并重定向到一个文件。

2．编写一个简单程序，调试运行。

第 9 章　嵌入式 Linux 及编程

本章导读

近几年，嵌入式系统产品日臻完善，并在全世界各行业得到广泛应用。任何程序的开发都离不开编辑器，嵌入式系统开发也一样。文本编辑器是进行文本输入和编辑的工具，在 Linux 系统中 VI 是最基本、最常用的文本编辑器，Linux 中的配置文件要用它来编辑。通过本章学习，应该：

　　◇ 了解嵌入式系统的基本概念与体系结构及开发
　　◇ 掌握 VI 的三种工作模式和最基本的操作
　　◇ 熟悉 Linux 系统下几种常用的编辑器、编译器、调试器

9.1　嵌入式系统概述

9.1.1　嵌入式系统的基本概念

近几年，嵌入式系统产品日臻完善，并在全世界各行业得到广泛应用。嵌入式系统产品的研制和应用已经成为我国信息化带动工业化、工业化促进信息化发展的新的国民经济增长点。随着消费家电的智能化，嵌入式更显重要。像我们平常见到的手机、PDA、电子字典、可视电话、VCD、DVD、MP3 Player、数字相机（DC）、数字摄像机（DV）、U-Disk、机顶盒（Set Top Box）、高清电视（HDTV）、游戏机、智能玩具、交换机、路由器、数控设备或仪表、汽车电子、家电控制系统、医疗仪器、航天航空设备，等等，都是典型的嵌入式系统，随着 Internet 的迅速发展和廉价微处理器的出现，嵌入式系统将在日常生活里形成更大的应用领域。

在中国嵌入式软件发展过程中，政府已充分认识到它的重要作用，并在政策、资金等方面给予了大力支持。最近几年来，中国的嵌入式软件发展速度一直高于中国软件产业的发展速度和全球嵌入式软件的发展速度，在中国软件产业和全球嵌入式软件产业中所占的比重越来越大。

在嵌入式系统行业内有一个被普遍接受的定义：嵌入式系统是以应用为中心，以计算机控制系统为基础，并且软硬件可裁剪，适用于应用系统对功能、可靠性、成本、体积、功耗有严格要求的专用计算机系统。简单地说，嵌入式系统就是被嵌入到电子设备的专用计算机系统。

嵌入式系统通常由特定功能模块和计算机控制模块组成，主要由嵌入式微处理器、外围硬件设备、嵌入式操作系统以及用户应用软件等部分组成。它具有"嵌入性""专用性""计算机系统"的三个基本要素。嵌入式系统的特点如下。

- 面向特定应用。嵌入式系统大多是为特定用户群设计的系统，具有体积小、功耗低、集成度高等特点。
- 嵌入式系统的硬件和软件都必须进行高效的设计，量体裁衣、去除冗余，力争在同样的硅片面积上实现更高的性能，这样才能在具体应用中对处理器的选择更具有竞争力。
- 嵌入式系统是将先进的计算机技术、半导体技术和电子技术与各行各业的具体应用相结合的产物。因此它是复合型的知识集成系统，从事嵌入式系统开发的人才也必须是复合型人才。
- 为了提高执行速度和系统可靠性，嵌入式系统中的软件一般都固化在存储器芯片中，而不是存储于磁盘中。
- 嵌入式开发的软件尤其要求高质量、高可靠性。由于嵌入式设备是处在无人值守或条件恶劣的环境中，因此对其代码必须有更高的要求。同时，嵌入式系统本身不具备二次开发功能。

9.1.2　嵌入式系统的体系结构

嵌入式系统是一类特殊的计算机系统，一般包括硬件设备、嵌入式操作系统和应用软件。

硬件设备包括嵌入式处理器和外围设备。其中嵌入式处理器（CPU）是嵌入式系统的核心部分，它与通用处理器的最大区别是，嵌入式处理器大多为特定用户群专门设计的系统，它将通用处理器中许多板卡完成的任务集成到芯片内部，从而有利于嵌入式系统在设计时趋于小型化，同时还具有可靠性和很高的效率。当今，全世界嵌入式处理器有很多种，流行的体系结构最为广泛的是 ARM、PowerPC、MC6900、MIPS 等。外围设备是指嵌入式系统中用于完成存储、通信、调试、显示灯辅助功能的其他部件。目前常用的嵌入式外围设备按功能分为存储设备（如 RAM、SRAM、Flash 等）、通信设备（以太网接口、无线通信、USB 接口、RS-232 接口）和显示设备（如显示器）。

嵌入式操作系统不仅具有通用操作系统的一般功能，如向上提供对用户的接口（如库函数 API、图形界面等），向下提供与硬件设备交互的接口（硬件驱动程序等），管理复杂的系统资源，同时，它还在系统实时性、硬件依赖性、软件固化性及应用专用性等方面，具有更加鲜明的特点。常见的嵌入式操作系统有嵌入式 Linux、u Clinux、Windows CE、PalmOS、Symbian、eCos、uCOS-II、VxWorks 等。

嵌入式 Linux 是指标准 Linux 经过小型化裁剪处理之后，能够固化在容量只有几 KB 或几 MB 的存储器芯片中或单片机中，适用于特定嵌入式应用场合的专用 Linux 操作系统。在目前已经开发成功的嵌入式系统中，大约一半使用 Linux。这与它自身的优良特性是分不开的，嵌入式 Linux 同 Linux 一样，也有众多版本。

应用软件是针对特定应用领域，基于某一固定的硬件平台，用来达到用户预期目标的计算机软件。嵌入式系统自身的特点，决定了嵌入式应用软件不仅要求满足准确性、实时性、安全性和稳定性等方面的需要，而且还要尽可能地进行代码优化，以减少对系统资源的消耗，减低硬件成本。

9.2　嵌入式开发

9.2.1　嵌入式系统开发概述

由于嵌入式系统本身特性所影响，嵌入式系统开发与通用系统的开发有很大的区别。嵌入式系统的开发主要分为系统总体开发、嵌入式硬件开发和嵌入式软件开发三大部分。

在系统总体开发中，由于嵌入式系统与硬件依赖性非常紧密，某些需求只能通过特定的硬件才能实现，因此需要进行处理器选型，以更好地满足产品的需求。另外，对于有些硬件和软件都可以实现的功能，就需要在成本和性能上做出抉择。通常使用硬件实现会增加产品的成本，但能大大提高产品的性能和可靠性。

另外，开发环境的选择对于嵌入式系统的开发也有很大影响。这里的开发环境包括嵌入式操作系统的选择及开发工具的选择等。VxWorks 出现早，实时性很强，并且内核可极微，可靠性较高。特别在通信设备等实时性要求较高的系统中，有比较广泛的应用。嵌入式 Linux 广泛应用的原因当然是免费、开源、支持软件多、支持者多，成本也低。Windows CE 是微软的操作系统，也有很大的市场份额，特别是在 PDA、手机等界面要求较高或者要求快速开发的场合。

9.2.2　嵌入式软件开发概述

如果在一个嵌入式系统中使用 Linux 技术开发，根据应用需求的不同有不同的配置开发方法，但是，一般情况下都需要经过如下的过程。

① 建立开发环境，操作系统一般使用 Red Hat Linux，选择定制安装或全部安装，通过网络下载相应的 GCC 交叉编译器进行安装（比如，arm-1inux-gcc、arm-uclibc-gcc），或者安装产品厂家提供的相关交叉编译器。

② 配置开发主机，配置 MINICOM，一般的参数为波特率 115 200 Baud，数据位 9 位，停止位为 1，9，无奇偶校验，软件硬件流控制设为无。在 Windows 下的超级终端的配置也是这样。MINICOM 软件的作用是作为调试嵌入式开发板的信息输出的监视器和键盘输入的工具。配置网络主要是配置 NFS 网络文件系统，需要关闭防火墙，简化嵌入式网络调试环境设置过程。

③ 建立引导装载程序 BOOTLOADER，从网络上下载一些公开源代码的 BOOTLOADER，如 U. BOOT、BLOB、VIVI、LILO、ARM-BOOT、RED-BOOT 等，根据具体芯片进行移植修改。有些芯片没有内置引导装载程序，比如，三星的 ARV17、ARM9 系列芯片，这样就需要编写开发板上 Flash 的烧写程序，可以在网上下载相应的烧写程序，也有 Linux 下的公开源代码的 J-Flash 程序。如果不能烧写自己的开发板，就需要根据自己的具体电路进行源代码修改。这是让系统可以正常运行的第一步。如果用户购买了厂家的仿真器比较容易烧写 Flash，虽然无法了解其中的核心技术，但对于需要迅速开发自己的应用的人来说可以极大提高开发速度。

④ 下载已经移植好的 Linux 操作系统，如 u CLinux、ARM-Linux、PPC-Linux 等，如果

有专门针对所使用的 CPU 移植好的 Linux 操作系统那是再好不过，下载后再添加特定硬件的驱动程序，然后进行调试修改。对于带 MMU 的 CPU 可以使用模块方式调试驱动，而对于 u CLinux 这样的系统只能编译内核进行调试。

⑤ 建立根文件系统，可以从 http：//www.busy.box.net 下载使用 BUSYBOX 软件进行功能裁剪，产生一个最基本的根文件系统，再根据自己的应用需要添加其他的程序。由于默认的启动脚本一般都不会符合应用的需要，所以就要修改根文件系统中的启动脚本，它的存放位置位于/etc 目录下，包括：/etc/init.d/rc.S、/etc/profile、/etc/.profile 等，自动挂装文件系统的配置文件/etc/fstab，具体情况会随系统不同而不同。根文件系统在嵌入式系统中一般设为只读，需要使用 mkcramfs、genromfs 等工具产生烧写映像文件。

⑥ 建立应用程序的 Flash 磁盘分区，一般使用 JFFS2 或 YAFFS 文件系统，这需要在内核中提供这些文件系统的驱动，有的系统使用一个线性 Flash（NOR 型）512 KB～32 MB，有的系统使用非线性 Flash（NAND 型）9～512 MB，有的两个同时使用，需要根据应用规划 Flash 的分区方案。

⑦ 开发应用程序，可以放入根文件系统中，也可以放入 YAFFS、JFFS2 文件系统中，有的应用不使用根文件系统，直接将应用程序和内核设计在一起，这有点类似于 μ C/OS-II 的方式。

⑧ 烧写内核、根文件系统和应用程序，发布产品。

无论是一名程序开发者还是爱好者，想要进行编程开发，必须要熟悉相应的编程环境，嵌入式 Linux 的开发也不例外。任何应用程序开发都离不开编辑器、编译器及调试器。

9.3　编辑器 VI

VI 是"visual interface"的英文简称，它可以执行输出、删除、查找、替换、块操作等众多文本操作，而且用户可以根据自己的需要对其进行定制，这是其他编辑器程序所没有的。

VI 不是一个排版程序，它不像 Word 等那样可以对字体、格式、段落等其他属性进行编排，它只是一个文本编辑程序。

VI 是全屏幕编辑器，它没有菜单，只有命令。

VI 是 Linux 系统中一种功能强大，界面友好的编辑器，Linux 中的配置文件（如网络配置，各种服务器配置）都要用它来编辑，因此熟练掌握 VI 命令及其使用技巧非常重要，可以大大提高编程工作的效率。我们要学习它的使用方法，初步接触 VI，可能会觉得它的界面不太友好，不容易掌握，可是一旦掌握了 VI 命令，就可以感觉到它强大的功能与高效，而且 VI 相对来说较小，无论使用哪种 Linux 系统，都可以使用 VI，在很多系统中，可能只有 VI 供选择。

9.3.1　VI 的三种工作模式

在使用 VI 之前，首先应该了解一下 VI 的工作模式。

VI 有三种工作模式：编辑模式、插入模式和命令模式（末行模式）。在 VI 用户可以在这三种模式间切换。

编辑模式：进入 VI 之后，首先进入的就是编辑模式，屏幕上会等待用户的键入命令，也即输入的字母被解释为编辑命令执行，而不是作为文本写到用户的文件中。如果从编辑模式切换到命令模式，用户按冒号"："键即可进入命令模式。

插入模式：在编辑模式下输入插入命令 i、I，附加命令 a、A，打开命令 o、O 中任意一个都可进入插入模式。在插入模式下，用户输入的任何字符都被 VI 当作文件内容保存起来，并将其显示在屏幕上。要从插入模式切换到编辑模式按 Esc 键即可。

命令模式：用来编辑、存盘和退出文件的模式，此时 VI 会在窗口的最后一行显示一个"："作为命令模式的提示符，等待用户输入命令，多数文件的管理命令都是在此模式下执行的。末行命令执行完后，VI 自动回到编辑模式。如果在命令模式下输入命令过程中改变了主意，可用退格键将输入的命令全部删除。再按一下退格键，即可回到编辑模式。

说明：屏幕底部一行是状态行，通常是第 24 行，被 VI 编辑器用来反馈编辑操作结果。错误消息或者提供信息的消息会在状态行中显示出来。VI 还会在 24 行显示那些以冒号（:）或者问号（？）开头的命令。

关于这三种模式的转换见图 9-1。

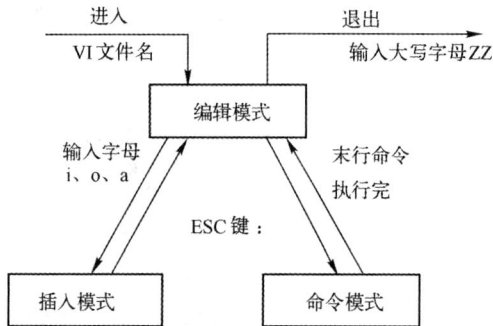

图 9-1   VI 的工作模式转换示意图

说明：Linux 下的命令是大小写敏感的。

1. 启动 VI

要进入 VI 可以直接在系统提示字符下键入 vi，按空格键，然后再输入文件名（本例中以 test.txt 作为文件名），例如：

    vi test.txt

图 9-2 显示了用 VI 新建文件 test.txt 的初始画面。

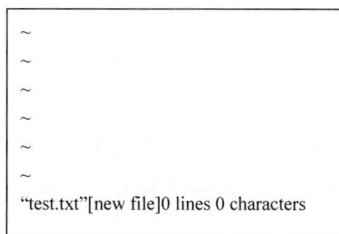

图 9-2   进入 VI 的初始化画面

VI 可以自动载入所要编辑的文件或是开启一个新文件。如果 test.txt 文件已存在，VI 就会在屏幕上显示文件的第一页（前 23 行），如果 test.txt 是一个新文件，VI 就会清屏，光标会出现在屏幕的左上角，屏幕左方会出现波浪符号"～"，凡是列首有该符号就表示此列目前是空的。

说明：状态行说明文件名，并且说明这是一个新文件。图 9-2 中不是全屏幕显示（24 行）。

2. 退出 VI

要退出 VI 可以在命令模式下键入":q"，":q!"或":wq"退出（注意冒号）。

① :q。如果用户只是读文件的内容而未对文件进行修改，可以使用":q"退出 VI，那么 VI 在屏幕的底行会提示下面的信息，VI 编辑器还保留在屏幕上：

　　　　no write since last change(add ！ to override)

② :q!。如果用户对文件的内容做了修改，然后决定要放弃对文件的修改，可以使用":q!"强行退出 VI，在这种情况下文件的内容不变。

③ :wq。在大多数情况下，用户在编辑结束时，用":wq"命令保存文件，然后退出 VI。

④ :n,mw filename　该命令将第 n～m 行的文本保存到指定的文件 filename 中。

⑤ :w!。VI 编辑器通常防止覆盖一个已存在的文件。比如用户键入":w test.txt"并按 Enter 键，而 test.txt 文件已存在时，VI 会显示如下的信息提出警告：

　　　　"test.txt" File exist-use ":w! to overwrite"

⑥ ZZ。该命令表示快速保存文件的内容，然后退出 VI，功能和":wq"一样。

⑦ ZQ。该命令表示不保存文件的内容，然后退出 VI。

说明：ZZ 和 ZQ 命令的前面不用冒号，而且也不需要按 Enter 键完成命令。只需键入"ZZ"或"ZQ"，整个操作就完成了。ZZ 和 ZQ 命令是编辑模式下的命令。

9.3.2　VI 常用命令

1. 如何进入插入模式

在编辑模式下，键入如表 9-1 所示的命令均可进入插入模式。

表 9-1　进入插入模式的命令

命　令	说　明
i	从光标所在位置前开始插入文本
I	该命令是将光标移到当前行的行首，然后在其前插入文本
a	用于在光标当前所在位置之后追加新文本
A	将把光标挪到所在行的行尾，从那里开始插入新文本
o	将在光标所在行的下面新开一行，并将光标置于该行的行首，等待输入文本
O	在光标所在行的上面插入一行，并将光标置于该行的行首，等待输入文本

2. 编辑模式下的操作

在编辑模式下，可以进行的操作有复制和粘贴当前行，查找字符串，替换和删除单词，撤销和重复这些操作，下面通过一些例子来讲解。

假设 test.txt 文件中有如下内容：

> This is a wall.
> These are ducks.
> This is a pig.

例如，要复制第 1 行到文件末，操作方法如下。

在编辑模式下，光标移到第 1 行行首，输入大写字母"YY"，这时当前行的内容复制到缓冲区；接着移动光标到指定的行输入小写字母"p"，这样就将复制了第 1 行。

例如：要查找文件中的字符串"This"，操作方法如下。

在编辑模式下，光标移到第 1 行行首，按"/"键，在状态行出现"/"字样，输入"This"，按 Enter 键。VI 将从光标的当前位置开始向文件尾查找，如果找到，光标将停留在该字符串，并用红色底纹标识，如图 9-3 所示。

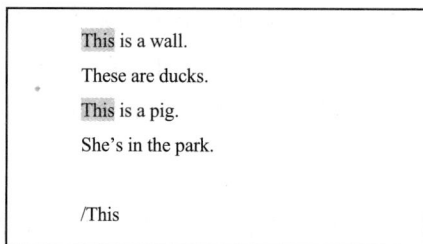

```
This is a wall.

These are ducks.

This is a pig.

She's in the park.


/This
```

图 9-3   查找字符串

在编辑模式下，常用的编辑命令如表 9-2 所示。

表 9-2   常用的编辑命令

类　　型	命　　令	说　　明
光标定位	h、j、k、l	分别用于光标左移、下移、上移、右移一个字符
	Ctrl+B	将屏幕向文件首方向翻滚一整屏（即 PgUp）
	Ctrl+F	将屏幕向文件尾方向翻滚一整屏（即 PgDn）
	H	将光标移至当前屏幕首行的行首（即左上角）
	n H	将光标移至当前屏幕第 n 行的行首
	M	将光标移至屏幕显示文件的中间行的行首
	L	将光标移至当前屏幕的最底行的行首
	n L	将光标移至当前屏幕的倒数第 n 行的行首
	w	将光标右移至下一个字的字首
	e	如果光标起始位置处于字内（即非字尾处），则该命令将把光标移到本字字尾；如果光标起始位置处于字尾，则该命令将把光标移动到下一个字的字尾
	b	如果光标处于所在字内（即非字首处），则该命令将光标移到本字字首；如果光标处于所在字字首，则该命令将把光标移至上一个字的字首

续表

类　型	命　令	说　　明
光标定位	0	移动到光标所在行的行首
	$	移动到光标所在行的行尾
	^	移动到光标所在行的第一个字符（非空格）
替换和删除	rc	用字符 c 替换光标所指向的当前字符
	nrc	用字符 c 替换光标所指向的前 n 个字符
	x	删除光标处的字符
	nx	删除从光标所在位置开始向右的 n 个字符
	dw	删除一个单词，若光标处在某个词的中间，则从光标所在位置开始删至词尾并连同空格
	ndw	删除 n 个指定的单词
	db	删除光标所在位置之前的一个词
	ndb	删除光标所在位置之前的 n 个词
	dd	删除光标所在的整行
	ndd	删除当前行及其后 n–1 行的内容
复制和粘贴	YY	将当前行的内容复制到缓冲区
	nYY	将当前开始的 n 行内容复制到缓冲区
	P	将缓冲区的内容写出到光标所在的位置
搜索字符串	/str	往右移动到有 str 的地方
	?str	往左移动到有 str 的地方
	n	向相同的方向移动到有 str 的地方
	N	向相反的方向移动到有 str 的地方
撤销和重复	u	取消前一次的误操作或不合适的操作对文件造成的影响，使之恢复到这种误操作或不合适操作被执行之前的状态
	.	再执行一次前面刚完成的某个复杂的命令
退出	ZZ	存盘退出
	ZQ	不保存退出

3. 命令模式下的操作

在命令模式下，可以进行的操作主要是文件相关的操作，多行文本（文本块）的复制、移动、删除和字符串替换等操作。下面通过一些例子来讲解。

例如，将第 1 行到第 3 行之间（包括第 1、3 行本身）的所有文本复制到第 4 行之下，操作方法如下。

首先从别的模式切换到命令模式，即状态行出现冒号"："提示符后，输入 1,3 co 4，按 Enter 键即可。屏幕上在第 4 行后出现第 1 行到第 3 行的内容。

例如，将第 1 行到第 3 行之间（包括第 1、3 行本身）的所有字符串"This"替换为"That"。操作方法如下。

在冒号"："提示符后，输入 1,3 s/This　/That/g，按 Enter 键即可。

在命令模式下，常用的命令如表 9-3 所示。

表 9-3 常用的命令模式命令

类 型	命 令	说 明
跳行	:n	直接输入要移动到的行号即可实现跳行
退出	:q	退出 VI
	:wq	保存退出 VI
	:q!	不保存退出 VI
文件相关的操作命令	:w	将当前编辑的内容存盘
	:w file	将当前编辑的内容写到 file 文件中
	:n1,n2 w file	将从 nl 开始到 n2 结束的行写到 file 文件中
	:nw file	将第 n 行写到 file 文件中
	:1,.w file	将从第 1 行起到光标当前位置的所有的内容写到 file 文件中
	:.,$w file	将从光标当前位置起到文件结尾的所有的内容写到 file 文件中
	:r file	打开另一个文件 file
	:e file	新建 file 文件
	:f file	把当前文件改名为 file 文件
字符串搜索、替换、删除	:/str/	从当前光标开始往右移动到有 str 的地方
	:?str?	从当前光标开始往左移动到有 str 的地方
	:/str/w file	将包含有 str 的行写到文件 file 中
	:/str1/str2/w file	将从 str1 开始到 str2 结束的内容写入 file 文件中
	:s/str1/str2/	将第 1 个 str1 替换为 str2
	:s/str1/str2/g	将所有的 str1 替换为 str2
	:.,$/str1/str2/g	将从当前位置到结尾的所有的 str1 替换为 str2
文本的复制、移动和删除	:n1,n2 co n3	将从 n1 开始到 n2 为止的所有内容复制到 n3 后面
	:n1,n2 m n3	将从 n1 开始到 n2 为止的所有内容移动到 n3 后面
	:d	删除当前行
	:nd	删除从当前行开始的 n 行
	:n1,n2 d	删除从 n1 开始到 n2 为止的所有内容
	:.,$d	删除从当前行到结尾的所有内容
	:/str1/,/str2/d	删除从 str1 开始到 str2 为止的所有内容
执行 shell 命令	:!Cmd	运行 shell 命令
	:n1,n2 w!Cmd	将 n1 到 n2 的内容作为 cmd 命令的输入，如果不指定 n1, n2, 则整个文件的内容作为 cmd 命令的输入
	:r!Cmd	将命令运行的结果写入当前行位置

9.3.3 VI 的高级应用

1. 设置 VI 环境

VI 编辑器的操作环境可以通过设置编辑参数来定义，并且有许多种方法可以进行这种设置。最直接的方法是使用 VI 的 set 命令进行设置。这种情况下，VI 在进行设置前必须处于命令状态。使用这种方法的用户可以设置任何选项，但是选项的改变是临时的，并且只在用户当前编辑状态下有效。当用户退出 VI 编辑器时，设置会被丢弃。

本节介绍一些有用的 VI 参数，大多数选项名有缩写形式，用户进行设置时既可以使用选项名的全称，也可以使用缩写。

（1）autoindent 选项（缩写为 ai）

autoindent 选项将用户键入的每个新行与前一行的开始对齐。该选项对于使用 C 等其他结构化程序设计语言编写程序时十分有用。使用 Ctrl+D 键可减少一级缩进，每次执行 Ctrl+D 键，会增加一个由 shiftwidth 选项指定的数值。本选项的默认值为 noai。

（2）ignorecase 选项（缩写为 ic）

VI 编辑器提供大小写敏感的搜索，也就是说，它区分大写字母和小写字母。要使 VI 忽略大小写，键入"：set ignorecase"并按 Enter 键。要返回大小写敏感状态，键入"：set noignorecase"并按 Enter 键。

（3）magic 选项

某些符号（如方括号[ ]）在用于搜索时有特殊的含义。当用户将这些符号开头置为 nomagic 时，这些符号不再有特殊含义。

（4）number 选项（缩写为 nu）

VI 编辑器一般情况下不显示每行的行号。显示行号可以使用户对自己文件的大小及自己正在编辑文件的哪一部分等心里有数。要显示行号，键入"：set number"，然后按 Enter 键。如果不希望显示行号，键入"：set nonumber"并按 Enter 键。

（5）report 选项

VI 编辑器对用户的编辑工作并不给予任何反馈。例如，如果用户键入"dd"，VI 删除当前行文本，但不会在屏幕上显示任何确认消息。如果希望在屏幕上看到自己编辑的反馈信息，用户可以使用 report 选项来实现。该参数被设为使 VI 编辑器报告发生变化的行的最小行数。要将 report 选项设为 2 行时有效，键入"：set report = 2"并按 Enter 键。于是，当用户的编辑工作作用两行时，VI 显示相应报告。例如，删除两行并复制两行，将在屏幕底部产生类似下面的报告信息：

    2 lines deleted
    2 lines yanked

（6）scroll 选项

scroll 选项用于设定用户在使用 Ctrl+D 键时希望滚动的行数。例如，要想使屏幕滚动 5 行，键入"：set scroll = 5"并按 Enter 键。

（7）shiftwidth 选项（缩写为 sw）

该选项设定在设置了自动缩进时，使用 Ctrl+D 键时的空格数。该选项的默认设置为"sw = 9"。例如，要把该设置改为 10，键入"：set sw = 10"并按 Enter 键。

（8）showmode 选项（缩写为 smdi）

VI 编辑器并不显示任何可见的反馈信息来告知当前是处于文本输入模式还是命令模式，这可能会导致混淆，尤其是对于新手。用户可以设置 showmode 选项来提供可见的反馈到屏幕，或者说 showmode 选项在状态行上指示所处的模式。

要打开 showmode 选项，键入"：set showmode"并按 Enter 键。接着，根据用户需要在文本输入和命令模式之间切换，而 VI 在屏幕的右下角显示不同的信息。如果用户键入

"a" 或 "A" 切换到编辑模式，VI 显示 APPEND MODE；如果用户键入 "i" 或 "I"，VI 将显示 INSERT MODE；如果用户键入 "O" 或 "o"，VI 显示 OPEN MODE 等。

这些信息将一直显示在屏幕上，直到用户按 Esc 键切换到命令模式。当屏幕上没有信息时，VI 处于命令模式。要关闭 showmode 选项，键入 "：set noshowmode" 并按 Enter 键。

（9）terse 选项

该选项使 VI 编辑器显示缩短的错误消息。该选项默认值为 noterse。

（10）wrapmargin 选项（缩写为 wm）

该选项定义右边距。用户的终端屏幕通常为 90 列。当键入到行的末尾时（超过第 90 列），屏幕即开始一个新行，这就是所说的行回绕。在用户按 Enter 键时，屏幕同样开始一个新行。因此，屏幕上一行的长度可以为 1～90 个字符之间的任何长度。

但是，VI 编辑器只在用户按 Enter 键时才在用户文件中生成一个新行。如果用户在按 Enter 键前键入了 120 个字符，这时键入的文本看起来是在 2 行，但实际在文件中，这 120 个字符只在 1 行中。

过长的行在文件打印时可能会出现问题，并且屏幕显示的行号与实际文件中的行号相对应时容易产生混淆。最简单的限制行长度的方法是在到达屏幕行末尾前按 Enter 键。另一种方法是设定 wrapmargin 参数以使 VI 编辑器自动插入回车。

例如，要将 wrapmargin 设为 10（10 是从屏幕右边界计数的字符的个数），键入 "wm = 10" 并按 Enter 键。于是当用户键入到第 70 列时，VI 编辑器强迫回车，开始一个新行，以便留出右边距。如果用户正在键入一个字时超过第 70 列，VI 编辑器将把该字整个移至新行。这也意味着右边界可能会对不齐。wrapmargin 选项的默认值是 0，要关闭这个选项，键入 "：set wrapmargin = 0" 并按 Enter 键即可。

2. 缩写与宏

VI 编辑器为用户提供一些捷径，以使用户的输入更快速、更简单。":ab" 和 ":map" 是两个用于该目的的命令。

（1）缩写操作符（:ab）

缩写操作符 ":ab" 命令使得用户给任何字符串指定缩写，该功能可以帮助用户提高输入速度。用户可以为自己经常输入的文本选择一个易记的缩写，在 VI 编辑器中设置缩写后，就可使用该缩写代替原来的文本。例如，要缩写文本 UNIX Operating System，键入 "：ab uno UNIX Operating System" 并按 Enter 键。

在这个例子中，"uno" 是赋给 UNIX Operating System 的缩写，因此，当 VI 处于文本输入模式时，任何时间用户键入 "uno" 接着键入一个空格时，VI 都将 uno 变为 UNIX Operating System。如果 uno 是另一个字的一部分，如 unofficial，则并不会发生改变。VI 通过 uno 前后的空格来识别出 uno 是一个缩写，并把它扩展。

要取消一个缩写，用户可以使用 ":unab"（未缩写）操作符。例如，要取消 uno 缩写，键入 ":unab uno" 并按 Enter 键即可。

【**例 9-1**】　使用:ab 命令为长字符串指定缩写。

① 键入 ":ab CD compact disk" 并按 Enter 键，将 CD 指定为 compact disk 的缩写。

② 键入 ":ab 123 one,two,three,etc. " 并按 Enter 键，将 123 指定为 one,two,three,etc.的缩写。

③ 键入"：ab"并按 Enter 键，显示所有指定的缩写：

　　CD　　compact disk
　　123　　one,two,three,etc.

④ 键入"：unab 123"并按 Enter 键，取消 123 缩写。

（2）宏操作符（：map）

宏操作符（：map）使用户能将一系列键指定给某一键。如同缩写操作符给用户一个文本输入模式下的捷径一样，map 给用户一个在命令模式下的捷径。例如，将命令 dd 指定为 q，键入"：map q dd"并按 Enter 键。此后，当 VI 处于命令模式时，每当用户键入 q 时，VI 应删除光标所在的行。

要取消一个 map 指定，用户可以使用"：unmap"操作符。键入"：unmap q"并按 Enter 键。要查看 map 键的列表和它们指定的内容，键入"：map"并按 Enter 键。

用户也可以使用 map 命令为自己的终端指定功能键。在这种情况下，用户键入"#n"作为键名，n 代表功能键号。例如，要指定 dd 到 F2，键入"：map #2 dd"并按 Enter 键即可。此后，如果用户在 VI 的命令模式下按 F2 键，VI 应删除光标所在的行。

【例 9-2】下面例子显示部分指定键。

① 键入"：map V /linux"并按 Enter 键，将 V 键指定为搜索 Linux 的搜索命令。

② 键入"：map # 5 YY"并按 Enter 键，将 F5 指定为拷贝一行。

③ 键入"：map"并按 Enter 键，显示已经指定的键：

　　V　　　　　　/linux
　　#5　　YY

3．.exrc 文件

用户在 VI 编辑器中所设置的所有选项都是临时的，当用户退出 VI 时，它们都会失效。要使这些设置成为永久的，而不需在每次使用 VI 时重新设置，可以将选项的设置保存到文件".exrc"中。

注意：以"．"（点）开头的文件被称为隐藏文件。

当用户打开 VI 编辑器时，它自动查看用户当前工作目录中的.exrc 文件，并根据在文件中找到的内容设置编辑环境。如果 VI 没有在当前目录中发现.exrc 文件，它将查找用户的主目录，并根据在那里发现的.exrc 文件设置编辑环境。如果 VI 一个.exrc 文件也没有找到，则它对选项使用默认值。

VI 检查.exrc 文件存在的方式给用户提供了强大的工具，用户可以根据自己的不同的编辑需要定义.exrc 文件。例如，可以创建一个通用的.exrc 文件存在主目录。用户可以用 VI 创建一个.exrc 文件，或修改现有的.exrc 文件。

要创建或更改 .exrc 文件，请执行以下操作。

第 1 步：在 Linux 提示符后键入 cd，确定是否处于主目录下，然后使用 VI 创建或编辑 .exrc 文件：

　　[stu1@localhost stu1]$ cd

[stu1@localhost stu1]$ vi .exrc

第 2 步：键入希望设置的永久性选项、单词缩写和宏（不要在命令前加冒号）。

第 3 步：键入 :wq，保存文本并退出 VI。

创建了.exrc 文件后，无论何时需要更改 VI 环境，均可访问此文件。可以将上面的编辑器选项、缩写和宏操作放入此文件中。

【例 9-3】 创建一个.exrc 文件，键入"vi .exrc"并按 Enter 键，然后输入用户想要的 set 和其他命令。下面是一个具体的例子：

set report = 0	//显示反馈信息
set showmode	//显示 VI 三种工作模式的提示信息
set number	//显示行号
set ic	//忽略搜索时大小写字母敏感
set wm = 6	//定义右边距为 6 个空格
set scroll = 10	//设置使用 Ctrl+D 时滚动的行数为 10
ab CD compact disk	//无论何时输入 CD，此缩写都会自动扩展成 compact disk
map #5 YY	//复制命令 YY 用 F5 功能键代替

4. 运行 shell 命令

用户可以在 VI 的命令行运行 Linux shell 命令。这方面的特性使用户可以临时抛弃 VI 来运行 shell 命令。"!"通知 VI 后面是一个 shell 命令。例如，要在 VI 编辑器中运行 date 命令，键入":! date"后按 Enter 键。VI 编辑器将清除屏幕，执行 date 命令，可以看到类似如下的屏幕显示：

Tue oct 4 16:05:52 CST 2016
　[Hit any key to continue]

按任意一个键即可返回 VI 编辑器，并可在前面离开的地方继续编辑。如果用户希望，也可以将 shell 命令执行的结果读进来并加到用户文本中。使用":r"（读取）命令，后面紧跟"！"和相应的 shell 命令来将命令的结果写到用户的文本中。

【例 9-4】 要读取系统的时间和日期，键入":r! date"后按 Enter 键，VI 响应，将当前系统日期和时间放在当前行下面。VI 编辑器保持在文本输入模式。

This is a sample!
The date and time is　Tue oct 4 16:05:52 CST 2016

【例 9-5】 下列命令说明了！的使用。

（1）键入":! ls"后按 Enter 键，列出目录中的文件。

（2）键入":! who"后按 Enter 键，显示谁当前登录到系统上。

（3）键入":! date"后按 Enter 键，显示当前日期和系统时间。

（4）键入":! pwd"后按 Enter 键，显示当前工作目录的路径。

（5）键入": r! date"后按 Enter 键，读取 date 命令的结果，并将其放置在正在编辑文本的光标后边。

（6）键入":r! cal 10 2016"后按 Enter 键，读取 2016 年 10 月的日历，并将其放置在正

在编辑文本的光标后边。

（7）键入"：！ vi test.txt"后按 Enter 键，调用另一个 VI 来编辑 test.txt 文件。

9.4　编译器 GCC

Linux 系统下的 GCC（GNU C compiler）是 GNU 推出的功能强大、性能优越的多平台编译器，是 GNU 的代表作品之一。GCC 是可以在多种硬体平台上编译出可执行程序的超级编译器，其执行效率与一般的编译器相比，平均效率要高 20%~30%。

GCC 编译器能将 C、C++语言源程序、汇编语言源程序和目标程序编译、连接成可执行文件，如果没有给出可执行文件的名字，GCC 将生成一个名为 a.out 的文件。在Linux 系统中，可执行文件没有统一的后缀，系统从文件的属性来区分可执行文件和不可执行文件。而 GCC 则通过后缀来区别输入文件的类别。下面介绍 GCC 所遵循的部分约定规则：

.c 为后缀的文件，C 语言源代码文件；

.a 为后缀的文件，是由目标文件构成的档案库文件；

.C，.cc 或.cxx 为后缀的文件，是 C++源代码文件；

.h 为后缀的文件，是程序所包含的头文件；

.i 为后缀的文件，是已经预处理过的 C 源代码文件；

.ii 为后缀的文件，是已经预处理过的 C++源代码文件；

.m 为后缀的文件，是Objective-C源代码文件；

.o 为后缀的文件，是编译后的目标文件；

.s 为后缀的文件，是汇编语言源代码文件；

.S 为后缀的文件，是经过预编译的汇编语言源代码文件。

9.4.1　GCC 的编译流程

虽然我们称 GCC 是 C 语言的编译器，但使用 GCC 由 C 语言源代码文件生成可执行文件的过程不仅仅是编译的过程，而是要经历四个相互关联的步骤：预处理（也称预编译，Preprocessing）、编译（Compilation）、汇编（Assembly）和连接（Linking）。

下面通过一个例子（文件 test.c）来说明，源代码文件如下：

```
#include<stdio.h>
int main()
{
    printf("hello world\n");
    return 0;
}
```

1. 预处理阶段

执行命令：

```
gcc -E test.c -o test.i
```

选项"-o"是指目标文件，test.i 是指预处理过的文件。

　　命令 gcc 首先调用 cpp 进行预处理，在预处理过程中，对源代码文件中的文件包含（include）、预编译语句（如宏定义 define 等）进行分析。它把"stdio.h"的内容插入到 test.c 文件中。

　　2. 编译阶段

　　执行命令：

　　　　gcc -S test.i -o test.s

　　接下来调用 cc1 进行编译，主要是检查代码的规范性、是否有语法错误，以确定代码实际要做的工作。经过检查无误后，GCC 把代码翻译成汇编语言。用户可以"–S"选项进行查看，该选项只进行编译而不进行汇编，生成汇编语言的代码。这个阶段根据输入文件生成以.s 为后缀的目标文件。

　　3. 汇编阶段

　　执行命令：

　　　　gcc -c test.s -o test.o

　　汇编过程是针对汇编语言的步骤，调用 as 进行工作，一般来讲，.s 为后缀的是汇编语言源代码文件、.s 为后缀的汇编语言文件经过预编译和汇编之后都生成以.o 为后缀的目标文件。

　　4. 连接阶段

　　执行命令：

　　　　gcc test.o -o test

　　当所有的目标文件都生成之后，GCC 就调用 ld 来完成最后的关键性工作，这个阶段就是连接。在连接阶段，所有的目标文件被安排在可执行程序中的恰当的位置，同时，该程序所调用到的库函数也从各自所在的档案库中连到合适的地方。运行该命令，GCC 就生成可执行文件 test。

　　运行该可执行文件 test，出现正确的结果，如下所示：

　　　　$ ./test
　　　　hello world

9.4.2　GCC 的基本用法和选项

　　在使用 GCC 编译器的时候，我们必须给出一系列必要的调用参数和文件名称。GCC 编译器的调用参数大约有 100 多个，其中多数参数可能根本就用不到，这里只介绍其中最基本、最常用的参数。

　　GCC 最基本的用法是：

　　　　gcc [options] [filenames]

　　其中，options 就是编译器所需要的参数，filenames 是相关的文件名称。

-E，只做预处理，不进行编译、汇编和链接。

-S，编译到汇编语言不进行汇编和链接。

-c，只编译，不连接成为可执行文件，编译器只是由输入的.c 等源代码文件生成.o 为后缀的目标文件，通常用于编译不包含主程序的子程序文件。

-o output_filename，确定输出文件的名称为 output_filename，同时这个名称不能和源文件同名。如果不给出这个选项，GCC 就给出预设的可执行文件 a.out。

-g，产生符号调试工具（GNU 的 GDB）所必要的调试信息，要想对源代码进行调试，就必须加入这个选项。

-O，对程序进行优化编译、连接，采用这个选项，整个源代码会在编译、连接过程中进行优化处理，这样产生的可执行文件的执行效率可以提高，但是，编译、连接的速度就相应地要慢一些。

-I dirname，将 dirname 所指出的目录加入到程序头文件目录列表中，是在预编译过程中使用的参数。C 程序中的头文件包含两种情况。

第一种：

#include <stdio.h>

第二种：

#include "myinc.h"

其中，第一种情况使用尖括号（<>），第二种情况使用双引号（" "）。对于第一种情况，预处理程序 cpp 在系统预设包含文件目录（如/usr/include）中搜寻相应的文件，而对于第二种情况，cpp 在当前目录中搜寻头文件，这个选项的作用是告诉 cpp，如果在当前目录中没有找到需要的文件，就到指定的 dirname 目录中去寻找。在程序设计中，如果需要的这种包含文件分别分布在不同的目录中，就需要逐个使用-I 选项给出搜索路径。

-L dirname，将 dirname 所指出的目录加入到程序函数档案库文件的目录列表中，是在连接过程中使用的参数。在预设状态下，连接程序 ld 在系统的预设路径中（如/usr/lib）寻找所需要的档案库文件，这个选项告诉连接程序，首先到-L 指定的目录中去寻找，然后到系统预设路径中寻找，如果函数库存放在多个目录下，就需要依次使用这个选项，给出相应的存放目录。

上面简要介绍了 GCC 编译器最常用的功能和主要参数选项，更为详尽的资料可以参看 Linux 系统的联机帮助。

假定有一个程序名为 test.c 的 C 语言源代码文件，要生成一个可执行文件，最简单的办法就是：

gcc test.c

这时，预编译、编译连接一次完成，生成一个系统预设的名为 a.out 的可执行文件，对于稍为复杂的情况，比如有多个源代码文件、需要连接档案库或者有其他比较特别的要求，就要给定适当的调用选项参数。再看一个简单的例子。

整个源代码程序由两个文件 testmain.c 和 testsub.c 组成，程序中使用了系统提供的数学库，同时希望给出的可执行文件为 test，这时的编译命令可以是：

　　　gcc testmain.c testsub.c -lm -o test

其中，-lm 表示连接系统的数学库 libm.a，参数 o 产生的可执行文件。

9.4.3　GCC 的错误类型及对策

GCC 编译器如果发现源程序中有错误，就无法继续进行，也无法生成最终的可执行文件。为了便于修改，GCC 给出错误信息，我们必须对这些错误信息逐个进行分析、处理，并修改相应的语言，才能保证源代码的正确编译连接。GCC 给出的错误信息一般可以分为四大类，下面分别讨论其产生的原因和对策。

1.　C 语法错误

错误信息：源文件中第 n 行有语法错误（syntax error）。这种类型的错误，一般都是 C 语言的语法错误，应该仔细检查源代码文件中第 n 行及该行之前的程序，有时也需要对该文件所包含的头文件进行检查。有些情况下，一个很简单的语法错误，GCC 会给出一大堆错误，我们最主要的是要保持清醒的头脑，不要被其吓倒，必要的时候再参考一下 C 语言的基本教材。

2.　头文件错误

错误信息：找不到头文件 head.h（can not find include file head.h）。这类错误是源代码文件中的包含头文件有问题，可能的原因有头文件名错误、指定的头文件所在目录名错误等，也可能是错误地使用了双引号和尖括号。

3.　档案库错误

错误信息：连接程序找不到所需的函数库。例如：

　　　ld: -lm: No such file or directory

这类错误是与目标文件相连接的函数库有错误，可能的原因是函数库名错误、指定的函数库所在目录名称错误等，检查的方法是使用 find 命令在可能的目录中寻找相应的函数库名，确定档案库及目录的名称并修改程序中及编译选项中的名称。

4.　未定义符号

错误信息：有未定义的符号（undefined symbol）。这类错误是在连接过程中出现的，可能有两种原因：一是使用者自己定义的函数或者全局变量所在源代码文件，没有被编译、连接，或者干脆还没有定义，这需要使用者根据实际情况修改源程序，给出全局变量或者函数的定义体；二是未定义的符号是一个标准的库函数，在源程序中使用了该库函数，而连接过程中还没有给定相应的函数库的名称，或者是该档案库的目录名称有问题，这时需要使用档案库维护命令 ar 检查需要的库函数到底位于哪一个函数库中，确定之后，修改 GCC 连接选项中的-l 和-L 项。

排除编译、连接过程中的错误，应该说这只是程序设计中最简单、最基本的一个步骤，可以说只是开了个头。这个过程中的错误，只是在使用 C 语言描述一个算法中所产生的错误，是比较容易排除的。我们写一个程序，到编译、连接通过为止，应该说刚刚开始，程序在运行过程中所出现的问题，是算法设计有问题，或者说是对问题的认识和理解不够，还需要更加深入地测试、调试和修改。一个程序，稍为复杂的程序，往往要经过多次的编译、连接和测试、修改。下面学习的程序维护、调试工具和版本维护就是在程序调试、测试过程中使用的，用来解决调测阶段所出现的问题。

9.5　调试器 GDB

在程序编译通过生成可执行文件后，就进入了程序的调试环节。调试一直是程序开发中的重中之重，如何使程序员能够迅速找到错误的原因是调试器的目标。

GDB 是 GNU 开源组织发布的一个强大的 UNIX 下的程序调试工具。或许，各位比较喜欢那种图形界面方式的，像 VC、BCB 等 IDE 的调试，但如果是在 UNIX 平台下做软件，会发现 GDB 这个调试工具有比 VC、BCB 的图形化调试器更强大的功能。所谓"寸有所长，尺有所短"就是这个道理。

一般来说，GDB 主要能完成下面四个方面的功能：

① 启动程序，可以按照自定义的要求随心所欲的运行程序。

② 可让被调试的程序在设置的断点处停住。（断点可以是条件表达式。）

③ 当程序被停住时，可以检查此时程序中所发生的事。

④ 动态的改变程序的执行环境。

从上面看来，GDB 和一般的调试工具没有什么两样，基本上也是完成这些功能，不过在细节上，会发现 GDB 这个调试工具的强大，大家可能比较习惯了图形化的调试工具，但有时候，命令行的调试工具却有着图形化工具所不能完成的功能。

9.5.1　GDB 的简单使用流程

源程序：test1.c

```c
#include <stdio.h>
int sum(int m);
int main()
{
    int i,n=0;
    sum(50);
    for(i=1; i<=50; i++)
    {
        n += i;
    }
    printf("result[1-50] = %d\n",n );
}

int sum(int m)
{
    int n=0,i;
    for(i=1; i<m; i++)
```

```
        {
        n +=i;
        printf("result[1-m] = %d\n",n );
        }
    }
```

在保存退出后首先使用 GCC 对 test1.c 进行编译，编译时要加选项 "-g"，这样才可以在执行代码中包含调试信息，否则之后 GDB 无法载入该可执行文件。

　　　　执行命令 gcc -g test1.c -o test1

下面使用 GDB 调试可执行文件 test1，虽然源程序没有错误，但可以通过调试正确的程序了解调试的过程。

执行命令 gdb test1，系统显示如下提示信息：

```
GNU gdb 5.1.1
Copyright 2002 Free Software Foundation, Inc.
    ：
```

表示版本号、使用的库文件等信息。

在 GDB 中键入 l 命令相当于 list，从第一行开始列出源代码文件：

```
(gdb) l
1       #include  <stdio.h>
2       int sum(int m);
3       int main()
4       {
5           int i,n=0;
6           sum(50);
7           for(i=1; i<=50; i++)
9           {
9               n += i;
10          }
11      printf("result[1-50] = %d\n",n );
12      }
    ：
```

GDB 的命令都可以使用缩略形式，如 "1" 代表 list，"b" 代表 breakpoint，"p" 代表 print，"c" 代表 continue 等。

例如在第 6 行设置断点：

　　　　(gdb) b 6

设置断点是调试程序中一个非常重要的手段，它可以使程序运行到一定位置暂停。因此在该处可查看变量的值、堆栈情况等，从而找出问题所在。程序运行到指定的行号之前停止，即程序运行到第 6 行之前暂停止（并没有运行到第 6 行）。

在 GDB 中键入 "info b" 命令来查看设置断点的情况，在 GDB 中键入 "c" 命令（即

continue 命令的简写）继续运行程序：

> (gdb) info b
> (gdb) c

有了以上的感性认识，还是让我们来系统地认识一下 GDB 吧。

9.5.2　GDB 的基本命令

GDB 的命令可以通过查看 help 进行查找，由于 GDB 的命令很多，因此 GDB 的 help 将其分成很多种类，用户在使用过程中可以通过进一步查看相关命令。表 9-4 列出最基本的命令。

表 9-4　GDB 基本命令

命　　令	格　　式	含　　义	简　　写
list	list [开始，结束]	列出文件的代码清单	l
print	print 变量名	打印变量内容	p
break	break [行号或函数名]	设置断点	b
continue	continue [开始，结束]	继续运行	c
info	info 变量名	列出信息	i
next	next	下一行	n
step	step	进入函数（步入）	s
display	display 变量名	显示参数	
file	file 文件名（可以是绝对路径和相对路径）	加载文件	
run	run args	运行程序	r

9.6　工程管理器 make

前面几节学习的编辑器 VI、编译器 GCC 和调试器 GDB，对简单一些的项目可以胜任，但对由一个上百个文件代码构成的大型项目文件，如何进行有效管理呢？人们希望有一个工程管理器能够自动识别更新管理文件代码，同时又不需要重复输入冗长的命令行，于是工程管理器 make 就应运而生。

make 工程管理器就是个自动编译管理器，它通过读取 makefile 文件的内容来执行大量的编译工作。用户只需要写一句简单的编译语句就可以了，大大提高了项目的工作效率。虽然它没有 Windows 下的集成开发环境的界面友好，但却有着异常灵活的自由度。对于一个专业人士来说，make 的使用更能提高项目的效率。

makefile 文件由软件开发者编写，并在其中说明了工程项目源文件的编译、连接步骤及一些相应的管理工作步骤。这样，当用户需要时，便可以使用 make 启动工程管理工具 make.exe，该工具就会去查找用户编写的 makefile 并执行它。

makefile 文件是用 DOS 命令写出来的一个文件，这些命令表达了对工程文件的管理工作。一个 makefile 由若干个程序段组成，每个段都有一组用来完成工程管理工作的命令集。

为了对程序段进行标注，程序段的前面必须有一个标号。不同的程序段需要关联时，在标号后面还可以有一个或者多个与程序段关联程序段的标号。每个关联标号前面都要带一个空格。

> 目标 ：需要的条件　（注意冒号两边有空格）
> 命令集　（注意前面用 tab 键开头）

具体解释如下：

① 目标可以是一个或多个，可以是目标文件，也可以是执行文件，甚至可以是一个标签；

② 需要的条件就是生成目标所需要的文件或目标；

③ 命令就是生成目标所需要执行的脚本。

总结一下，就是说一条 makefile 规则规定了编译的依赖关系，也就是目标文件依赖于条件，生成规则用命令来描述。

例如，有两个文件，分别为 test.c 和 test.h，创建的目标具体为 test.o，执行的命令为 gcc -c test.c，那么，对应的 makefile 代码为：

> "test.o：test.c test.h" 和 "gcc-c test.c -o test.o"。

makefile 的首段是 make.exe 的默认执行段，而其他段的执行要在 make 命令中通过标号来指定。为了提高可读性，在这个 makefile 中使用了文件名作为标号，而且这个文件名就是本程序段的命令即所要完成的目标。

接着就可以使用 make 了，使用 make 的格式为 "make 目标体"，这样 make 就会自动读入 makefile 并执行对应的目标体的命令，如下所示：

```
$ make test.c
gcc-c test.c -o test.o
$ ls
test.o test.h test.o makefile
```

可以看到，makefile 执行了 "test.o" 目标体的命令语句，并生成了 "test.o" 的目标体。

上面仅仅是一个示例，在实际开发中往往包含很多的文件和命令。一般来说，无论是 C 还是 C++，首先要把源文件编译成中间代码文件，在 Windows 下也就是 .obj 文件，在 Linux 或 UNIX 下是 .o 文件，即 Object File，这个动作叫作编译（compile），一般来说，每个源文件都应该对应于一个中间目标文件（O 文件或是 OBJ 文件）。然后再把大量的 Object File 合成执行文件，这个动作叫作链接（link）。

编译时，编译器需要的是语法的正确，函数与变量的声明的正确。对于后者，通常需要告诉编译器头文件的所在位置（头文件中应该只是声明，而定义应该放在 C/C++文件中），只要所有的语法正确，编译器就可以编译出中间目标文件。

链接时，主要是链接函数和全局变量，所以，可以使用这些中间目标文件（O 文件或是 OBJ 文件）来链接应用程序。链接器并不管函数所在的源文件，只管函数的中间目标文件（object file），在大多数时候，由于源文件太多，编译生成的中间目标文件太多，而在链接时需要明显地指出中间目标文件名，这对于编译很不方便，所以，要给中间目标文件打个包，这种包在 Windows 下称为 "库文件"（library file），也就是.lib 文件，在 Linux 或 UNIX 下，是 Archive File，也就是 .a 文件。

本章小结

　　本章主要介绍了嵌入式 Linux 的基本概念及体系，常用的编辑器、编译器和调试器。重点介绍了 VI 编辑器的基本使用，VI 编辑器是 UNIX/Linux 操作系统的最经典的文本编辑器，几乎所有的 UNIX/Linux 发行版本都支持这一编辑器，它是全屏幕文本编辑器，只能编辑字符，不能排版；只有命令，没有菜单。

习题与实验

一、简答题

1. 简述 VI 的三种工作模式。

2. 根据实际情况如何退出 VI？

3. 简述嵌入式操作系统的特点和体系结构。

二、实验题

1. 用 VI 建立一个新文件，内容自己确定，进行复制、移动和删除等操作，并保存文件。

2. 编写一个.exrc 文件永久设置 VI 的编辑环境。

第 10 章 网 络 基 础

本章导读

　　Linux 绝佳的网络功能堪称当今操作系统中的佼佼者，无论在功能或支持工具上，都有令人满意的表现。建立强有力的网络系统，Linux 将是最佳的选择。通过本章学习，应该：

　　✧ 熟悉对网络基础知识

　　✧ 配置以太网接口

　　✧ 网络检测方法

　　✧ 会设置网络的安全级别

10.1　Linux 网络概述

10.1.1　Linux 组网的简介

1. Linux 组网的具体步骤

　　第 1 步：选择可用的硬件。近几年来 Linux 已可支持几乎所有 PC 配置，并且能和绝大部分操作系统和睦相处。Linux 能识别网上大部分系统的网络协议和文件系统。

　　第 2 步：选择网络连接。Linux 几乎支持任何网卡，因此无须安装额外的驱动软件。

　　第 3 步：可以组成局域网，或 Linux 作为服务器可以连接 Internet。这需要连接到本地 ISP 以提供一个 IP 地址（最好是静态地址）给网关。Internet 连接可以用 Modem、ISDN、ADSL、Cable Modem、帧中继或者 ATM。Linux 也提供防火墙以防止黑客从 Internet 上闯入计算机。使用 IP 掩码的方法，Linux 可以在只有一个合法的 IP 地址和域名的情况下让所有计算机共享 Internet。

　　第 4 步：Linux 系统将提供打印和文件服务。自由软件包 Samba 使 Linux 支持 SMB（server message block）协议，该协议在 TCP/IP 上实现，它是 Windows 网络文件和打印共享的基础，负责处理和使用远程文件和资源。在默认的情况下，Windows 工作站上的 Microsoft Client 使用 SMB 协议。正是由于 Samba 的存在，使得 Windows 和 Linux 可以集成并相互通信。安装了 Samba 后，就可以直接而方便地在 Windows 和 Linux 之间资源共享。

　　第 5 步：Linux 提供所有的网络服务。在 Linux 操作系统下结合一些应用程序（如 Apache、Vsftpd、Sendmail 等）就可以提供 WWW 服务、FTP 服务和电子邮件服务。此外 Linux 操作系统还广泛用于提供 DNS 服务、NFS 服务和 DHCP 服务等网络服务。

2. Linux 提供的网络服务软件及常用网络服务

　　表 10-1 给出运行于 Linux 系统下的常用的网络服务软件。

表 10-1　常用网络服务软件

服 务 类 型	软 件 名 称
Web 服务	Apache
Mail 服务	Sendmail、Postfix、Qmail
FTP 服务	Vsftpd、Wu-ftpd、Proftpd
DHCP 服务	DHCP
DNS 服务	BIND
DB 服务	MySQL、PostgreSQL、Sybase、Oracle

　　网络服务器软件安装配置后通常由运行在后台的守护进程（daemon）来执行，每一种网络服务器软件对应着一个守护进程。这些守护进程又被称为服务，系统在开机之后就在后台运行，时刻监听客户端的服务请求。一旦客户端发出服务请求，守护进程就为其提供相应的服务。表 10-2 列出与网络相关的服务。

表 10-2　与网络相关的服务

服 务 名	功 能 说 明
httpd	Apache 服务器的守护进程，用于提供 WWW 服务
dhcpd	DHCP 服务器的守护进程，用于提供动态主机配置协议的访问支持
named	DNS 的守护进程，用于提供域名解析服务
sendmail	Sendmail 服务器的守护进程，用于提供邮件收发服务
smb	可以启动和关闭 smbd 和 nmbd 程序，以提供 SMB 服务
vsftpd	Vsftpd 服务器的守护进程，用于提供 FTP 文件传输服务
network	激活与停用网络接口
iptables	用于提供 iptables 防火墙服务
mysqld	Mysqld 服务器的守护进程，用于提供数据库服务
postgresql	postgresql 服务器的守护进程，用于提供数据库服务

　　要将 Linux 主机假设为网络服务器，首先必须安装和配置相应的服务器软件，然后还必须启动相应的服务（守护进程）。用户可以通过图形化配置工具或字符界面的命令来管理网络的服务。

10.1.2　TCP/IP 简述

1. TCP/IP 协议概述

　　Internet 的迅速发展使得计算机网络的应用已经遍及现实生活的方方面面，而在 Internet 网络上所使用的协议正是 TCP/IP（transmission control protocol/internet protocol），即传输控制协议/网际协议。TCP/IP 协议可以在各种硬件和操作系统上实现，并且已成为建立计算机局域网、广域网的首选协议，并将随着网络技术的进步和信息高速公路的发展而不断地完善。Linux 完善的内置网络为用户提供强大的网络功能。它支持 TCP/IP 协议，这一点是它最重要的网络功能。

接入 TCP/IP 网络的计算机一般都需要进行网络配置，可能需要的配置参数包括主机名、IP 地址、子网掩码、网关地址和 DNS 服务器地址等。

2．IP 协议

在 TCP/IP 体系中，IP 协议是最主要的协议之一。

（1）IP 地址

在 TCP/IP 网络中，每个主机都有唯一的地址，它是通过 IP 协议来实现的。IP 协议要求在每次与 TCP/IP 网络建立连接时，每台主机都必须为这个连接分配一个唯一的 32 位地址，因为在这个 32 位 IP 地址中，不但可以用来识别某一台主机，而且还隐含着网际间的路径信息。需要强调指出的，这里的主机是指网络上的一个节点，不能简单地理解为一台计算机，实际上 IP 地址是分配给计算机的网络适配器（即网卡）的，一台计算机可以有多个网络适配器，就可以有多个 IP 地址，一个网络适配器就是一个节点。

IP 地址为 32 位地址，一般以 4 个字节表示。每个字节的数字又用十进制表示，即每个字节的数的范围是 0～255，且每个数字之间用点隔开，如 110.168.101.5，这种记录方法称为"点-分"十进制记号法。IP 地址的结构如图 10-1 所示。

网络类型	网络 ID	主机 ID

图 10-1　IP 地址的结构

IP 地址的 32 位被分成了 3 个字段：网络类型字段、网络 ID 字段和主机 ID 字段。网络类型字段用于标识网络的类型，到目前为止网络划分为 A～E 五类；网络 ID 则标识该主机所在的网络，由网络类型字段和网络 ID 字段构成网络标识；主机 ID 是该主机在网络中的标识。IP 地址的基本分配原则是要为同一网络内的所有主机分配相同的网络标识号，同一网络内的不同主机必须分配不同的主机 ID 号，以区分主机，不同网络内的每台主机必须具有不同的网络标识号，但是可以具有相同的主机标识号。按照 IP 地址的结构和其分配原则，可以在 Internet 上很方便的寻址：先按 IP 地址中的网络标识号找到相应的网络，再在这个网络上利用主机 ID 找到相应的主机。由此可看出 IP 地址并不只是一个计算机的代号，而是指出了某个网络上的某个计算机。

组建一个网络时，为了避免该网络所分配的 IP 地址与其他网络上的 IP 地址发生冲突，必须为该网络向 Internet 网络信息中心（InterNIC）申请一个网络标识号，这也就是整个网络使用一个网络标识号，然后再给该网络上的每个主机设置一个唯一的主机号码，这样网络上的每个主机都拥有一个唯一的 IP 地址。另外，国内用户可以通过中国互联网络信息中心（CNNIC）来申请 IP 地址和域名。当然，如果网络不想与外界通信，就不必申请网络标识号，而自行选择一个网络标识号即可，只是网络内的主机的 IP 地址不可相同。

（2）IP 地址的分类

为了充分利用 IP 地址空间，Internet 委员会定义了五种 IP 地址类型以适合不同容量的网络，即 A 类至 E 类。其中 A、B、C 三类由 InterNIC 在全球范围内统一分配，D、E 类为特殊地址。表 10-3 给出 IP 地址的分类。

表 10-3　IP 地址的分类

类　　别	IP 地址范围	默认的子网掩码
A	0. 0. 0. 0~127. 255. 255. 255	225. 0. 0. 0
B	128. 0. 0. 0~191. 255. 255. 255	225. 255. 0. 0
C	192. 0. 0. 0~223. 255. 255. 255	225. 255. 255. 0

在 A 类地址中，用第一个字节来表示网络类型和网络标识号，后面三个字节用来表示主机号码，其中第一个字节的最高位设为 0，用来与其他 IP 地址类型区分。第一个字节剩余的 7 位用来表示网络地址，最多可提供 $2^7-2=126$ 个网络标识号；这种 IP 地址的后 3 个字节用来表示主机，每个网络最多可提供大约 1678 万（$2^{24}-2$）个主机地址。这类地址网络支持的主机数量非常大，只有大型网络才需要 A 类地址，由于 Internet 发展的历史原因，A 类地址早已被分配完毕。

在 B 类地址中，用前两个字节来表示网络类型和网络标识号，后面两个字节标识主机号码，其中第一个字节的最高两位设为 10，用来与其他 IP 地址区分开，第一个字节剩余的 6 位和第二个字节（共 14 位）用来表示网络地址，最多可提供 $2^{14}-2=16\,384$ 个网络标识号。这种 IP 地址的后 2 个字节用来表示主机号码，每个网络最多可提供大约 65 534（$2^{16}-2$）个主机地址。这类地址网络支持的主机数量较大，适用于中型网络，通常将此类地址分配给规模较大的单位。

在 C 类地址中，用前 3 个字节来表示网络类型和网络标识号，最后一个字节用来表示主机号码，其中第一个字节的最高位设为 110 用来与其他 IP 地址区分开，第一个字节剩余的 5 位和后面两个字节（共 21 位）用来表示网络地址，最多可提供约 200 万（$2^{21}-2$）个网络标识号。最后 1 个字节用来表示主机号码，每个网络最多可提供 254（2^8-2）个主机地址。这类地址网络支持的主机数量较少，适用于小型网络，通常将此类地址分配给规模较小的单位，如公司、院校等单位。

D 类地址是多播地址，主要是留给 Internet 体系结构委员会（internet architecture board，IAB）使用。E 类地址保留在今后使用。目前大量使用的 IP 地址仅有 A、B 和 C 类三种 IP 地址。

例如：一个 IP 地址为 130.12.4.34，其用二进制表示为 10000010 00001100 00000100 00100010，此 IP 地址属于 B 类网络，其网络 ID 号为 10000010 00001100B，主机号为 00000100 00100010。

（3）特殊的 IP 地址

如果网络 ID 为 127，主机地址任意，这种地址是用来做循环测试用的，不可用作其他用途。例如，127.0.0.1 是用来将消息传给自己的。

在 IP 地址中，如果某一类网络的主机地址为全 1，则该 IP 地址表示是一个网络或子网的广播地址。例如，192.168.101.255，分析可知它是 C 类网络地址，其主机地址为最后一个字节，即 255，二进制为 11111111B，表示将信息发送给该网络上的每个主机。

在 IP 地址中，如果某一类网络的主机地址为全 0，则该 IP 地址表示为网络地址或子网地址。例如，192.168.101.0，分析可知它是 C 类网络地址，其主机地址为最后一个字节即 0，二进制为 00000000B，表示一个网络地址。

说明：正是由于地址不允许全 0（表示网络或子网地址）或全 1（表示广播地址），所以其网络数目和主机数目都要减2。例如，C 类网络只能支持 $2^8-2=254$ 个主机地址。

另外，如果要使网络直接连入 Internet，应使用由 InterNIC 分配的合法 IP 地址。如果通过代理服务器连入 Internet，也不应随便选择 IP 地址，应使用由 IANA（因特网地址分配管理局）保留的私有 IP 地址，以避免与 Internet 上合法的 IP 地址相冲突。这些私有地址的范围是：10.0.0.1 ～ 10.255.255.254（A 类）；172.13.0.1 ～ 172.32.255.254（B 类）；192.168.0.1 ～ 192.168.255.254（C 类）。

综合来看，IP 地址具有以下一些重要特点。

   ↶ IP 地址是一种非等级的地址结构。这就是说，和电话号的结构不一样，IP 地址不能反映有关主机位置的地理信息。

   ↶ 当一个主机同时连接到两个网络上时（作路由器用的主机即为这种情况），该主机就必须同时具有两个相应的 IP 地址，其网络号是不同的。这种主机称为多地址主机。

   ↶ 按照 Internet 的观点，用转发器或网桥连接起来的若干个局域网仍为一个网络，因此这些局域网都具有同样的网络号码。

   ↶ 在 IP 地址中，所有分配到网络号的网络都是平等的。

3．子网及子网掩码

（1）子网

子网是指在一个 IP 地址上生成的逻辑网络，它使用源于单个 IP 地址的 IP 寻址方案，把一个网络分成多个子网，要求每个子网使用不同的网络 ID，通过把主机号（主机 ID）分成两个部分，为每个子网生成唯一的网络 ID。一部分用于标识作为唯一网络的子网，另一部分用于标识子网中的主机，这样原来的 IP 地址结构变成如图 10-2 所示的三层结构。

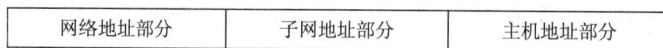

网络地址部分	子网地址部分	主机地址部分

图 10-2　划分子网后的 IP 地址结构

（2）子网掩码

子网掩码是一个 32 位地址，它用于屏蔽 IP 地址的一部分以区别网络 ID 和主机 ID；用来将网络分割为多个子网；判断目的主机的 IP 地址是在本局域网或是在远程网。在 TCP/IP 网络上的每一个主机都要求有子网掩码。这样当 TCP/IP 网络上的主机相互通信时，就可用子网掩码来判断这些主机是否在相同的网络段内。

子网掩码的另一个用途就是可将网络分割为多个以 IP 路由连接的子网。如果某单位仅申请了一个网络 ID 号，但其网络规模较大，需要按照部门划分出多个子网段，此时可以借助子网掩码来实现需求。从 IP 地址的三层结构可以看出，用于子网掩码的位数决定可能的子网数目和每个子网内的主机数目。在定义子网掩码之前，必须弄清楚网络中使用的子网数目和主机数目，这有助于今后当网络主机数目增加后，重新分配 IP 地址的时间，子网掩码中如果设置的位数使得子网越多，则对应的其网段内的主机就越少。

4．IP 路由（又称 IP 网关）

路由是数据从一个节点传输到另一个节点的过程。例如，要出发到某地，一般先确定到达目的地的路线。在 TCP/IP 网络中，同一网络区段中的计算机可以直接通信，不同网络区段中的计算机要相互通信，则必须借助于 IP 路由。

在网络中要实现 IP 路由必须使用路由器，而路由器可以是专门的硬件设备，如 Cisco 公司的路由器等；若没有专用的路由设备，也可以将某台计算机设置为路由器。不论用何种方式实现，路由器都是靠路由表来确定数据报的流向的，IP 路由表实际上是相互邻接的网络 IP 地址的列表，当一个节点接收到一个数据报时，便查询路由表，判断目的地址是否在路由表中，如果是，则直接送给该网络，否则转发给其他网络，直到最后到达目的地。

在 TCP/IP 网络中，IP 路由器又叫 IP 网关。每一个节点都有自己的网关。IP 报头指定的目的地址不在同一网络区段中，就会将数据报传送给该节点的网关，如果网关知道数据报的去向，就将其转发到目的地。每一网关都有一组定义好的路由表，指明网关到特定目的地的路由。网关不可能知道每一个 IP 地址的位置，因此网关也有自己的网关，通过不断转发、寻找路径，直到数据报到达目的地为止。

5. 端口号与套接字

我们在实际中经常遇到下面两种情况：一台服务器同时为客户提供多种服务，如 WWW 服务、FTP 服务、Telnet 服务等；一台客户机同时申请多种服务，如 WWW 服务、FTP 服务、Telnet 服务等。简单地说就是用浏览器打开多个页面，同时又用 FTP 下载工具下载文件等。服务器是怎么确保将哪部分数据分发给哪个用户，而用户又怎么知道哪部分数据是给自己的呢？这就是 TCP/IP 协议通过端口号建立端到端的连接来实现的。

服务器提供的每一次服务都要运行一个进程，而客户机每申请一个服务也要运行一个进程。如果要区别进行数据传输的不同进程，或者说区别不同的连接，只要给确定的连接加一个表标识即可，对 TCP/IP 协议来说，这种标识称为"端口号"。端口号用一个 16 位的二进制数来表示，因此端口号的范围是 0～65535。

端口号分为以下三类。

① 小于 256 的端口号留给"知名服务"使用，如 WWW 服务的默认端口号是 80，FTP 服务的默认端口号是 20 和 21，Telnet 服务的默认端口号是 23。

② 从 256～1024 的端口号留给 UNIX/Linux 专用的服务（现在，其中大多数服务已不再是 UNIX/Linux 所专用的了）。

③ 大于 1024 的端口号用于系统动态分配。动态分配端口号并不是预先分配的，必要时才将它们分配给进程。系统确保不会将同一个端口号分给两个进程，而且端口号大于 1024。

说明： 以上前两类端口号都是标准化的。这样，远程主机可以知道连接到哪一个端口号得到特定的网络服务，从而简化了连接过程。

一个端口号与一个 IP 地址的组合称为一个"套接字"，它为进程之间的通信提供了方法。一个套接字可以唯一识别整个 Internet 中的网络进程。一对套接字（一个用于发送主机，一个用于接受主机）可以定义面向连接协议的一次连接。

6. DNS 服务器

直接使用 IP 地址虽然可以访问网络中的主机，但是数字表示 IP 地址难以记忆，通常人们使用域名来访问网络中的主机。为了能够使用域名，需要为计算机指定至少一个 DNS 服务器，由这个 DNS 服务器来完成域名解析的工作。域名解析包括两方面：正向解析和反向解析。

Internet 中存在大量的 DNS 服务器，每台 DNS 服务器都保存着其管辖区域中主机域名与 IP 地址的对照表。当用户利用 IE 等浏览器以域名访问网络中的主机时，会向指定的 DNS 服务器查询其对应的 IP 地址。如果这个 DNS 服务器找不到，则向其他的 DNS 服务器求助，直到找到 IP 地址，并将 IP 地址信息返回给发出请求的应用程序（如 IE），应用程序（如 IE）才能获取该 IP 地址的主机的信息和相关服务。

10.2 安装和配置网络设备

10.2.1 网络接口简介

实际中的网络环境是多种多样的。为了灵活地使用各种不同的网络，TCP/IP 定义了简单的硬件接口，这些接口为不同的硬件设备收发数据提供了一套相同的操作，以隐藏物理网络之间的异同性。在网络中使用的每一个外围设备的网络接口，在 Linux 的内核（kernel）中都有相应的名字。表 10-4 是比较常用的硬件设备与设备接口名称。

表 10-4 常见的标准网络接口

接 口 设 备	说 明
lo	本地回送接口。用于网络软件测试以及本地进程间通信，无论什么程序一旦使用回送地址发送数据，协议软件立即将其返回，不进行任何网络传输。在 Linux 中，回送设备是默认设置好的
ethn	第 n 个以太网卡接口（n 为 0 表示第一块，依次类推），eth 是大多数网卡的设备名
pppn	第 n 个 PPP 接口。该接口按照与它们有关的 PPP 配置顺序连接在串口上。采用 ISDN 或 ADSL 等方式接入 Internet 时使用 PPP 端口

10.2.2 Linux 的网络配置

1. 常用的网络配置文件

在前面介绍的内容中已经可以初步使用网络管理工具进行网络配置，但是对于一些用户来说，更喜欢直接修改配置文件来进行网络的配置。TCP/IP 的配置文件存放在/etc 子目录里。这些配置文件分别定义了主机名称、域名称、IP 地址和接口设置参数等网络信息，用户想要访问的其他的 Internet 主机的 IP 地址或域名也记录在这些文件中。如果用户在系统安装时就配置好了自己的网络，现在就会在这些文件中看到这些信息。

（1）/etc/sysconfig/network-scripts/

该目录下存放着系统关于网络的配置文件，其中可能有如下文件。

ifcfg-eth0：第一块网卡接口的配置文件。

ifcfg-lo：本地回送接口的相关信息文件。

ifcfg-ppp0：第一个 PPP 接口的配置信息文件。它的内容如下：

输入命令: # more ifcfg-eth0

显示结果如下：

```
DEVICE=eth0                          //指明网络设备名称//
IPADDR=192.168.1.100                 //指明网络设备的 IP 地址//
NETMASK=255.255.255.0                //指明网络掩码//
NETWORK=192.168.1.0                  //指明网络地址//
BROADCAST=192.168.1.255              //指明广播地址//
ONBOOT="yes"                         //指明在系统启动时是否激活网卡//
BOOTPROTO="none"                     //指明是否使用 bootp 协议//
```

所以，也可以修改这个文件来改变 Linux 下的网络参数。

说明：Linux 支持在一块物理网卡绑定多个 IP 地址，那么网络接口设备名称表示为"ethn: m"相应的配置文件名称变为"ifcg-ethn: m"。

（2）/etc/hosts

该文件完成主机名映射为 IP 地址的功能。

在这个文件中保存着一个主机名与对应的 IP 地址的清单。当用户用到一个域名时。系统就会在该文件查找与它对应的 IP 地址。维护和管理这个清单的工作由系统管理员负责。但是随着 Internet 的爆炸性发展，登记维护域名及其对应的 IP 地址的工作由域名服务器来完成。尽管这样 hosts 文件还是被保留下来，主要用于保存经常访问的主机的域名与 IP 地址的对应关系，在访问其他域名服务器查找域名对应的 IP 地址之前，先查找本机的 hosts 文件有没有。

hosts 文件的每一行的格式为：

```
IP 地址      域名        主机的别名（如果有的话）
```

例如，某计算机的/etc/hosts 文件的内容：

```
127.0.0.1          localhost.loacldomain          localhost
192.168.1.100      wrq.csxy.com                   wrq
```

（3）/etc/services

该文件显示用户系统可以使用的网络服务项目（如 FTP 和 Telnet 等），所使用的端口号及通信协议等数据。一般不修改此文件的内容。

例如，services 文件中部分内容如下：

```
telnet   23/tcp
smtp     25/udp
http     80/tcp
http     80/udp
```

（4）/etc/sysconfig/network

该文件包含主机最基本的网络信息如主机名（host name）和域名（domain name），许多程序和变量都从该文件获取主机名，主要用于系统启动。如果想修改主机的名称，只需修改该文件的内容，但文件修改完成不能及时生效，需要重新启动系统。

（5）etc/resolv.conf

该文件为配置域名服务客户端的配置文件，用于指定域名服务器的位置。该文件记录了客户机的域名及域名服务器的 IP 地址。

2. 配置以太网接口的方法

（1）使用 ifconfig 命令

命令格式为：

> # ifconfig <网络接口><IP 地址>[<子网掩码><广播地址>][up | down]

该命令查看网络接口的配置情况，并可以设置网卡的相关参数。其中 up 或 down 表示启用或关闭网络接口设备。运行不带任何参数的 ifconfig 命令时，表示使用默认的参数显示当前已启用的各网络接口的状态。

例如：

> # ifconfig eth0 192.168.1.100 netmask 255.255.255.0

该命令将启动 eth0 接口，并给其设置 IP 地址为 192.168.1.100，子网掩码为 255.255.255.0.当子网掩码为标准子网掩码时，其中的广播地址和子网掩码可以省略，但 IP 地址不能省略。

（2）在图形界面下配置网络接口

超级用户在 RHEL 6 下选择"System"→"Preference"→"Network Connections"命令，系统将打开 Network Connections 的图形化对话框，如图 10-3 所示。或者在终端窗口输入命令 system-config-network 或 NetworkManger 也可以配置网络接口。

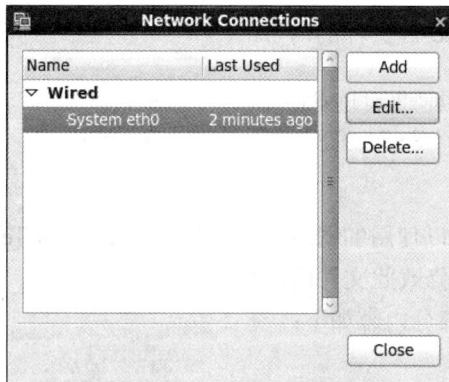

图 10-3　图形界面下配置网络

从图 10-3 可以看出，默认网卡的设备名"System eth0"，为了设置网络的 IP 地址等，可以单击"Edit"按钮或双击窗口中的网卡 System eth0，然后在弹出的如图 10-4 所示的界面中输入相关的网络参数，输入完毕单击 Apply 按钮即可。

在 RHEL 6 中，图形化配置简单明了，系统在该窗口中把类目划分为"有线""无线""移动宽带""VPN""DSL"等几类。

"IPv4 Settings"选项卡主要用来配置网卡的 IP 地址，有多种选择：一种是自动通过 DHCP 服务器获取 IP 地址；另一种是手动配置静态的 IP 地址和相应的子网掩码。系统默认自动安装网卡并采用 DHCP 方式自动获取 IP 地址，可以手工对其进行设置，本机输入的 IP 是 192.168.1.100；子网掩码是 255.255.255.0；网关是 192.168.1.254；DNS 服务器地址是 192.168.1.254；这是一个内部网分配的 IP 地址，如图 10-4 所示。

一般来说，网卡配置了 IP 地址和 DNS 之后就可以正常进行网络连接了。

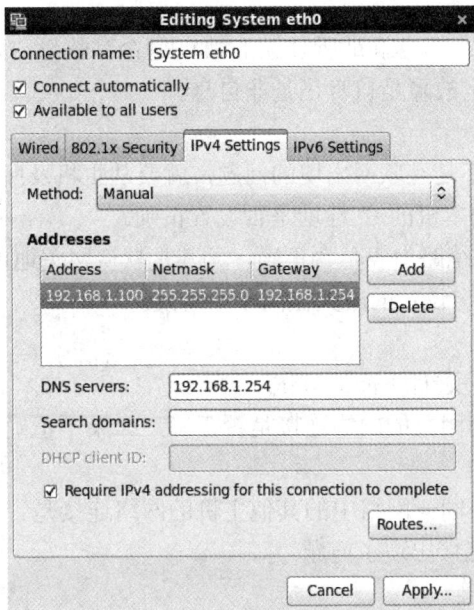

图 10-4　设置网卡的 IP 地址

在"常规"选项卡中选择"静态设置的 IP 地址"，再根据网络的具体情况输入计算机的 IP 地址、子网掩码及默认网关的 IP 地址，完成手工配置网卡工作。

为了使用域名而不是 IP 地址访问网络中资源，需要设置主 DNS 服务器地址，并可以设置第二和第三 DNS 服务器地址。另外，还可以在"DNS 搜索路径"中指定 DNS 的搜索域。对 DNS 服务器和 DNS 搜索路径这些设置将自动保存在/etc/resolv.conf 文件中。

要删除已有的网卡，应该先选中要删除的网卡，然后单击工具栏中的"删除"按钮。

ifconfig 命令可以在本次运行的时间内改变网卡的 IP 地址，但是如果系统重新启动，Linux 仍然按照原来的默认的设置启动网络接口。

网络参数设置后，要想设置生效可以重新启动或使用如下命令。

```
# service network restart
```

10.3　网络测试方法与常用命令

10.3.1　网络测试的一般方法

在使用网络的过程中经常会由于各种原因使得网络不能正常通信，由于造成网络故障的原因很多，需要根据实际情况，最大范围内收集信息并做出判断，逐步缩小故障范围，从而最终找到故障点并加以解决。在排除网络故障的过程中，排错的步骤方法很重要，所以管理员在实践中要不断地积累经验并提高排错能力。

假设用户的 Linux 主机是所在局域网的网关连接到互联网的，现在其中一台主机不能通过域名访问互联网。通常按照下面的步骤排错。

1. 排除非自身的因素

首先排除非自身的因素，也就是所登录的站点是否有故障，这时可以通过访问其他知名站点是否可以访问来确定故障是自身还是非自身。

2. 查看本机的 IP 地址

通过上面的分析如果不是互联网出现的问题，就要从主机及所在网络找原因。

使用 ifconfig 命令查询本机的 IP 地址是否设置正确。

使用 route 命令查询系统路由表是否正确，尤其是默认网关地址是否正确。

检查本机 IP 地址是否与设定的网关在同一个网段。

3. 检查与网关的连接

如果上面的一切正常，进行下面的测试。

使用 ping 命令测试与网关的网络连接是否正确，如果不正确，可能是与网关主机的连接出现了问题。

使用 ping 命令测试与同一网络中的其他主机的网络连接是否正确，如果也不正确，可能是当前主机与局域网的连接出现了问题。

4. 检测与互联网的连接

如果主机与网关的连接正确，进一步下面的测试。

使用 ping 命令测试互联网中的 DNS 服务器的 IP 地址，如果 ping 的结果是不正确的，则说明是 DNS 服务器出现问题。因为 DNS 服务器正确才能解析 IP 地址对应 DNS 域名。

5. 测试域名解析

如果主机与互联网连接正常，并且能够与 DNS 服务器正常连接，进一步下面的测试。

使用 nslookup 命令测试当前使用的 DNS 服务器是否能够正确地进行域名解析，如果不正确，可以更换其他的 DNS 服务器进行测试。

6. 测试与特定站点的连接

确认 DNS 服务器能够正确地进行域名解析，可以使用 ping 命令测试与特定站点的连接。以上只是一般的解决问题的方法，但实际的问题千变万化，需要逐步积累经验，才能成为一个真正的网络管理者。

10.3.2　常用网络命令

1. ping

ping 命令是最常用的网络测试命令，用来测试网络是否通畅，这在局域网的维护中经常用到。ping 命令通过向被测试的目的主机地址发送 ICMP 报文并收取回应报文，来测试当前主机到目的主机的网络连接状态。在 Linux 系统中，ping 命令默认会不间断地发送 ICMP 报文直到用户使用 Ctr+C 键来终止该命令，使用 "-c" 参数可指定发送 ICMP 报文的数目。

该命令的格式如下：

> ping　[-c　发出报文数]　目的主机地址

例如：

> ping 192.168.1.50

从图 10-5 中可看出，运行 ping 命令后会在几秒内回显域名所对应的 IP 地址，这是用户查看域名对应的 IP 地址的一种方法。时间分别为最小、平均值、最大值，通过它们可以了解到网络不同时间传输的差异。

```
[root@localhost root]# ping 192.168.1.50
PING 192.168.1.50 (192.168.1.50) 56(84) bytes of data.
64 bytes from 192.168.1.50: icmp_seq=1 ttl=128 time=22.8 ms
64 bytes from 192.168.1.50: icmp_seq=2 ttl=128 time=15.0 ms
64 bytes from 192.168.1.50: icmp_seq=3 ttl=128 time=35.8 ms
64 bytes from 192.168.1.50: icmp_seq=4 ttl=128 time=2.30 ms
64 bytes from 192.168.1.50: icmp_seq=5 ttl=128 time=6.30 ms
64 bytes from 192.168.1.50: icmp_seq=6 ttl=128 time=0.964 ms

--- 192.168.1.50 ping statistics ---
6 packets transmitted, 6 received, 0% packet loss, time 5093ms
rtt min/avg/max/mdev = 0.964/13.872/35.800/12.381 ms
```

图 10-5　运行 ping 命令的结果

如果工作站上 TCP/IP 协议工作正常，即会在屏幕方式显示如图 10-5 所示的信息。

2. ifup：启用指定的网络接口

> # ifup eth0

3. ifdown：禁用指定的网络接口

> # ifdown eth0

4. route：查看或配置内核路由表的配置情况

命令格式为：

> # route add|del default gw 网关 IP 地址

例如：

> # route add default gw 192.168.1.1

该命令设定网关的 IP 地址是 192.168.1.1。

5. hostname：查看或修改计算机的主机名

命令格式为：

> # hostname　[主机名]

例如：

> # hostname

查看当前计算机的主机名结果显示为：

> wrq.csxy.com

例如：

> # hostname wrq.csxy.edu.cn

该命令修改计算机的主机名为 wrq.csxy.edu.cn。

6. service：启动、停止或重启指定的服务

命令格式为：

> # service 服务名　start|stop|restart

该命令启动、停止或重启指定的服务。

例如，启动 DHCP 服务器：

> # service dhcpd start

结果显示为：

> 启动 dhcpd 服务：　　　　　　　　　　　　　　　[确定]

例如，重启 vsftpd 服务器：

> # service vsftpd restart

结果显示为：

> 关闭 vsftpd 服务：　　　　　　　　　　　　　　[确定]
> 为关闭 vsftpd 启动 vsftpd：　　　　　　　　　　[确定]

例如，停止 Apache 服务：

> # service httpd stop

结果显示为：

> 停止 vsftpd 服务：　　　　　　　　　　　　　　[确定]

10.4　Linux 网络的安全设置

防火墙系统是保护系统免受侵害的最基本的一种手段。netfilter/iptables 是 Linux 系统提供的一个非常优秀的防火墙工具，它完全免费、功能强大、使用灵活、占用系统资源少，可以对经过的数据进行非常细致的控制。netfilter，位于 Linux 内核中的包过滤防火墙功能体系，称为 Linux 防火墙的内核态。iptables 位于/sbin/iptables 下，是用来管理防火墙的命令工具，为防火墙体系提供过滤规则/策略，决定如何过滤或处理到达防火墙主机的数据包，称为 Linux 防火墙的用户态。习惯上，上述两种称呼都可以代表 Linux 防火墙。

10.4.1　在图形界面下设置防火墙

root 用户在图形界面下依次单击"System"→"Administration"→"Firewall"弹出 Firewall Configuration（防火墙配置）窗口，如图 10-6 所示。也可以直接在终端中输入 "system-config-firewall"命令，打开该窗口。

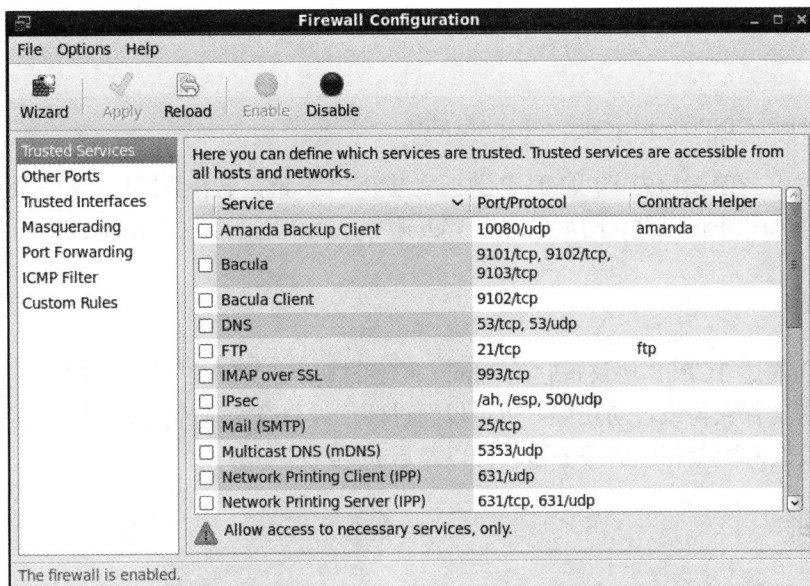

图 10-6　Firewall Configuration 窗口

窗口中提供了启用（Enable）、禁用（Disable）、重新载入（Reload）和向导（Wizard）按钮。从信任的列表中选择指定的服务，允许指定的服务穿过防火墙。当配置完成以后，需要选择"Apply"（应用）按钮，弹出如图 10-7 所示信息，确认配置生效。

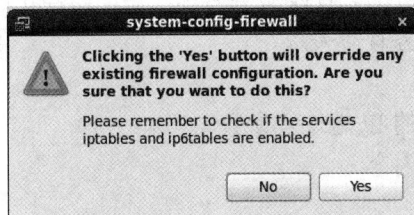

图 10-7　防火墙配置确认

单击 Yes 按钮，系统将保存改变，并启用防火墙或禁用防火墙。如果设置为启用防火墙，那么选定的选项就会写入/etc/sysconfig/iptables 文件，并启动 iptables 服务。如果设置为禁用防火墙，那么/etc/sysconfig/iptables 文件就会被删除，并立即停止 iptables 服务。

10.4.2　在字符界面下设置防火墙

在 RHEL6 中，iptables 命令由 iptables-1.4.7-3 软件包提供，默认系统已经安装了该软件包。因此，用户可以直接输入 iptables 命令对防火墙中的规则进行管理。iptables 命令相当复杂，现列举一些。

命令：

    service iptables save

如果用户对防火墙的配置做了修改，并且想保存已经配置了的 iptables 规则，就可以使用以上命令。

命令：

    iptables -A INPUT -p tcp -dport 80 -j ACCEPT

该命令允许目的端口为 80 的 TCP 数据通过 INPUT 链。这种数据包一般是用来访问主机的 Web 服务，如果主机以默认的端口提供 Web 服务，应该用这条规则开放 TCP 80 端口。

本章小结

本章全面简述 TCP/IP 协议，它是 Linux 网络的基础。TCP/IP 协议的相关参数可以通过手工修改配置文件获得或自动获得；也可以通过图形或命令两种界面下设置。要架设网络服务器，必须安装和配置相应的服务器软件以及启动相应的服务。

习题与实验

一、简答题

1．IP 地址分哪几类？
2．简述 Linux 中网络接口的类别。
3．常用的网络配置文件有几个？主要作用是什么？
4．配置网络接口有几种方法？有何区别？
5．举例说明常用网络服务的软件及服务名称，启动与停止网络服务的命令。
6．防火墙设置与网络服务有何关系？

二、实验题

1．用多种方法配置本机的 IP 地址等参数。
2．查看网络配置文件的内容。

第 11 章　DNS 服务器

本章导读

在 TCP/IP 网络上，每个设备必须分配一个唯一的地址，计算机在网络上通信时只能识别如 "218.244.73.1" 之类的数字地址，而人们在使用网络资源的时候，为了便于记忆和理解，更倾向于使用有代表意义的名称，即域名。在输入域名后，有一台称为 "DNS 服务器" 的计算机自动把域名 "翻译" 成了相应的 IP 地址，然后调出那个 IP 地址所对应的网页，最后再传回给浏览器，才能得到结果。DNS 常用的服务器软件是 BIND，运行其守护进程 named 可完成域名解析任务。

◇ 了解 DNS 基础知识
◇ 熟悉 DNS 工作过程
◇ 掌握配置 DNS 服务器
◇ 掌握客户端测试 DNS 服务

11.1　DNS 简介

11.1.1　什么是 DNS

DNS 是一种基于分布式的数据库系统，并采用客户-服务器模式进行主机名称与 IP 地址之间的转换。每当一个应用需要将域名翻译为 IP 地址时，这个应用便作为域名系统的一个客户。这个客户将待翻译的域名放在一个 DNS 请求信息中，并将这个请求发给域名空间中的 DNS 服务器。服务器从请求中取出域名，将它翻译为对应的 IP 地址，然后在一个回答信息中将结果地址返回给应用。域名服务是 TCP/IP 网络中极其重要的网络服务。

11.1.2　DNS 系统的组成

DNS 系统的组成从概念上可以分为三个部分。

1. 域名空间

域名空间是一种基于分布式的数据库系统，DNS 数据库的结构如同一棵倒过来的树，它的根位于最顶部。树上的每一个节点都有其控制下的主机的有关信息的数据库。这些信息是域名、IP 地址、邮件别名等在 DNS 系统中能找到的内容。

顶级域名常见的有两类：（1）国家或地区顶级域名，例如，CN 表示中国，等等；（2）通用的顶级域名，例如，COM 表示商业机构，等等。在国家或地区顶级域名下注册的二级域名均由该国家或地区自行确定。我国将二级域名划分为 "类别域名" 和 "行政区域名" 两大类。其中，类别域名 6 个，例如，AC 表示科研机构；行政区域名 34 个，适用于我国的省、自治区、直辖市，例如，bj 表示为北京市，等等。

2．域名服务器

域名服务器是保持和维护域名空间中数据的程序。由于域名服务是分布式的，每一个域名服务器含有一个空间自己的完整信息，并保存其他有关部分的信息。一个域名服务器拥有其控制范围内的完整信息。其控制范围称为区（zone），对于本区的请求由负责本区的域名服务器解释；对于不同区的请求将由本区的域名服务器与负责其他区的相应服务器联系。

3．解析器

解析器是简单的程序或子程序库，它从服务器中提取信息以响应对域名空间中主机的查询，用于 DNS 客户。

11.1.3   DNS 域名解析的工作过程

第一步，DNS 客户机提出域名解析请求，并将该请求发送给本地的域名服务器。

第二步，当本地的域名服务器收到请求后，就先查询本地的缓存，如果有该记录项，则本地的域名服务器就直接把查询的结果返回。

第三步，如果本地的缓存中没有该记录，则本地域名服务器就直接把请求发给根域名服务器，然后根域名服务器再返回给本地域名服务器一个所查询域（根的子域）的主域名服务器的地址。

第四步，本地服务器再向上一步返回的域名服务器发送请求，然后接受请求的服务器查询自己的缓存，如果没有该记录，则返回相关的下级的域名服务器的地址。

重复第四步，直到找到正确的记录。

本地域名服务器把返回的结果保存到缓存，以备下一次使用，同时还将结果返回给客户机。

11.1.4   DNS 域名服务器的类型

1．主域名服务器

主域名服务器（primary servers）从管理员本地磁盘文件中加载域信息，是特定域所有信息的权威性信息源。通常每个区域有且只有一个主域名服务器。对每个区域的所有 DNS 数据库文件的修改都在该区域的主域名服务器上修改。主域名服务器对该域中的辅助域名服务器进行周期性的更新。配置 Internet 主域名服务器时需要一整套配置文件，其中包括主配置文件（named.conf）、正向域的区域文件、反向域的区域文件、缓存文件（named.ca）和本地回送文件（named.local）。

2．辅助域名服务器

辅助域名服务器（secondary servers）用作同一区域中主服务器的备份服务器，以防主服务器无法访问或宕机。辅助域名服务器定期与主域名服务器通信，确保它的区域信息保持最新。如果不是最新信息，辅助域名服务器就会从主服务器获取最新区域数据文件的副本。配置 Internet 辅助域名服务器时只需要配置主配置文件、缓存文件和本地回送文件，而不需要配置区域文件。因为区域文件可以从主域名服务器转移过来后存储在辅助域名服务器。

3．缓存域名服务器

缓存域名服务器（cache-only servers）从某个远程服务器取得每次域名服务器查询的回答，一旦取得了一个回答，就将它放在高速缓存中，以后查询相同的信息时就用它予以回答。它不是权威性的服务器，因为它提供的所有信息都是间接的。它本身不管理任何域，仅运行域名服务器软件。

11.2　Linux 环境下的 DNS 服务器

11.2.1　Linux 环境下的 DNS 服务器软件

在 Linux 环境下的 DNS 服务器软件包是 BIND（berkeley internet name domain），是美国加利福尼亚大学伯克利分校开发的一个域名服务器软件包，Linux 使用这个软件包来提供域名服务。

11.2.2　DNS 服务器的安装与启动

1．安装 BIND 域名服务器

在进行 DNS 服务器配置之前，首先要确认 Linux 系统中是否已经安装了 DNS 服务器软件包，可使用下面的命令检查：

```
# rpm -qa | grep bind
```

如果安装了，则显示如下：

```
bind-utils-9.8.2-0.17.rc1.el6_4.6.x86_64
PackageKit-device-rebind-0.5.8-21.el6.x86_64
ypbind-1.20.4-30.el6.x86_64
rpcbind-0.2.0-11.el6.x86_64
samba-winbind-clients-3.6.9-164.el6.x86_64
bind-libs-9.8.2-0.17.rc1.el6_4.6.x86_64
samba-winbind-3.6.9-164.el6.x86_64
```

如果没有安装但制作了 yum 数据源，输入下面的命令序列来安装：

```
yum install bind
```

或者

```
rpm -ivh bind-utils-9.8.2-0.17.rc1.el6_4.6.x86_64.rpm
```

安装结束后，RHEL 中 BIND 的默认配置是缓存域名服务器的配置。

2．DNS 服务器的启动与停止

BIND 以独立的守护进程来运行，守护进程名为 named，可使用下面的命令来对 BIND 域名服务器进行启动、停止或重启。

```
# service named start
# service named stop
# service named restart
```

11.2.3　域名服务器的配置文件

Linux 中的域名服务器是由 named 守护进程来执行的，该进程从主配置文件 /etc/named.conf 中获取有关信息。配置 named 时需要一组文件。表 11-1 列出了 named 配置文件系列。

表 11-1　named 配置文件系列

配 置 文 件	文 件 名 称	说　　　明
主配置文件	/etc/named.conf	设置 DNS 服务器的参数，并指定区域文件及保存路径
缓存文件	/var/named/named.ca	缓存域名服务器的配置文件，通常不需要手工修改
本地文件	/var/named/localhost.zone	用于将名字 localhost 转为本地回送 IP 地址 127.0.0.1
	/var/named/named.localhost	用于本地回送 IP 地址 127.0.0.1 转为名字 localhost
区域文件	/var/named/name2ip.conf	将主机名映射为 IP 地址的正向解析
	/var/named/ip2name.conf	将 IP 地址映射为主机名的正向解析

说明：区域文件中的这两个文件的名称由管理员在 named.conf 文件中指定，本表中使用文件 name2ip.conf 作为正向区域文件，使用文件 ip2name.conf 作为反向区域文件。

1．named.conf

named.conf 文件说明 DNS 服务器的全局参数，由多个配置语句组成。每个配置语句后是参数和用大括号括起来的配置子句块。各配置子句也含相应的参数，并以分号结束。named.conf 文件最常用的配置子句有两个：options 语句和 zone 语句。

（1）options 语句

options 语句定义全局配置选项，在 named.conf 文件中只能有一个，基本格式为：

```
options {
    配置子句;
    };
```

其中最常用的配置子句如下。

Directory "目录名"：定义区域文件的保存路径，默认为/var/named，通常不需要修改。

Forwarders {IP 地址}：定义将域名查询请求转发给其他 DNS 服务器。

（2）zone 语句

zone 语句定义一个区域，其中必须说明域名、DNS 服务器的类型和区域文件名等信息，其基本格式为：

```
zone "域名"
```

```
type 子句；
file 子句；
其他配置子句；}；
```

其中各子句含义如下：

type 子句说明 DNS 服务器的类型，如果为 master，则表示 DNS 服务器为主域名服务器；如果参数为 slave，则表示 DNS 服务器为辅助域名服务器。

file 子句指定区域文件的名称，应在文件两边使用双引号。

2．区域文件

区域文件用于定义一个区的域名和 IP 地址信息，通常也称为域名数据库文件，主要由若干资源记录组成。每个区域文件中都是由 SOA 开始，同时还包括 NS 记录、MX 记录、CNAME 记录等。对于正向解析文件还包括 A 记录；而对于反向解析文件还包括 PTR 记录。

（1）SOA 记录

SOA 记录总处于区域文件中所有记录的最前面，它表示一个区的开始。每个区域文件中都必须包含一个 SOA 记录，以表示区域的管理范围。其基本格式为：

```
域名  IN  SOA  主机名  管理员电子邮件地址（
                     序列号
                     刷新时间间隔
                     重试时间间隔
                     过期时间
                     最小时间
          ）
```

其中各项含义如下。

域名：SOA 记录第一项需要指定域名，通常使用@符号，表示 named.conf 文件中 zone 语句定义的域名。由于@符号在区域文件中有特殊的含义，管理员的电子邮件地址，它是正常的 E-mail 地址的变通，将@改为"."。

序列号：该数据是与辅助域名服务器和主域名服务器进行时间同步的。每次修改数据库文件后，都要将该序号更新。习惯上用"yyyymmddnn"，年月日后加两位数字，表示一日之中的第几次修改。例如 2016102701，表示 2016 年 10 月 27 日第一次修改。

刷新时间间隔：辅助域名服务器根据该时间间隔周期性地检查主域名服务器的序列号是否已经改变，如果改变，需要取得改变后的数据库文件。

重试时间间隔：当辅助域名服务器没有能够成功从主域名服务器获得数据库文件，则在定义的时间间隔后重新尝试。

过期时间：如果辅助域名服务器在所定义的时间间隔内没有能够与主域名服务器或另一台辅助域名服务器取得联系，那么该域名服务器上的所有数据库文件都被认为无效，不再响应查询请求。

最小时间：这是默认的资源记录的存活期，对于那些没有特别指定存活周期的资源记录，该值就成为它们的存活期。

以上时间的表示方式有两种：一种是数字式，即用数字表示，默认单位为秒，如 600，即 10 分钟；另一种是时间式，以数字和时间单位结合，如 2H，即 2 小时。

（2）NS 记录

NS 记录指明区域中 DNS 服务器的主机名，是区域文件中不可缺少的资源记录，至少应该定义一个。由于它作用于 SOA 记录相同的域，因此可以不写出域名。例如域名为 cxsy.edu.cn，下面的两个语句的功能相同。

```
              IN   NS   jsj1.csxy.edu.cn.
csxy.edu.cn   IN   NS   jsj1.csxy.edu.cn.
```

说明：以上语句中"jsj1.csxy.edu.cn."，以"."结束。

（3）MX 记录

MX 记录用于指定区域内邮件服务器与 IP 地址的对应关系，仅用于正向区域文件。MX 记录也可指定服务器的优先级别，当区域内有多个邮件服务器时，根据优先级别确定其执行的先后顺序，数字值越小级别越高。

例如：

```
IN   MX   5   jsj1.csxy.edu.cn.
```

其中，"5"表示优先级别。

（4）CNAME 记录

CNAME 记录用于为区域内的主机建立别名，仅用于正向区域文件。别名通常用于一个 IP 地址对应多个不同类型的服务器的情况。例如www.csxy.edu.cn.是主机 jsj1.csxy.edu.cn.的别名。

```
www   IN   CNAME   jsj1.csxy.edu.cn.
```

利用 A 记录也可以实现别名功能，可以让多个主机名对应相同的 IP 地址。例如：

```
ftp           IN   A   192.168.1.100
www           IN   A   192.168.1.100
```

（5）A 记录

A 记录指明域名与 IP 地址的对应关系，仅用于正向区域文件。通常写出完整域名中最左端的主机名，例如：

```
jsj2   IN   A      192.168.1.210
```

（6）PTR 记录

PTR 记录用于实现 IP 地址与域名的反向解析，仅用于反向区域文件，通常仅写出完整 IP 地址的最后一部分，例如：

```
210   IN   PTR   jsj2.csxy.edu.cn.
```

11.3　各种 DNS 服务器的配置

11.3.1　配置主域名服务器

【例 11-1】　配置一个符合以下条件的主域名服务器:

（1）域名为 csxy.edu.cn，网段地址为 192.168.1.*。

（2）主域名服务器的 IP 地址为 192.168.1.100，主机名为 jsj1.csxy.edu.cn。

（3）要解析的域名有www.csxy.edu.cn，其对应的 IP 地址为 192.168.1.100，还有域名 ftp.csxy.edu.cn，其对应的 IP 地址为 192.168.1.200。

（4）另外，要解析的域名有 lx1.csxy.edu.cn，其对应的 IP 地址为 192.168.1.66，还有域名 lx2.csxy.edu.cn，其对应的 IP 地址为 192.168.1.88。

配置主域名服务器必须修改 named.conf 文件，并建立其管辖区域的正向解析文件和反向解析文件，其中反向解析文件虽然不是必需的，但有利于提高解析速度。

第 1 步：在主配置文件中添加区声明。

编辑主配置文件/etc/named.conf，添加 csxy.edu.cn 的区声明。

```
options{
directory "/var/named/"; };
# 添加正向区声明
zone "csxy.eu.cn"{
type master;
file    "name2ip.conf";};
# 添加反向区声明
zone "192.168.1.in-addr.arpa"{
type master;
file "ip2named.conf";};
```

第 2 步：配置正向解析文件。

创建包含如下内容的 name2ip.conf 文件，保存在/var/named/目录下。

```
@ IN SOA jsj1.csxy.edu.cn    root.jsj1.csxy.edu.cn.(
              2016102701
              3H
              15M
              1W
              1D)
         IN    NS    jsj1.csxy.edu.cn.
         IN    MX  5    jsj1.csxy.edu.cn.
jsj1      IN    A   192.168.1.100
ftp       IN    A   192.168.1.200
lx1       IN    A   192.168.1.66
lx2       IN    A   192.168.1.88
WWW       IN    CNAME   jsj1.csxy.edu.cn.
```

第 3 步：配置反向解析文件。

创建包含如下内容的 ip2name2.conf 文件，保存在/var/named/目录下。

```
@ IN SOA jsj1.csxy.edu.cn    root.jsj1.csxy.edu.cn.(
                2016102701
                3H
                15M
                1W
                1D )
        IN    NS    jsj1.csxy.edu.cn.
100     IN    PTR   jsj1.csxy.edu.cn.
100     IN    PTR   www.csxy.edu.cn.
200     IN    PTR   ftp.csxy.edu.cn.
66      IN    PTR   lx1.csxy.edu.cn.
88      IN    PTR   lx2.csxy.edu.cn.
```

第 4 步：启动 maned 守护进程。

当 DNS 服务器配置好之后，使用如下命令重新启动服务器。

```
# service named restart
```

第 5 步：查看/var/log/messages 文件，了解 DNS 服务是否成功启动。

11.3.2　配置辅助域名服务器

配置辅助域名服务器相对简单，在要配置辅助域名服务器的 Linux 计算机上只需要对主配置文件 named.conf 进行配置，无须配置区域文件，区域文件将从主域名服务器自动获得。

说明：不能在同一台计算机上配置同一个域的主域名服务器和辅助域名服务器。以下的操作将在另一台计算机上进行。

【例 11-2】　假设另一台计算机的 IP 地址为 192.168.1.150，配置一个符合以下条件的辅助域名服务器：域名为 csxy.edu.cn，网段地址为 192.168.1.*。

第 1 步：在主配置文件中添加区声明。

编辑辅助域名服务器主配置文件/etc/named.conf，添加 csxy.edu.cn 的区声明。

```
options{
    directory "/var/named/"; };
    ## 添加正向区声明
    zone "csxy.eu.cn"{
    type slave;
    file   "name2ip.conf";
    master {192.168.1.100;};
    };
    ## 添加反向区声明
```

```
zone "192.168.1.in-addr.arpa"{
type slave;
file "ip2named.conf ";
master {192.168.1.100;};
};
```

第 2 步：重新启动辅助域名服务器。

在重新启动域名服务器之前，先把/var/named 目录的所有者从默认的 root 改为 named，否则无法从主域名服务器获取区域文件。修改完毕，重新启动辅助域名服务器，查看/var/messages 日志文件确保服务器正常工作。

11.4　测试 DNS 服务器

客户端的连接设置分两种情况：客户端使用 Linux 操作系统或 Windows 操作系统。

11.4.1　DNS 测试

1. 客户端使用 Linux 操作系统

客户端与域名服务器配置相关的文件主要有/etc/resolv.conf，在使用测试工具之前，首先修改配置文件/etc/resolv.conf，该文件用来告诉解析器调用的 DNS 服务器的 IP 地址。打开文件/etc/resolv.conf，添加如下的语句行 nameserver 192.168.1.100，语句 nameserver 指定刚配置好的 DNS 服务器的 IP 地址。

配置好 DNS 并启动 named 进程后，应该对 DNS 进行测试。BIND 软件包提供了三个工具：nslookup、dig 和 host。其中最常用的是 nslookup。下面将以 nslookup 对 DNS 进行测试。

nslookup 命令用来向 Internet 域名服务器发出查询信息。它有两种模式：交互式和非交互式。交互模式允许使用者从名字服务器查询不同主机或域的信息，或者打印出一个域内的主机列表；非交互模式用于只打印一个主机或域的名字和所请求的信息。

当没有指定参数（使用默认的域名服务器）或第一个参数是 "–"，第二个参数为一个域名服务器的主机名或 IP 地址时，nslookup 为交互模式；当第一个参数是待查询的主机的域名或 IP 地址时，nslookup 为非交互模式。这时，任选的第二个参数指定了一个域名服务器的主机名或 IP 地址。

【例 11-3】　使用交互模式对 DNS 进行测试。

```
[root@localhost   root]#nslookup
#正向查询主机 jsj1.csxy.edu.cn 的 IP 地址
>jsj1.csxy.edu.cn
Server：     127.0.0.1
Address：       127.0.0.1#53

Name：   jsj1.csxy.edu.cn
Address：192.168.1.100
#反向查询 IP 地址为 192.168.1.100 的主机名
```

> 192.168.1.100

Server: 127.0.0.1

Address: 127.0.0.1#53

100.1.168.192.in-addr.arpa   name=jsj1. csxy.edu.cn

#查询 csxy.edu.cn 域中的别名记录

> set type=CNAME

> www.csxy.edu.cn

Server: 127.0.0.1

Address：   127.0.0.1#53

www.csxy.edu.cn   canoical name= jsj1.csxy.edu.cn

#退出 nslookup

> exit

说明："set type=CNAME" 表示设置查找的类型为 CNAME，还可以是 SOA、NS、MX 等。如果类型为 all 或 any 将表示所有的。

2. 客户端使用 Windows 操作系统

如果客户端使用的是 Windows 操作系统，那么只需在图 11-1 所示的"Internet 协议（TCP/IP）属性"对话框中选择"使用下面的 DNS 服务器地址"，并且在"首选 DNS 服务器（P）："文本框中输入 DNS 服务器的 IP 地址；在"备用 DNS 服务器（A）："文本框中可以输入 DNS 服务器的 IP 地址，也可以不输入。

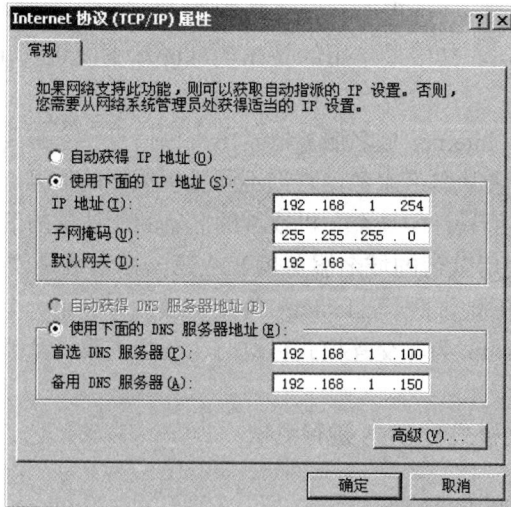

图 11-1   "Internet 协议（TCP/IP）属性"对话框

11.4.2   DNS 故障排除

由于前面所述的域名配置文件和数据库文件都是手工编辑输入的，所以有可能出现错误。下面是一些常见的错误。

① 配置文件名写错。在这种情况下，运行 nslookup 命令不会出现提示符 ">"。

② 主机域名后没有一个小点（.）。这是最常见的错误。在不同的地方漏掉所出现的现象是不同的。如果是在一个完全标识域名后漏掉，那么查询到的主机名或部分的域名会出现两个。

③ /etc/resolv.conf 文件中域名服务器 IP 地址不正确。在这种情况下，nslookup 命令不会出现提示符。

④ 回送地址数据库文件有问题。同样，nslookup 命令不会出现提示符。

⑤ 在/etc/named.conf 文件中定义的文件名与/var/named 目录下的文件名不一致。

快速查找 DNS 存在的问题的技巧如下：

    #tail-f /var/log/messages

通过日志上面的提示信息可以非常迅速地查找问题出在哪里。

本章小结

域名系统（DNS）是一种用于 TCP/IP 应用程序的分布式数据库，它提供主机名和 IP 地址之间的转换及有关电子邮件的路由信息。本章主要介绍了 DNS 的系统组成、DNS 域名解析过程、DNS 配置与测试及 DNS 故障排除等内容。

习题与实验

一、简答题

1．写出域名解析的工作过程。

2．配置一个主域名服务器需要几个文件？

二、实验题

1．配置一个 DNS 服务器。

2．使用 nslookup 验证。

第 12 章 WWW 服务器

本章导读

Internet 上最热门的服务之一就是 WWW 服务，它已经成为人们在网上浏览、查找信息的主要手段。Apache 服务器是目前世界上使用最为广泛的 WWW 服务器，它以优越的性能和对 Linux 良好的支持，将成为未来 Web 服务器的主流。

◇ 了解 WWW 服务

◇ 掌握配置 WWW 服务器及各种服务

◇ 掌握客户端测试 WWW 服务

12.1 WWW 简介

12.1.1 什么是 WWW

WWW 的全称为 World Wide Web，简称为 Web，中文名称为万维网。它是由全球各种信息（文本、图片、声音和动画）组成的网络，这一网络采用客户-服务器系统。客户端与服务器都遵循 HTTP 协议，默认采用 80 端口进行通信。

在客户端是 WWW 浏览器程序，用户只要在浏览器中输入所要浏览的地址，若该地址存在，用户就可以浏览到所需要的内容。客户端的浏览器程序通常有 Internet Explorer、Netscape、Mozilla 等。WWW 服务器负责管理 Web 站点的管理与发布，通常是使用 Apache、Microsoft IIS 等服务器软件。

12.1.2 WWW 服务的工作过程

WWW 服务的工作过程简述如下：

① Web 客户（浏览器）根据用户输入的 URL 连到相应的远端 WWW 服务器上；

② 从指定的服务器获得指定的 Web 文档；

③ 断开与远端 WWW 服务器的连接。

12.2 Linux 环境下的 WWW 服务器

12.2.1 Apache 简介

Linux 凭借其高稳定性成为架设 WWW 服务器的首选，基于 Linux 架设 WWW 服务器时采用 Apache 服务器软件。

Apache 服务器一个主要的特点是完全免费，并且完全公开其源代码，由此用户可根据自身的需要去进行相关模块的开发。Apache 服务器另一个主要的特点是其跨平台性，其可在 UNIX、Windows、Linux 等多种操作系统上运行。如果需要创建一个每天有数百万人访问的 Web 服务器，Apache 可能是最佳选择。

12.2.2 安装和启动 Apache 服务器

1．安装 Apache 服务器

Apache 服务器本身已经包含了完整的文档和帮助信息，当安装 Apache 服务器成功后，打开浏览器，在地址栏中输入http://127.0.0.1/manual，就可以看到文档内容了。Apache 软件版本更新很快，访问官方站点http://htppd.apache.org/可以下载最新资源。

使用命令"yum install httpd"可以安装 Apache 服务器，默认的版本是 2.2.15-5，如下所示，表示软件已经安装成功。

```
# yum install httpd
Loaded plugins：refresh-packagekit,rhnplugin
This system is not registered with RHN.
RHN support will be disabled.
Base                                          | 3.7KB 00:00…
Setting up Install Process
Package http-2.2.15-5.el6.x86_64 already installed and latest version
Nothing to do
```

2．Apache 服务器的启动和停止

当安装完 Apache 服务器后，如果想让其提供 Web 服务还必须启动它。

RHEL 默认 Apache 以独立运行的守护进程来运行，可以使用下面的命令来启动或重新启动 Apache 服务器：

```
# service httpd start
# service httpd restart
# service httpd stop
```

下面的命令用来查看 Apache 服务器是否启动：

```
# pstree | grep httpd
```

可以使用如下命令查看 Apache 服务器的运行状态：

```
# service httpd status
```

12.2.3 Apache 服务器的配置文件

在早期 Apache 服务器版本里，其配置内容分散在 httpd.conf、srm.conf、access.conf 三个文件里。而新版本的 Apache 服务器，则统一在 httpd.conf 里进行配置。对于默认安装的 RHEL 来说，该配置文件位于/etc/httpd/conf 目录下。在 RHEL 中，httpd 的默认配置文件是

/etc/httpd/conf/httpd.conf，其代码长达千行，其中的参数非常复杂，本书仅选择性地介绍最常用的设置选项。

默认配置文件/etc/httpd/conf/httpd.conf 要适应几乎所有种类操作系统、所有种类硬件下的设置，不可能为特定的平台和特定的硬件提供最优化的默认配置，因此用户在配置 Apache 服务器的时候要根据自己的实际情况进行一定的修改，基本的配置不需要进行修改。

利用 httpd.conf，可以对 Apache 服务器进行全局配置、主要或预设服务器的参数定义、虚拟主机的设置。httpd.conf 是一个文本文件，可以用 VI 文本编辑工具进行修改。通过分析该 httpd.conf 配置文件，不难发现：该配置文件分为若干个小节，例如 Section 1: Global Environment（第一小节：全局环境）；Section 2: 'Main' server configuration（第二小节：主服务器配置）等。

每个小节都有若干个配置参数，其表达形式为"配置参数名称　具体值"，每个配置参数都有详尽的英文解释（用#号引导每一个注释行）。

为了便于理解，这里给出 httpd.conf 的最常用配置参数。

（1）DocumentRoot

该参数指定 Apache 服务器存放网页的路径，默认所有要求提供 HTTP 服务的连接，都以这个目录为主目录。以下为 Apache 的默认值：

DocumentRoot "/var/www/html"

（2）DirectoryIndex

该参数指默认值为 index.html index.html.var，客户访问 Apache 服务器时如果不指定网页名称，Apache 服务器将显示指定目录下的 index.html 和 index.html.var 文件。

（3）MaxClients

该参数限制 Apache 所能提供服务的最高数值，即同一时间连接的数目不能超过这个数值。一旦连接数目达到这个限制，Apache 服务器则不再为别的连接提供服务，以免系统性能大幅度下降。本例假设最大连接数是 150 个：

MaxClients 150

（4）Port

该参数用来指定 Apache 服务器的监听端口。一般来说，标准的 HTTP 服务默认端口号是 80，一般不要更改这个数值。本例为 80 端口：

Port 80

（5）ServerName

该参数使得用户可以自行设置主机名，以取代安装 Apache 服务器主机的真实名字。此名字必须是已经在 DNS 服务器上注册的主机名。如果当前主机没有已注册的名字，也可以指定 IP 地址。本例将服务器名设为 jsj2.csxy.edu.cn：

ServerName jsj2.csxy.edu.cn

（6）ServerAdmin

该参数默认值为 root@localhost，应将其设定为 Apache 服务器管理员的电子邮件地址。

（7）KeepAlive

该参数默认值为 off，通常将其修改为 on，即允许保持连接，以提高访问性能。

（8）MaxKeepAliveRequests

当使用保持连接（Persistent Connection）功能时，可以使用本参数决定每次连接所能发出的要求数目的上限。如果此数值为 0，则表示没有限制。建议尽可能使用较高的数值，以充分发挥 Apache 的高性能，本例设置每次连接所能发出的要求数目上限为 100：

    MaxKeepAliveRequests 100

（9）KeepAliveTimeout

该参数表示允许保持连接时，可指定连续两次连接的间隔时间，如果超出设定值则被认为连接中断。

（10）Timeout

该参数指定 Web 站点的响应时间，以秒为单位，默认为 300 秒。如果超过这段时间仍然没有传输任何数据，那么 Apache 服务器将断开与客户端的连接。

注意：修改之前一定要先备份！

12.3　Apache 的各种服务

12.3.1　个人 Web 站点

配置 Apache 服务器可以让 Linux 计算机上的每一个拥有用户账号的用户都能够架设自己单独的站点。

默认情况下，用户主目录中的 public-html 子目录是用户个人 Web 站点的根目录。但是 public-html 目录并不存在，因此凡是要架设个人 Web 站点的用户都必须在其主目录新建这个目录。

用户主目录的默认权限为"rwx------"，即除了用户自己以外，其他用户不能进入此目录。为了让用户自己创建的 Web 站点的内容能被浏览，必须修改用户主目录的权限，添加其他用户的执行权限。访问用户的个人 Web 站点时，应该输入"http：//IP 地址|域名/~用户名"格式的 URL。

配置每个用户的个人站点，需要设置 IfModule 语句块和 Directory 语句块。

【例 12-1】 配置一个个人站点。

第 1 步：修改主配置文件/etc/httpd/conf/httpd.conf，启用每个用户的 Web 站点配置。

    <IfModule>
    UserDir disable root
    UserDir public_html

```
</IfMoudle>
<Directory /home/ */public_html>
AllowOverride FileInfo

</Directory>
```

第 2 步：重新启动 Apache。

```
# service httpd restart
```

第 3 步：在用户自己目录中创建站点及网页文件，以用户 stu1 为例。

```
$ cd/home/stu1
$ mkdir public_html
$ cd ..
$ chmod 711 stu1
$ cd ~/public_html/
```

在 public_html 目录下建立 index.html 文件并保存。

第 4 步：使用浏览器测试。

```
http:// 192.168.1.100/~stu1
```

12.3.2 配置虚拟主机

虚拟主机是在一台 Web 服务器上为多个单独的域名提供 Web 服务，每个域名具有特定的目录和配置，相当于将一台主机分为多台主机，虚拟主机技术对于主机数量不足，但又想为不同的用户提供独立的 Web 服务的需求非常有效。

Apache 有两种方式支持虚拟主机：基于 IP 的虚拟主机和基于域名的虚拟主机。无论是基于 IP 的虚拟主机还是基于域名的虚拟主机都需要在配置文件/etc/httpd/conf/httpd.conf 中设置 VirtualHost 语句块。

1．基于域名的虚拟主机

假设某一学院按照系部或者职能部门组建基于域名的虚拟主机。有一台 Apache 服务器和一个 IP 地址 192.168.1.100，假设有两个部门需要建立网站，一个为系办公室网站，域名为 office .csxy.edu.cn，另一个为系培训中心网站，域名为 computer .csxy.edu.cn 。配置基于域名的虚拟主机时，必须向 DNS 服务器注册域名，否则无法访问虚拟主机。

【例 12-2】 创建一个名为 computer. csxy.edu.cn 和 office. csxy.edu.cn 的虚拟主机，并使用同一个 Apache 服务器 jsj1.csxy.edu.cn。

第 1 步：DNS 服务器管理员向正向区域文件添加 A 记录，向反向区域文件添加 PTR 记录，说明域名 computer. csxy.edu.cn 和 office. csxy.edu.cn 与 IP 地址的对应关系，并重新启动 named 守护进程。

正向区域文件添加 A 记录的内容如下：

```
office          IN    A    192.168.1.100
```

computer　IN　A　　192.168.1.100

反向区域文件添加 PTR 记录的内容如下：

100　　　　　　　IN　PTR　　　　computer. csxy.edu.cn
100　　　　　　　IN　PTR　　　　office. csxy.edu.cn

第 2 步：编辑配置文件/etc/httpd/conf/httpd.conf，在文件中添加如下内容。

NameVirtualHost　192.168.1.100
 <VirtualHost　192.168.1.100 >
ServerName　office. csxy.edu.cn
DocumentRoot　/var/www/html/office
</VirtualHost>

<VirtualHost　　192.168.1.100>
ServerName　computer. csxy.edu.cn
DocumentRoot　/var/www/html/computer
</VirtualHost>

第 3 步：在/var/www/html 目录下建立 office 和 computer 目录，并分别在两个目录中创建 index.html 文件。

第 4 步：重新启动 httpd 守护进程，并分别输入 http：//office. csxy.edu.cn 和 http：// computer. csxy.edu.cn 进行测试。

说明：每个虚拟主机都会从主服务器配置继承相关的设置。

2. 基于 IP 的虚拟主机

基于 IP 虚拟主机的配置有两种方法：相同 IP 不同端口号的虚拟主机和不同 IP 相同端口号的虚拟主机。

【例 12-3】　现在想要创建一个域名为 computer. csxy.edu.cn 和 office. csxy.edu.cn 的虚拟主机，这两台虚拟主机有相同的 IP 地址 192.168.1.100，端口号不相同。

第 1 步：DNS 服务器管理员向正向区域文件添加 A 记录，向反向区域文件添加 PTR 记录，说明域名 computer. csxy.edu.cn 和 office. csxy.edu.cn 与 IP 地址的对应关系，并重新启动 named 守护进程。

正向区域文件添加 A 记录的内容如下：

computer　IN　A　　192.168.1.100
office　　　IN　A　　192.168.1.100

反向区域文件添加 PTR 记录的内容如下：

100　　　　　　IN　PTR　　　　computer. csxy.edu.cn
100　　　　　　IN　PTR　　　　office. csxy.edu.cn

第 2 步：修改配置文件/etc/httpd/conf/httpd.conf，在文件中添加如下内容：

<VirtualHost　192.168.1.100：8888>

```
                DocumentRoot    /var/www/html/computer
                </VirtualHost>

                <VirtualHost   192.168.1.100：6666>
                DocumentRoot    /var/www/html/office
                </VirtualHost>
```

第 3 步：在/var/www/html 目录下建立 office 和 computer 目录，并分别在两个目录中创建 index.html 文件。

第 4 步：重新启动 httpd 守护进程，并分别输入 http://192.168.1.100:8888 和 http://192.168.1.100:6666 进行测试。

基于 IP 虚拟主机的配置在使用不同 IP 时有一个严重的不足，那就是每增加一个虚拟主机就必须增加一个 IP 地址，这对于紧张的 IP 地址来说，从某种意义上说是一种浪费。而基于域名的虚拟主机，是一种比较适合的方案。因为它不需要更多的 IP 地址，而且配置比较简单，无须什么特殊的软硬件支持。现代的浏览器大都支持基于域名的虚拟主机的实现方法。

12.3.3　Apache 访问控制与认证授权

1．访问控制

Apache 允许对服务器的主机进行访问控制，可以精确到每个单独的目录、URL 和文件。并分别在<Directory>语句块、<Loctions>语句块和<Files>语句块中进行设置。

Apache 服务器利用以下三个访问控制参数可实现对指定目录的访问。

① Deny：定义拒绝访问列表。

② Allow：定义允许访问列表。

③ Order：指定执行允许访问列表和拒绝访问列表的先后顺序。

其中 Deny 和 Allow 参数后指定拒绝/允许访问列表，访问列表可使用以下形式。

① All：表示所有客户。

② 域名：表示域内所有客户，如 linux.com。

↰ IP 地址：可指定完整的 IP 地址或部分，IP 地址，如 192.168.0.20。

其中 Order 参数只有如下两种形式。

↰ Order allow，deny：表示先执行允许访问列表再执行拒绝访问列表，默认情况下将拒绝所有没有明确被允许的客户。

↰ Order deny，allow：表示先执行拒绝访问列表再执行允许访问列表，默认情况下将允许所有没有明确被拒绝的客户。

2．认证授权

在一些商业性质的网站上，有时需要对特定的使用者开放特定的访问权限，使其能访问访问网站上的某些资源，而其他用户则不能访问。这时候就需要对用户进行认证。在 Apache 支持两种认证方式：基本认证（basic）和摘要认证（digest）。但是目前通常只使用基本认证。Apache 服务器利用以下认证参数，可实现对指定目录的认证。用户访问到指定目录的网页文件时必须输入用户名和口令，验证成功后才能访问。本书只介绍基本认证，认证配置指令有以下几种。

Authname　领域名称：指定用户认证领域的名称。

AuthType Basic| Digest：指定用户的认证方式，一般只使用 Basic。

AuthUserFile　文件名：指定认证用户文件名及其保存路径。

AuthGrouprFile　文件名：指定认证组群文件名及其保存路径。

使用认证参数后，还需要使用 Require 指令进行授权，指定哪些认证用户和认证组群有权访问指定的目录。Require 指令有以下三种格式。

① Require　用户名列表：授权给指定的用户。

② Require　组群名列表：授权给指定的组群。

③ Require valid-user：授权给认证用户文件中的所有用户。

3．认证用户文件

利用合同 htpasswd 命令可以创建认证用户文件，并设置认证用户。

格式：

　　htpasswd　[选项]　　　认证用户文件名　用户名

功能：设置指定的认证用户及其认证口令。

选项说明如下。

-c：在创建一个认证用户的同时创建认证口令文件。

如果没有选项，表示向已存在的口令文件中添加用户或修改已存在的用户的口令。

认证用户口令文件与系统中的/etc/shadow 文件类似，文件中的每一行包含一个用户的用户名和加密的口令，格式为是：

　　用户名：加密的口令

【例 12-4】　将 john 设置为认证用户，并创建认证用户文件/var/www/userpass。

　　# htpasswd　-c　/var/www/userpass　john

系统显示为：

　　New password:
　　Re-type new password:
　　Adding password for user john

【例 12-5】　将 hellen 设置为认证用户，认证用户文件/var/www/userpass 已经存在。

　　# htpasswd　/var/www/userpass　hellen

系统显示为：

　　New password:
　　Re-type new password:
　　Adding password for user hellen

【例 12-6】　修改认证用户 hellen 的口令，认证用户文件为/var/www/userpass。

　　# htpasswd　/var/www/userpass　hellen

系统显示为：

```
New password:
Re-type new password:
Adding password for user hellen
```

【例 12-7】 删除认证用户 hellen，认证用户文件为/var/www/userpass。

htpasswd 没有提供删除用户的选项，要想删除认证用户，可以直接使用文本编辑器对认证用户文件进行编辑，删除指定用户的行即可。

说明：认证用户和 Linux 系统的用户没有对应关系。

4．实现访问控制与认证授权

Apache 服务器可以针对目录进行访问控制与认证授权，并可以选择以下两种方法来　实现。

① 修改主配置文件 httpd.conf，直接设置指定目录的访问控制与认证授权的相关参数。例如 Allowoverride None 表示不使用.htaccess，AuthType Basic 表示使用基本认证方式，Require valid-user 表示授权给认证文件中的所有用户。

② 在指定目录下创建.htaccess 文件，访问控制与认证授权的相关参数均保存在.htaccess文件中。

这两种方法各有优劣，使用.htaccess 文件可以在不重新启动服务器的情况下改变服务器的配置，但是由于 Apache 服务器需要查找.htaccess 文件，将会降低服务器的运行性能。

httpd.conf 文件中 Allowoverride 参数可以决定.htaccess 文件是否起效，以及.htaccess 文件中可以使用的配置参数。Allowoverride 参数主要有如下几种。

　　↪ None：表示不使用.htaccess 文件。

　　↪ All：表示使用.htaccess 文件，并可以使用相关参数。

　　↪ Limit：.htaccess 文件中允许使用控制主机访问的命令。

　　↪ AuthConfig：.htaccess 文件允许使用 AuthName、AuthType 等针对每个用户的认证机制，这使目录属主能用口令和用户名来保护目录。

下面是一个综合举例，其中包括访问控制和认证授权的配置。

【例 12-8】 在/var/www/html/test 目录中的网页文件，只允许认证用户 john 在 IP 地址为192.168.1.55 主机上访问。

方法 1：

第 1 步：在/var/www /html/下建立一个 test 子目录，并创建主页文件 index.html。

```
mkdir /var/www/html/test
```

第 2 步：编辑主配置文件 httpd.conf

```
<Directory "/var/www/html/test">
    AllowOverride None
    AuthType Basic
    AuthName   "john"
    AuthUserFile /var/www/userpass
    require valid-user
```

```
        order deny,allow
        deny from all
        allow from 192.168.1.55
    </Directory >
```

第 3 步：创建 Apache 的验证用户 john 及其认证用户文件/var/www/userpass。

```
htpasswd -c /var/www/userpass john
```

第 4 步：重新启动 apache 服务。

第 5 步：在客户端使用浏览器测试。

方法 2:

第 1 步：在/var/www /html/下建立一个 test 子目录，并创建主页文件 index.html。

```
mkdir /var/www/html/test
```

第 2 步：编辑主配置文件 httpd.conf。

```
<Directory "/var/www/html/test">
    AllowOverride All
</Directory >
```

第 3 步：在/var/www /html/下建立.htaccess 文件，其内容如下：

```
AuthType Basic
AuthName    "john"
AuthUserFile /var/www/userpass
require valid-user
order deny,allow
deny from all
allow from 192.168.1.55
```

第 4 步：创建 Apache 的验证用户 john 及其认证用户文件/var/www/userpass。

```
htpasswd -c /var/www/userpass john
```

第 5 步：重新启动 Apache 服务。

第 6 步：在客户端使用浏览器测试。

说明：为了服务器的性能，一般不推荐使用 AllowOverride AuthConfig 或者 AllowOverride ALL，因为这会使服务器不断地去寻找.htaccess，从而影响服务器的效能。偶尔有一些后台管理界面或者其他特殊目录可能需要加验证这个需求。

在客户端使用浏览器测试时，在 URL 中输入 http://www.csxy.edu.com/test，只能从 IP 地址为 192.168.1.55 的主机上登录访问，在弹出的"输入网络密码"对话框中输入认证用户名 john 及口令，才能访问主页。

本章小结

　　本章主要介绍 WWW 服务及其工作过程，WWW 服务器的配置文件，根据不同的配置提供不同的服务。Apache 服务器功能强大、配置简单，成为使用最广泛的 Web 服务器。

习题与实验

一、简答题

1. 写出 WWW 服务配置文件的主要参数及作用。
2. 什么情况下需要访问控制及认证授权？

二、实验题

1. 配置一个基于域名的 WWW 服务器。
2. 在客户机验证 WWW 服务。

第 13 章　FTP 服务器

本章导读

FTP（file transfer protocol，文件传输协议）是目前 Internet 上最流行的数据传送方法之一。利用 FTP 协议，可以在 FTP 服务器和 FTP 客户端之间进行双向数据传输，既可以把数据从 FTP 服务器下载到本地客户端，又可以从客户端上传数据到远程 FTP 服务器。在 RHEL 发行版包含了 vsftpd 服务器软件，它更加安全、高速稳定。

◇ 了解 FTP 基础知识
◇ 掌握配置 FTP 服务器
◇ 掌握测试 FTP 服务

13.1　FTP 简介

13.1.1　什么是 FTP 协议

FTP 是 TCP/IP 协议族中的一个协议，定义的是一个在远程计算机系统和本地计算机系统之间传输文件的一个标准。该协议使得在 Internet 上传输文件数据，下载或者上传各种软件和文档等资料。早在 Internet 发展的初期，FTP 服务与 Web 服务、E-mail 服务一起被称为 Internet 的三大应用。

13.1.2　FTP 服务概述

FTP 是 TCP/IP 的一种具体应用，FTP 工作在 OSI 模型的第七层，TCP 模型的第四层上，即应用层，FTP 使用的是传输层的 TCP 传输而不是 UDP，这样保证客户端与服务器之间的连接是可靠的，为数据的传输也提供了可靠的保证。FTP 服务的一个与众不同之处是它采用双端口的工作方式。服务器通常开放标准的 21 端口进行监听，客户端随机开放一个端口向服务器发起连接，但在这两个端口之间传输的只是 FTP 命令，这成为 FTP 的控制连接。真正的数据传输是在服务器和客户端的另两个端口之间进行的，这成为 FTP 的数据连接。

13.1.3　FTP 的工作过程

（1）FTP 服务器的守护进程总是监听 21 端口，使客户进程能连接上；

（2）等待客户进程发起连接建立请求；

（3）控制连接之后，FTP 服务器通过一定的方式验证用户的身份之后才会建立数据连接。从属进程对客户进程的请求处理完毕后即终止，但从属进程在运行期间根据需要还可能创建其他一些子进程。

（4）回到等待状态，继续接受其他客户进程发来的请求。主进程与从属进程的处理是并发地进行的。

13.1.4　FTP 的传输模式

FTP 的传输方式有两种：ASCII 传输方式和二进制传输模式。

13.1.5　FTP 服务器的用户

一般而言，用户必须经过身份验证才能登录 FTP 服务器，然后才能访问、传输在远程服务器的文件。根据访问 FTP 服务器的对象不同可以将 FTP 服务的用户分为以下三类。

（1）本地用户

如果用户在远程 FTP 服务器上拥有服务器本地用户账号则成为本地用户。本地用户可以通过输入自己的账号和口令进行授权登录。当授权访问的本地用户登录系统后，其登录目录为用户自己的家目录（$HOME），本地用户既可以上传，又可以下载。

（2）虚拟用户

如果用户在远程 FTP 服务器上拥有账号，且此账号只能用于文件传输服务，则称此用户为虚拟用户或 Guest 用户。虚拟用户可以通过输入自己的账号和口令进行授权登录。当授权访问的虚拟用户登录系统后，其登录目录为服务器指定的目录。通常情况下，虚拟用户既可以上传，又可以下载。

（3）匿名用户

如果用户在远程 FTP 服务器上没有账号，则称此用户为匿名用户或 anonymous 用户。进行匿名访问时，FTP 服务器必须提供此功能。匿名用户可以通过输入账号（anonymous 或 ftp）和口令（用户自己的 E-mail 地址）来进行登录，登录系统后，其登录目录为匿名 FTP 服务器的根目录（/var/ftp）。通常情况下，匿名用户只能下载，上传受到一定的限制。互联网中大多数 FTP 服务器都支持"匿名"（anonymous）登录。这类服务器的目的是向公众提供文件拷贝服务，不要求用户事先在该服务器进行登记注册，也不用取得 FTP 服务器的授权。

13.2　Linux 环境下的 FTP 服务器

13.2.1　Linux 环境下的 FTP 服务器软件

在 Linux 环境下，常用的 FTP 服务器软件有三种：Wu-ftpd、Proftpd、vsftpd。这三种都是基于 GPL 协议开发的。

在 RHEL 发行版只带了 vsftpd，其中 vs 是 "very secure" 的缩写，它更加安全、高速稳定。它具有如下特点：

　　↪ 是一个安全、高速、稳定的 FTP 服务器；

　　↪ 可以设定多个基于 IP 的虚拟 FTP 服务器；

　　↪ 匿名服务更是十分容易；

↻ 匿名 FTP 的根目录不需要任何特殊的目录结构，或系统程序或其他系统文件；

↻ 不执行任何外部程序，从而减少了安全隐患；

↻ 支持虚拟用户，且支持每个虚拟用户具有独立的配置；

↻ 可以设置为从 inetd 启动，或者是独立 FTP 服务器两种运行方式；

↻ 支持 PAM 或 xinetd/tcp_wrappers 的认证方式；

↻ 支持带宽限制等。

13.2.2　FTP 服务器的安装与启动

1．FTP 服务器的安装

在进行 FTP 服务器配置之前，首先要确认 Linux 系统中是否已经安装了 FTP 服务器软件包，使用命令"yum install vsftpd"可以检查并安装服务器，默认的版本是 2.2.2 -6，如下所示，表示软件已经安装成功。

```
# yum install vsftpd
Loaded plugins：refresh-packagekit,rhnplugin
This system is not registered with RHN.
RHN support will be disabled.
Setting up Install Process
Package vsftpd-2.2.2-6.el6.x86_64 already installed and latest version
Nothing to do
```

2．FTP 服务器的启动和停止

RHEL 默认 vsftpd 以独立的守护进程进行启动，可使用下面的命令来进行 FTP 服务的启动、停止或重启。

```
# service vsftpd start
# service vsftpd stop
# service vsftpd restart
```

下面的命令是用来检查 vsftpd 是否被启动：

```
# pstree | grep vsftpd
```

13.2.3　vsftpd 的默认配置文件

默认 vsftpd 的配置文件主要有三个。

① 文件/etc/vsftpd/vsftpd.conf：vsftpd 的配置文件，每一行都具有"参数=值"的格式。

② 文件/etc/vsftpd.ftpusers：指定不能登录服务器的用户列表，通常是 Linux 系统的超级用户如 root 和系统用户；

③ 文件/etc/vsftpd.user_list：限制用户登录的配置文件，在该文件中的账号也不能访问 FTP 服务器，只有 vsftpd.conf 文件里启用 userlist_enable=NO 选项时才允许访问。

下面列出主配置文件是/etc/vsftpd/vsftpd.conf 的部分默认内容：

```
anonymous_enable=YES
local_enable=YES
write_enable=YES
local_umask=022
dirmessage_enable=YES
xferlog_enable=YES
connect_from_port_20=YES
pam_service_name=vsftpd
userlist_enable=YES
listen=YES
tcp_wrappers=YES
…
```

    根据 vsftpd 服务器的默认配置，本地用户和匿名用户都可以登录。本地用户默认进入其个人主目录，并可以切换到其他有权访问的目录，还可以上传和下载文件。匿名用户只能下载/var/ftp/目录下的文件。默认情况下/var/ftp/目录下没有任何文件。

    表 13-1 列出 vsftpd 的主要配置参数及默认值。

表 13-1   vsftpd 的主要配置参数及默认值

anonymous_enable=YES	是否允许匿名 FTP，如否，则选择 NO
local_enable=YES	是否允许本地用户登录
write_enable=YES	是否开放本地用户的写权限
local_umask=022	设置本地用户的文件的掩码是 022，默认值是 077
anon_upload_enable=YES	是否允许匿名用户上传文件
anon_mkdir_write_enable=YES	是否允许匿名用户创建新的文件夹
dirmessage_enable=YES	是否显示目录说明文件，默认是 YES，但需要手工创建.message 文件
xferlog_enable=YES	激活上传下载日志记录
connect_from_port_20=YES	强迫 ftp-data 的数据传输使用端口 20，默认值为 YES
xferlog_file=/var/log/vsftpd.log	设置日志的路径和名字，默认是/var/log/vsftpd.log
xferlog_std_format=YES	是否使用标准的 ftp xferlog 模式
idle_session_timeout=300	设置默认的断开不活跃 session 的时间，默认为 300 秒
data_connection_timeout=120	设置数据传输超时时间，默认为 120 秒
nopriv_user=ftpsecure	运行 vsftpd 需要的非特权系统用户，默认是 nobody
ascii_upload_enable=YES	是否使用 ASCII 码方式上传文件
ascii_download_enable=YES	是否使用 ASCII 码方式下载文件
ftpd_banner=Welcome to blah FTP service.	定制欢迎信息
chroot_local_user=YES	所有本地用户将执行 chroot
chroot_list_enable=YES chroot_list_file=/etc/vsftpd.chroot_list	当 chroot_local_user=No 且 chroot_list_enable=YES 时，只有/etc/vsftpd.chroot_list 文件中指定的用户才可执行 chroot
pam_service_name=vsftpd	设置 PAM 认证服务的配置文件名称，该文件存放在/etc/pam.d/目录下
userlist_enable=YES	由于默认情况下 userlist_deny=YES，所以/etc/vsftpd.user_list 文件中所列出的用户不允许访问 vsftpd 服务器
listen=YES	使 vsftpd 处于独立启动模式
tcp_wrappers=YES	使用 tcp_wrappers 作为主机的访问控制方式

13.3　配置 vsftpd 服务器实例

【例 13-1】　配置允许匿名用户上传

修改/etc/vsftpd/vsftpd.conf 配置文件。具体的步骤如下。

第 1 步：激活以下两项，即将原文件中以下两行前的"#"去掉。

```
#允许匿名用户上传
anon_upload_enable=YES
#允许匿名用户创建新目录
anon_mkdir_write_enable=YES
```

第 2 步：在原配置文件中添加下面一行，目的是开放匿名用户的浏览权限。

```
anon_world_readable_only=NO
```

如果允许匿名用户对服务器上的文件或文件夹有更名或删除操作的权限，还需在配置文件中添加下面一行：

```
anon_other_write_enable=YES
```

第 3 步：开放本地用户写的权限必须打开。

```
write_enable=YES
```

第 4 步：修改完配置文件并存盘后，使用下面的命令重新启动 vsftpd 服务。

```
# service vsftpd restart
```

第 5 步：修改匿名用户上传目录的权限，匿名用户的默认目录是"/var/ftp/pub"。可使用下面的命令修改：

```
# chmod +777 /var/ftp/pub
```

【例 13-2】　配置用户访问速度、超时与连接数

本地用户的最大传输速率为 50 kbps，匿名用户的最大传输速率为 30 kbps。限制每个客户机的最大连接数为 5。可以设定默认的空闲超时时间 600 秒，用户超过这段时间没有动作将被服务器踢出，设定默认的数据连接超时时间 120 秒。

修改 vsftpd 的默认配置具体的步骤如下。

第 1 步：修改/etc/vsftpd/vsftpd.conf 主配置文件，添加如下的行：

```
user_config_dir=/etc/vsftpd/userconf
idle_session_timeout=600
data_connection_timeout=120
```

第 2 步：增加一个目录/etc/vsftpd/userconf。

```
# mkdir /etc/vsftpd/userconf
```

第 3 步：在/etc/vsftpd/userconf 目录下新增一个名为 user1 的文件，增加以下内容。

```
local_max_rate=250000
```

第 4 步：在/etc/vsftpd/userconf 目录下新增一个名为 user2 的文件，增加以下内容。

```
max_per_ip=5
local_max_rate=500000
```

第 5 步：重新启动 vsftpd 服务。

```
# service vsftpd restart
```

根据以上配置，本地用户 user2 的最大传输速率为 50 kbps，最大连接数为 5。本地用户 user1 最大传输速率为 25 kbps。其他用户都遵循主配置文件。

【例 13-3】 配置本地用户禁止切换到其他目录

根据 vsftpd 服务器的默认配置，本地用户默认进入其个人主目录，并可以切换到其他有权访问的目录，还可以上传和下载文件。这样的设置不太安全。通过设置 chroot 相关的参数，可以禁止用户切换到除自己主目录以外的其他目录。

修改 vsftpd.conf 的默认配置具体的步骤如下。

第 1 步：设置所有的本地用户不可切换到主目录以外的目录。

```
chroot_local_user=YES
```

第 2 步：可以用一个列表限定哪些本地用户只能在自己目录下活动。

```
chroot_list_enable=YES
chroot_list_file=/etc/vsftpd.chroot_list
```

系统首先检查 vsftpd.conf 文件是否存在 chroot_local_user=YES 的语句，如果存在将其修改为 chroot_local_user=NO。

第 3 步：创建文件/etc/vsftpd.chroot_list，文件内容为用户列表，每个用户占一行。格式与/etc/vsftpd.ftpuser 文件相同。

【例 13-4】 配置服务器日志和欢迎信息

修改 vsftpd.conf 的默认配置具体的步骤如下。

第 1 步：增加以下内容：

```
#允许为目录配置显示信息，显示每个目录下面的.message 文件的内容。
dirmessage_enable=YES
#可以自定义 FTP 用户登录到服务器所看到的欢迎信息。
ftpd_banner=Welcome to FTP service
#启用记录上传/下载活动日志功能。
xferlog_enable=YES
#可以自定义日志文件的保存路径和文件名，默认是/var/log/vsftpd.log。
xferlog_file=/var/log/vsftpd.log,
```

第 2 步：用户目录下创建文件名为.message 的文件。

例如在/home/stu1 目录下创建该文件，内容为"欢迎来到我的 FTP 站点。"

13.4　客户端测试 vsftpd 服务器

客户端可以通过许多工具进行服务器的连接，最常用的工具有三种：浏览器、FTP 应用程序以及 FTP 命令。这些工具使用方法虽然不同，但是都可以达到文件传输的目的。另外，客户端可以使用 Linux 操作系统或者 Windows 操作系统。

13.4.1　以浏览器连接到 vsftpd 服务器

浏览器是一般人上网不可缺少的工具，除了具有浏览网页的功能之外，它还可以连接到 vsftpd 服务器。使用浏览器进行 vsftpd 服务器连接和浏览网页的方式很相似，但也有差别。使用浏览器进行 vsftpd 服务器连接时，必须在 URL 前加上"ftp：//"而不是浏览网页时所使用的"http：//"。

13.4.2　以 FTP 应用程序连接到 vsftpd 服务器

常用的 FTP 应用程序有 cuteftp 软件等。该软件功能强大，使用方便，一直受到人们的青睐。它支持站点管理，上传下载文件和断点续传的功能。

13.4.3　以 ftp 命令连接到 vsftpd 服务器

该方式最大的好处是不需要额外安装任何软件，所有的 FTP 命令由操作系统直接支持。虽然它不如前面两种方式容易使用，但是它可以通过交互方式和 FTP 服务器沟通。

本章小结

本章主要介绍 FTP 服务及其工作过程，FTP 服务器的配置文件，客户端的测试方法。vsftpd 服务器是使用最广泛的 FTP 服务器，特别适用于在网络上传输大量的文件。

习题与实验

一、简答题
写出 FTP 服务配置文件的主要参数及作用。
二、实验题
1. 配置一个允许匿名用户上传的 FTP 服务器。
2. 在客户机验证 FTP 服务。

第 14 章　DHCP 服务器

本章导读

　　IP 地址是每台联网计算机必需的参数，随着 Internet 的爆炸性发展，手工配置 IP 地址已经是非常困难的事情了，于是动态配置 IP 地址的方法出现了，这就是动态主机配置协议 DHCP。它自动、动态、高效地为互联网中每台计算机分配 IP 地址。DHCP 常用的服务器软件是 DHCP，运行其守护进程 dhcpd 可完成动态配置 IP 地址等信息。通过本章学习，应该：

　　　　◇ 理解 DHCP 工作过程
　　　　◇ 掌握 Linux 环境下 DHCP 服务器配置
　　　　◇ 掌握客户端的配置

14.1　DHCP 简介

14.1.1　为什么需要 DHCP

　　TCP/IP 协议目前已经成为互联网的公用通信协议，在局域网上也是必不可少的协议。用 TCP/IP 协议进行通信时，每一台计算机（主机）都必须拥有一个 IP 地址用于在网络上标识自己。

　　如果 IP 地址的设置是由系统管理员在每一台计算机上手工进行设置，把它设定为一个固定的 IP 地址时，就称为静态 IP 地址。设定静态的 IP 地址是常见的方法之一，它只适用于较小规模的网络。需要动态分配 IP 地址的情况有以下几种。

　　① 如果网络的规模较大，系统管理员给每一台计算机分配 IP 地址的工作量就会很大，而且会出现错误，例如，导致 IP 地址的冲突等。

　　② 当计算机从一个网络移动到另一网络时，则每次移动也需要改变 IP 地址，并且移动的计算机在每个网络都需要占用一个 IP 地址。

　　③ 再有，就是 IP 地址的占用问题。如果某个网络上有 100 台计算机，采用静态 IP 地址时，每台计算机都需要预留一个 IP 地址，就需要 100 个 IP 地址。然而这 100 台计算机并不同时开机，假如只有 20 台计算机同时开机，就浪费了 80 个 IP 地址。这种情况对于现在 IP 地址紧张的情况来说，是一个十分严重的问题。

　　DHCP（dynamic host configuration protocol，动态主机配置协议）就是应这些需求而诞生的。采用 DHCP 的方法配置计算机 IP 地址的方案称为动态 IP 地址。拨号上网就是从 ISP 那里动态获得一个公有的 IP 地址。

　　在动态 IP 地址的方案中，每台计算机并不设定固定的 IP 地址，而是在计算机开机时才被分配一个 IP 地址，这台计算机被称为 DHCP 客户端。而负责给 DHCP 客户端分配 IP 地址的计算机称为 DHCP 服务器。也就是说，DHCP 是采用客户-服务器模式，有明确的客户端和服务器角色的划分。DHCP 服务器在给 DHCP 客户分配 IP 地址（即 IP 地址租用）的时候，还会有租用时间的限制，超过租用时间时，DHCP 服务器就把这个 IP 地址回收。回收的 IP 地址可以重新分配给另一个 DHCP 客户，这样 IP 地址就被重复使用，大大提高了 IP 地址的利用率。移动的计算机在不同的网络上开机时，将会获得它所在网络的 DHCP 服务器分配的有效 IP 地址，也就不必手工更改 IP 地址的设置了。由于 DHCP 客户是在开机的时候自动获得 IP 地址的，因此并不能保证每次获得的 IP 地址都是相同的。

动态 IP 地址方案可以减少管理员的工作量是显而易见的，只要 DHCP 服务器正常，IP 地址的冲突是不会发生的。要大批量更改计算机的所在子网或其他 IP 参数，只要在 DHCP 服务器上进行即可。

14.1.2　BOOTP 引导程序协议

DHCP 是对 BOOTP 的扩展，所以要先介绍 BOOTP（bootstrap protocol）。BOOTP 也称为自举协议，它使用 UDP 来使一个工作站自动获取配置信息。

为了获取配置信息，协议软件广播一个 BOOTP 请求报文，收到请求报文的 BOOTP 服务器查找出发出请求的计算机的各项配置信息（如 IP 地址、默认路由地址、子网掩码等），将配置信息放入一个 BOOTP 应答报文，并将应答报文返回给发出请求的计算机。这样，一台计算机就获得了所需的配置信息。由于计算机发送 BOOTP 请求报文时还没有 IP 地址，因此它会使用广播地址作为目的地址，而使用全"0"作为源地址，BOOTP 服务器可使用广播（broadcast）将应答报文返回给计算机，或使用收到的广播帧上的 MAC 地址进行单播（unicast）。

但是，BOOTP 设计用于相对静态的环境，管理人员创建一个 BOOTP 配置文件，该文件定义了每一个主机的一组 BOOTP 参数。配置文件只能提供主机标识符到主机参数的静态映射，如果主机参数没有要求变化，BOOTP 的配置信息通常保持不变。配置文件不能快速更改，此外管理员必须为每一主机分配一个 IP 地址，并对服务器进行相应的配置，使它能够理解从主机到 IP 地址的映射。

由于 BOOTP 是静态配置 IP 地址和 IP 参数的，不可能充分利用地址和减少配置的工作量，因此有必要引入自动机制。

14.1.3　DHCP 动态主机配置协议

DHCP 是对 BOOTP 的扩充，此协议从两个方面对 BOOTP 进行有力的扩充。第一，DHCP 可使计算机通过一个消息获取它所需要的配置信息，例如，一个 DHCP 报文除了能获得 IP 地址，还能获得子网掩码、网关等。第二，DHCP 允许计算机快速动态获取 IP 地址，为了使用 DHCP 的动态地址分配机制，管理员必须配置 DHCP 服务器使得它能够提供一组 IP 地址。任何时候一旦有新的计算机连到网络上，新的计算机与服务器联系，并申请一个 IP 地址。服务器从管理员指定的 IP 地址中选择一个地址，并将它分配给该计算机。

DHCP 允许有三种类型的地址分配。第一种，和 BOOTP 类似，DHCP 允许手工配置，管理员可为特定的某个计算机配置特定的地址。第二种，管理员可为第一次连接到网络的计算机分配一个固定的地址。第三种，DHCP 允许完全动态配置，服务器可使计算机在一段时间内"租用"一个地址。

动态地址分配是 DHCP 最重要的功能，与 BOOTP 所采用的静态分配地址不同的是，动态 IP 地址的分配不是一对一的映射，服务器不能预先知道客户机的身份。我们通过配置 DHCP 服务器使得任意一个主机都可以获得 IP 地址并开始通信。为了使自动配置成为可能，DHCP 服务器一开始就拥有网络管理员交给它的一组 IP 地址，管理员定义服务器操作的规定，DHCP 客户机通过与服务器交换信息协商 IP 地址的使用。在交换中，服务器为客户机提供 IP 地址，客户机确认它已经接收此地址。一旦客户机接收了一个地址，它就开始使用此地址进行通信。

将所有的 TCP/IP 参数保存在 DHCP 服务器有以下的好处。

    ↻ 管理员能够快速地检查 IP 地址及其他配置参数而不必前往每一台计算机，此外由于 DHCP 的数据库可以在一个中心位置（即 DHCP 服务器）完成更改，因此重新配置时也无须对每一台主机进行配置。

    ↻ DHCP 不会将相同的 IP 地址同时分配给两台主机，从而避免了冲突。

14.1.4   DHCP 的工作过程

1. DHCP 工作的步骤

DHCP 工作时要求客户机和服务器进行交互，由客户机通过广播向服务器发起申请 IP 地址的请求，然后由服务器分配一个 IP 地址及其他的 TCP/IP 设置信息。整个过程可以分为以下步骤。

（1）IP 地址租用申请

当 DHCP 客户机的 TCP/IP 首次启动时，就要执行 DHCP 客户程序，以进行 TCP/IP 的设置。由于此时客户机的 TCP/IP 还没有设置完毕，就只能使用广播的方式发送 DHCP 请求信息包，广播包使用 UDP 端口 67 和 68 进行发送，广播信息中包括了客户机的网络界面的硬件地址和计算机名字，以提供 DHCP 服务器进行分配。

（2）IP 地址租用提供

当接收到 DHCP 客户机的广播信息之后，所有的 DHCP 服务器均为这个客户机分配一个合适的 IP 地址，将这些 IP 地址、网络掩码、租用时间等信息，按照 DHCP 客户提供的硬件地址发送回 DHCP 客户机。这个过程中 DHCP 服务器没有对客户计算机进行限制，因此客户机能收到多个 IP 地址提供信息。

（3）IP 地址租用选择

由于客户机接收到多个服务器发送的多个 IP 地址提供信息，客户机将选择一个 IP 地址，拒绝其他提供的 IP 地址，以便这些地址能分配给其他客户。客户机将向它选择的服务器发送选择租用信息。

（4）IP 地址租用确认

服务器将收到客户的选择信息，如果也没有例外发生，将回应一个确认信息，将这个

IP 地址真正分配给这个客户机。客户机就能使用这个 IP 地址及相关的 TCP/IP 数据，来设置自己的 TCP/IP 堆栈。

2. IP 地址租约更新

（1）更新租用

在 DHCP 服务器中，每个 IP 地址是有一定租期的，若租期已到，DHCP 服务器就能够将这个 IP 地址重新分配给其他计算机。

（2）释放 IP 地址

租用客户机可以主动释放自己的 IP 地址请求，也可以不释放，但也不续租，等待租期过期而释放占用的 IP 地址资源。

14.2　Linux 环境下的 DHCP 服务器

采用 TCP/IP 进行通信，只有 IP 地址是不够的，常常需要网关、WINS、DNS 等设置。DHCP 服务器除了能动态提供 IP 地址外，还能同时提供 WINS、DNS 主机名、域名等附加信息，完善 IP 地址参数的设置。

14.2.1　Linux 环境下的 DHCP 服务器软件

在 Linux 环境下，DHCP 服务器软件包是 dhcp，Linux 使用这个软件包来提供动态 IP 地址等服务。

14.2.2　DHCP 服务器安装与启动

1. 安装 DHCP 软件包

在进行 DHCP 服务器配置之前，首先要确认 Linux 系统中是否已经安装了 DHCP 服务器软件包，使用命令"yum install dhcp"可以检查并安装服务器，默认的版本是 4.1.1 -12，如下所示，表示软件已经安装成功。

```
# yum install dhcp
Loaded plugins：refresh-packagekit,rhnplugin
This system is not registered with RHN.
RHN support will be disabled.
Setting up Install Process
Package 12：dhcp-4.1.1 -12.el6.x86_64 already installed and latest version
Nothing to do
```

2. DHCP 服务器的启动与停止

RHEL 默认 dhcpd 以独立运行方式启动，所以需要 service 命令来启动该项服务。

```
# service dhcpd start
```

当修改了/etc/dhcpd.conf 这个 DHCP 服务器的配置文件后，如果想让配置后的功能起作用，必须要重新启动 dhcpd 服务。可使用下面的指令：

```
# service dhcpd restart
```

另外，还可以使用下面的命令来停止 dhcpd 服务：

```
# service dhcpd stop
```

3. DHCP 的配置文件

在 RHEL 中，DHCP 服务器的配置文件是/etc/dhcp/dhcpd.conf，但 RHEL 安装后，默认情况下，此文件内容为空。用户必须手工建立该文件，但在系统中有一个该文件的模板，其存储位置是：/usr/share/doc/dhcp*/dhcpd.conf .sample，把这个文件复制到"/etc/dhcp/"目录，并把文件名的改成"dhcpd.conf"，然后对其进行适当修改即可。

可使用下面的命令复制：

```
# cp/usr/share/doc/dhcp-4.1pl1/dhcpd.conf.sample   /etc/dhcp/dhcpd.conf
```

14.2.3 DHCP 配置文件的组成

dhcpd.conf 由声明、参数和选项三大类语句构成。

1. 声明语句

是用来描述网络的拓扑、描述网络上的客户、要分配给客户的 IP 地址以及为一组参数提供的一组声明等。表 14-1 列出 DHCP 配置文件的声明语句及用法。

表 14-1　DHCP 配置文件的声明

声 明 语 句	语 法 格 式	说　　　明

shared-network	shared-network name {
	[参数]
	[声明]
	}
		用于告知 DHCP 服务器某些 IP 子网其实共享一个物理网络

subnet	subnet subnet-number netmask{
	[参数]
	[声明]
	}
		用于提供足够的信息来阐明一个 IP 地址是否属于该子网

range	range [dynamic-bootp] low-address [high- address]	在任何一个需要动态分配 IP 地址的 subnet 语句里，至少要有一个 range 语句，用于说明要分配的 IP 地址范围

host	host hoatname {
	[参数]
	[声明]
	}
		为特定的 DHCP 提供 IP 网络参数

group	group{
	[参数]
	[声明]
	}
		为一组参数提供声明

描述网络拓扑结构的声明语句有："shared-network"和"subnet"语句。如果要给一个子网里的客户动态分配 IP 地址，那么在 subnet 声明里必须有一个 range 声明，用于说明地址范围。如果要给 DHCP 客户静态指定 IP 地址，那么每一个客户都要有一个 host 声明。group 语句用于对主机进行分组，指定共同的参数。一个典型的 dhcpd.conf 如下：

```
全局参数
    shared-network shared-network name{
```

```
            共享网络特定参数…
        subnet l92.168.0.0 netmask255.255.255.0{
            子网特定参数…
            range 192.168.0.10 192.168.0.199;
    }
        subnet l92.168.1.0 netmask255.255.255.0{
            子网特定参数…
        range 192.168.1.10 192.168.1.199;
    }
        subnet l92.168.2.0 netmask255.255.255.0{
            子网特定参数…
            range 192.168.2.10 192.168.2.199;
    }
        group{
            组特定参数…
        host wsl.domain{
            特定主机参数…
            }
        host ws2.domain{
            特定主机参数…
            }
        }
    }
```

当客户启动时，首先采用的参数是 host 语句中的特定主机参数，其次是 group 语句中的组主机参数，再到 subnet 语句中的子网主机参数，下一个是 shared-network 语句中的共享网络主机参数，最后才是全局参数。即下层参数的声明会覆盖上层参数的声明、下层如无声明参数则采用上层的参数。

2．参数语句

参数类语句主要告诉 dhcpd 怎么做（例如，地址租用的时间长短）、是否做什么事情（例如，是否给未知客户分配地址），以及提供给客户什么参数（例如，网关是192.168.0.254）。表 14-2 列出 DHCP 配置文件的参数语句及用法。

表 14-2　DHCP 配置文件的参数

参 数 语 句	语 法 格 式	说　　明
ddns-update-style	ddns-update-style ad-hoc|interim;	配置 DHCP-DNS 互动更新模式
default-lease-time	default-lease-time time;	指定默认地址租期
max-lease-time	max-lease-time time;	指定最长地址租期
hardware	hardware hardware-typehardware-address;	指定硬件接口类型和硬件接口地址
fixed-address	fixed-address address[，address…];	为 DHCP 客户指定一个固定 IP 地址
server-name	server-name name;	告知 DHCP 客户服务器的名字

3．选项语句

选项语句以 option 开头，后面跟一个选项名，选项名后是选项数据，选项非常多，也可以省略。表 14-3 列出 DHCP 配置文件的选项语句及用法。

表 14-3　DHCP 配置文件的选项

选 项 语 句	语 法 格 式	说　明
domain-name	option domain-name string	为客户指定 DNS 名字
domain-name-severs	option domain-name-servers ip-address[,ip-address]	为客户指定 DNS 服务器的 IP 地址
host-name	option host-name	为客户指定主机名字
routers	option routers ip-address[,ip-address]	为客户设置默认网关
subnet-mask	option subnet-mask ip-address	为客户设置子网掩码
broadcast-address	option　broadcast-address ip-address	为客户设置广播地址

14.3　DHCP 的配置实例

DHCP 既然有服务器和客户机的角色划分，那么配置就必须在服务器和客户机上分别进行不同的设置。

14.3.1　DHCP 服务器的配置

下面通过一些具体的应用来说明如何配置/etc/dhcpd.conf 文件。

【例 14-1】　配置 DHCP 服务器，给子网 192.168.1.0 提供 192.168.1.10 到 192.168.1.60 的 IP 地址。

完成以上要求需使用 subnet 声明语句，具体写法如下：

```
subnet 192.168.1.0 netmask 255.255.255.0 {
#以下是 IP 地址范围。
     range 192.168.1.10    192.168.1.60;
}
```

这是一个最简单的例子。

说明：在设置/etc/dhcpd.conf 文件时必须注意除了括号所在的行外，每行要用分号（;）结尾，否则下一行将会视为上一行的延续，而不是新的一行。另外以"#"开头的语句是注释语句。

【例 14-2】　配置 DHCP 服务器，给子网 192.168.1.0 提供多个地址范围。

完成以上要求需要使用 subnet 声明语句，具体写法如下：

```
subnet 192.168.1.0 netmask 255.255.255.0 {
#以下是多个 IP 地址范围。
     range 192.168.1.10    192.168.1.60;
     range 192.168.1.100    192.168.1.199;
}
```

【例 14-3】　配置 DHCP 服务器，给子网 192.168.1.0 租用的时间做一个限制。

完成以上要求需要使用 subnet 声明语句，具体写法如下：

```
        subnet 192.168.1.0 netmask 255.255.255.0 {
#下一行是设置默认租用时间 30 分钟。
        Default-lease-time 1800;
#下一行是设置最大租用时间两小时。
        max-lease-time 7200;
#以下是 IP 地址范围。
        range 192.168.1.10    192.168.1.60;
        }
```

　　DHCP 的 IP 地址租用有时间的限制，租用时间可以是任意长度，具体长度根据需要服务的主机的类型来确定。例如，在一个相对固定的办公环境中，系统不断增加、减少，但移动较少，那么其租用时间长度为一个月或更长比较合适。而在一个临时的测试环境里，一个最长 30 分钟的租用期足以完成一个网络应用的简单测试过程，其租用时间就为几十分钟或更少比较合适。可以指定两个租用时间长度：默认租用时间和最大租用时间。前者是 DHCP 客户请求租用 IP 地址时如果未指定要租用的时间，DHCP 服务器会自动指定的租用时间长度；而后者是 DHCP 客户请求租用 IP 地址时可以指定的最大租用时间长度。它们是作为子网声明的子句定义的。常用的时间以秒为单位，可以是 86 400（一天）、604 800（一周）、2 592 000（30 天）。如果 DHCP 服务器同时为多个子网服务，每个子网的租用时间又不相同，可以分别在不同的子网配置不同的租用时间。

　　【例 14-4】 配置 DHCP 服务器，具体要求如下。

　　① IP 地址的使用范围是：192.168.1.100 到 192.168.1.199。

　　② 子网掩码：255.255.255.0。

　　③ 默认网关是：192.168.1.254。

　　④ DNS 域名服务器的地址是：192.168.1.1。

　　完成以上要求需要使用 subnet 声明语句，具体写法如下：

```
        subnet 192.168.1.0 netmask 255.255.255.0 {
#下一行是指定网关。
        option routers                  192.168.1.254;
#下一行是指定子网信息。
        option subnet-mask              255.255.255.0;
#下一行是指定域名服务器 DNS 地址。
        option domain-name-servers  192.168.1.1;
#下一行是指定主机所在的域。
        option domain-name          "wrq.com";
        range 192.168.1.100    192.168.1.199;
        default-lease-time 21600;
        max-lease-time 43200;
        }
```

　　【例 14-5】 shared-network 语句的用法。

　　shared-network 语句用于告诉 DHCP 服务器以下几个 IP 子网，其实是共享同一个物理网络。任何一个在共享物理网络里的子网都必须声明在 share-network 语句里。当属于其子网里的客户启动时，将获得在 share-network 语句里指定的参数，除非这些参数被 subnet 或 host 里的参数覆盖。

    例如，某公司用 B 类网络 172.16.0.0，公司里的部门 A 被划在子网 172.16.0.0 里，子网掩码为 255.255.255.0，该子网最多只能容纳 254 台主机。但如果部门 A 急速增长，超过了 254 个节点，而物理网络还来不及增加，因此就要在原来这个物理网络上增加一个子网（例如，172.16.1.0），而这两个子网其实是在同一个物理网络上。

```
shared-network sharel{
    subnet-mask 255.255 .255 .0;
    subnet       172.16.0.0 netmask      255.255.255.0{
          range 172.16.0.10 172.16.0.253;
    }
       subnet 172.16.1.0 netmask 255.255.255.0{
          range 172.16.1.10 172.16.1.253;
    }
}
```

【例 14-6】 group 的用法。

```
group{
      default-lease-time              60000;
      option router                         192.168.1.1;
      option subnet-mask               255.255.255.0;
      option domain-name               "wrq.com";
      option domain-name-servers       "wrq.com";
host jsj1{
      option host-name    "jsj1.wrq.com";
      hareware Ethernet 00：80：lc：29：96;
      fixed-address 192.168.1.50;
      }
host jsj2{
      default-lease-time                30000
      option host-name   "jsj2.wrq.com";
      hareware Ethernet 00：00：c8：lc：29：0E;
      fixed-address 192.168.1.100;
      }
}
```

    在上面的设置中，为两台固定 IP 地址的主机 jsj1 和 jsj2 设置了共同的网关、子网掩码、域的名称、域名服务器和默认租约期限。但在对主机 jsj2 的设置中，又做了租约期限的重新设置，这就覆盖前面的设置，但其他设置相同。group 语句可以简化参数的应用。

【例 14-7】 配置 DHCP 服务器，具体要求如下。

    ① IP 地址的使用范围是：211. 211.85.203.101 到 211.85.203.200。

    ② 子网掩码：255.255.255.0。

    ③ 默认网关是：211.85.203.254。

④ DNS 域名服务器的地址是：211.85.203.22。

完成以上要求需要使用 subnet 声明语句，具体写法如下。

```
# 下面一行是配制使用过渡性 DHCP-DNS 互动更新模式
ddns-update-style interim;
# 下面一行是忽略客户端更新
ignore client-updates;
# 下面一行是设置子网声明
subnet 211.85.203.0 netmask 255.255.255.0 {
# 下面一行是为 DHCP 客户设置默认网关
option routers              211.85.203.254;
# 下面一行是为 DHCP 客户设置子网掩码
option subnet-mask          255.255.255.0;
# 下面一行是为 DHCP 客户设置 NIS 域
option nis-domain           "wrq.com";
# 下面一行是为 DHCP 客户设置 DNS 域
option domain-name          "wrq.com";
# 下面一行是为 DHCP 客户设置 DNS 服务器地址
option domain-name-servers 211.85.203.22;
#下面一行是为 DHCP 客户设置与格林尼治的偏移时间（秒）
option time-offset          -18000;
#下面一行是为 DHCP 客户设置地址范围
range dynamic-bootp 211.85.203.101 211.85.203.200;
default-lease-time 21600;
max-lease-time 43200;
#下面一行是为某个客户机指定一个 IP 地址
host ns {
#下面一行是指定 DHCP 客户的 MAC 地址
    hardware ethernet 00:02:A5:9C:25:97;
#下面一行是对 MAC 地址分配固定的 IP 地址
    fixed-address 207.175.42.254;
    }
}
```

14.3.2　DHCP 客户端的配置

DHCP 客户可以有多类，如 Windows 或 Linux，下面分别进行介绍。

1. Windows 客户端的设置方法

首先在 Windows 下把 TCP/IP 地址设置为自动获得，如果 DHCP 服务器还提供 DNS、WINS 等，也把它们设置为自动获得。具体操作如下。

① 右击桌面上的"网络邻居"，选择"属性"，打开"网络和拨号连接"窗口，如图 14-1 所示。

② 在"网络和拨号连接"对话框中右击"本地连接"，选择"属性"，打开"本地连接属性"设置对话框，如图 14-2 所示。

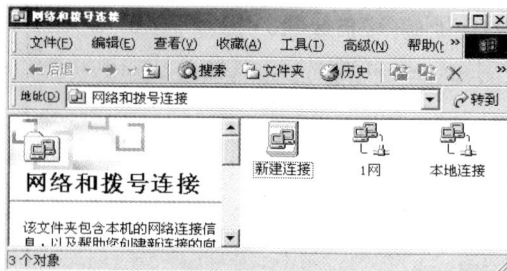

图 14-1 "网络和拨号连接"窗口

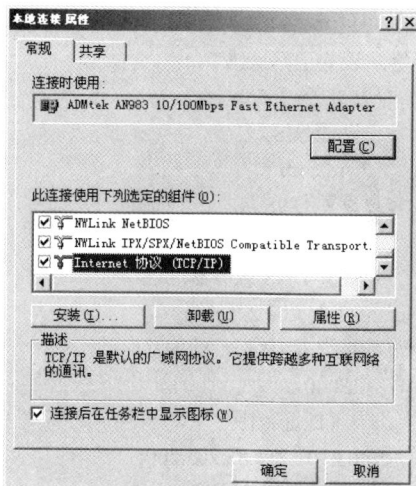

图 14-2 "本地连接属性"对话框

③ 选择"Internt 协议（TCP/IP）"后，单击"属性"按钮，打开"Internet 协议（TCP/IP）属性"对话框，如图 14-3 所示。选择"自动获得 IP 地址"，并单击"确定"按钮即完成客户端的设置工作。

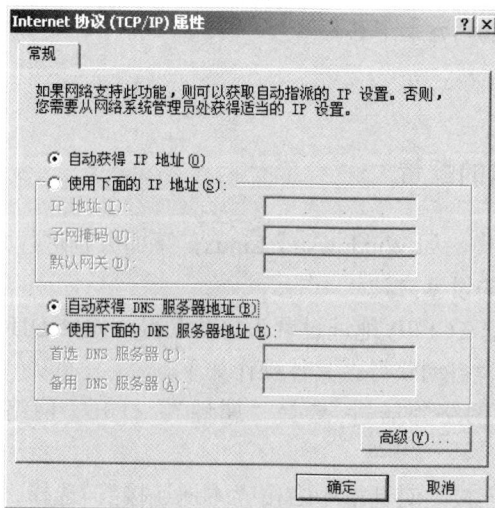

图 14-3 "Internet 协议（TCP/IP）属性"对话框

当客户端按照这种方式设置完成后，可重新启动客户端计算机，当计算机重启完成之后，可使用命令进行验证。

在命令提示符下，执行 C：/>ipconfig/renew 命令可以更新 IP 地址。

而执行 C：/>ipconfig/all 命令可以看到 IP 地址、WINS、DNS、域名是否正确。

要释放地址使用 C：/>ipconfig /release 命令。

使用上述命令时，观察客户机的 IP 地址是不是 DHCP 服务器所设置的 IP 地址范围，某个固定的 MAC 地址是否分配的是特定的 IP 地址。另外有一点要特别说明，如果按照这种方式取得 IP 地址，那么今后在启动各计算机时要先启动 DHCP 服务器，再启动 DHCP 客户端。

2．Linux 操作系统中 DHCP 客户端的设置方法

（1）在字符界面下使用 netconfig 命令

在字符界面下使用 netconfig 命令后，出现如图 14-4 所示窗口。

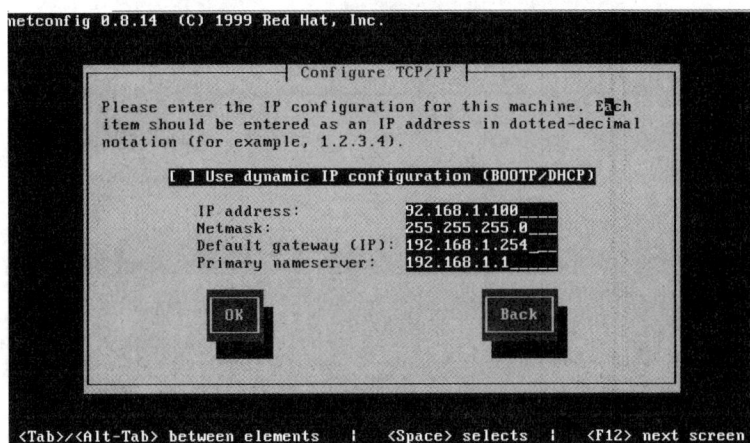

```
netconfig 0.8.14  (C) 1999 Red Hat, Inc.

                  ┤ Configure TCP/IP ├
    Please enter the IP configuration for this machine. Each
    item should be entered as an IP address in dotted-decimal
    notation (for example, 1.2.3.4).
         [ ] Use dynamic IP configuration (BOOTP/DHCP)
          IP address:           92.168.1.100___
          Netmask:              255.255.255.0___
          Default gateway (IP): 192.168.1.254___
          Primary nameserver:   192.168.1.1____

          OK                              Back


<Tab>/<Alt-Tab> between elements  |  <Space> selects  |  <F12> next screen
```

图 14-4　在字符界面下的网络配置

在该窗口中选择"Use dynamic IP configuration(BOOTP/DHCP)"选项，即可完成 DHCP 地址的使用，在设置后需要重新启动 Xinetd 以使设置生效，同时可以检查/etc/sysconfig/network-scripts/ifcfg-eth0 文件内容，判断设置是否正确。执行命令：

```
#more /etc/sysconfig/network-scripts/ifcfg-eth0
```

结果显示：

```
device=erh0
onboot=yes
bootproto=dhcp
```

显示结果说明设置正确。

（2）在字符界面下直接修改/etc/sysconfig/network-scripts/ifcfg-eth0 文件

在字符界面下直接修改/etc/sysconfig/network-scripts/ifcfg-eth0 文件，把"bootproto=none"改为"bootproto=dhcp"，再重启或执行命令 ifup。

（3）运行 dpclient 命令

首先要检查客户机是否安装了 dpclient 软件包。

执行命令：

> # rpm -qa|gerp dpclient

如果没有安装，请用命令 rpm 把 dpclient 软件包安装上。

（4）在图形界面下使用终端输入命令 redhat-config-network 命令

在图形界面下使用终端输入命令 redhat-config-network 命令或选择"主菜单"→"系统设置"→"网络"选项命令进入"以太网设备"对话框，如图 14-5 所示。

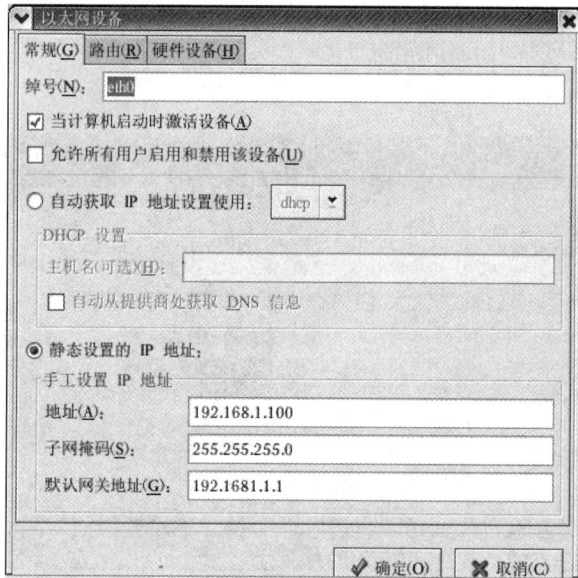

图 14-5 "以太网设备"对话框

在该对话框中选择"自动获取 IP 地址设置使用"选项。重新启动系统，系统将从 DHCP 服务器获得 IP 地址。

14.4　DHCP 故障排除

如果 DHCP 服务器不能正常分配 IP 地址，要先根据 DHCP 服务器的配置步骤逐一进行检查，特别是配置文件 dhcpd.conf 中的关键字不要写错，以及每行的行末是否加了分号";"。还可以以 debug 模式运行 DHCP 服务器，观察 DHCP 服务器的运行情况。首先停止 DHCP 服务，再以 debug 模式运行 DHCP 服务器。

从例子中可以清楚地看到 DHCP 服务器的工作过程，DHCP 报文的发送和接收地址分配过程等。

Linux 系统把系统的信息记录在/Var/log/messages 文件中，因此可以查看文件中有关 DHCP 的内容来进行排错。同时，DHCP 服务器会把已经出租的 IP 地址存放在文件 /Var/lib/dhcp/dhcpd.1eases 中，它也可以帮助排除故障。

本章小结

本章首先介绍了静态 IP 地址方案和动态 IP 地址方案的区别，动态 IP 地址的优点主要是减少 IP 地址和 IP 参数管理的工作量、提高 IP 地址的利用率。DHCP 的工作过程主要有四个步骤。介绍了 DHCP 的配置，包括 DHCP 服务器软件的安装、dhcpd.conf 文件的配置、DHCP 服务的启动。还介绍了不同的 DHCP 客户端：Windows 和 Linux 客户的配置。最后介绍 DHCP 故障的排除。

习题与实验

一、简答题

1. 动态 IP 地址方案有什么优点和缺点？

2. 要给 DHCP 客户机分配 192.168.1.1 到 192.168.1.199 的 IP 地址，同时指明 DNS 为 192.168.1.250、网关为 192.168.1.251，应如何书写 dhcpd.conf 文件？

3. 在以下的配置文件中，192.168.0.20 主机的 IP 地址租用时间是多少？

```
shared-network sharel{
option default-lease-time28000；
subnet 192.168.0.0 netmask 255.255.255.0{
host webserver
{
        option default-lease-time 31536000；
        hareware ethernet 00：80：c8：lc：29：96
        fixed-address 192.168.0.20；
    }
  }
}
```

二、实验题

1. 配置一个 DHCP 服务器。

2. 客户机验证能否得到正确的 IP 地址？